广视角·全方位·多品种

U0256730

环境绿皮书

GREEN BOOK OF
ENVIRONMENT

中国环境发展报告
（2013）

ANNUAL REPORT ON ENVIRONMENT
DEVELOPMENT OF CHINA (2013)

自然之友 / 编

刘鉴强 / 主　编

社会科学文献出版社
SOCIAL SCIENCES ACADEMIC PRESS (CHINA)

图书在版编目（CIP）数据

中国环境发展报告. 2013/刘鉴强主编. —北京：社会科学文献
出版社，2013.4
（环境绿皮书）
ISBN 978 – 7 – 5097 – 4429 – 1

Ⅰ. ①中… Ⅱ. ①刘… Ⅲ. ①环境保护 – 研究报告 – 中国 –
2013 Ⅳ. ①X – 12

中国版本图书馆 CIP 数据核字（2013）第 055020 号

环境绿皮书

中国环境发展报告（2013）

主 编／刘鉴强

出 版 人／谢寿光
出 版 者／社会科学文献出版社
地 址／北京市西城区北三环中路甲 29 号院 3 号楼华龙大厦
邮政编码／100029

责任部门／皮书出版中心（010）59367127 责任编辑／周映希
电子信箱／pishubu@ ssap. cn 责任校对／谢 敏
项目统筹／邓泳红 责任印制／岳 阳
经 销／社会科学文献出版社市场营销中心（010）59367081 59367089
读者服务／读者服务中心（010）59367028

印 装／北京季蜂印刷有限公司
开 本／787mm×1092mm 1/16 印 张／25
版 次／2013 年 4 月第 1 版 字 数／403 千字
印 次／2013 年 4 月第 1 次印刷
书 号／ISBN 978 – 7 – 5097 – 4429 – 1
定 价／69.00 元

环境绿皮书编委会与撰稿人名单

主　　编　刘鉴强

编 委 会　（按姓氏拼音排序）

曹　可	丁　品	郭于华	胡勘平	李　波
李　楯	梁晓燕	刘鉴强	梅雪芹	郐建荣
沈孝辉	熊志红	杨东平	张伯驹	张世秋
郑易生				

撰 稿 人　（按姓氏拼音排序）

鲍志恒	程存旺	程宏光	丁舟洋	冯　洁
高胜科	Gavin Lohry		郭魏青	韩　震
何　兵	何　欣	胡勘平	霍伟亚	李　波
李　倩	刘伊曼	吕　植	马海元	马天杰
毛　达	彭　林	郐建荣	沈孝辉	石　嫣
宋国君	孙　姗	涂方静	王晶晶	吴逢时
解　焱	徐　楠	杨长江	易懿敏	尹　杭
喻　婕	张世秋	张　震	赵立建	赵　翔
朱　璇				

主编助理　李　翔　丁　宁　柳皋隽

特别鸣谢

感谢德国海因里希－伯尔基金会及协和慈善基金会，它们的大力支持使《中国环境发展报告（2013）》得以顺利出版！

感谢《中外对话》的支持！

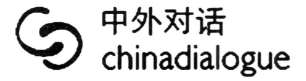

摘　要

中国环境绿皮书《中国环境发展报告（2013）》是由民间环境保护组织"自然之友"编撰的中国环境年度报告，由刘鉴强任主编，一批优秀的专家、学者、环保工作者、公益组织骨干和媒体人士等通力协作而成。

2012年，针对工业污染、环境健康问题的公众性事件接连不断，成为全社会关注的热点。一方面，民间抗争的方式激进化，利益冲突更加尖锐；另一方面，地方政府的反应更加迅速。这些变化预示着知识分子、环保组织长期致力于公共教育的努力与城市居民、农村群众自发的以维权和求偿为主要目的群体性抗争汇合，向政策倡导等长效的改变发展。

2012年层出不穷的跨界水污染和水资源争夺，昭示着水危机不仅仅是环境危机，更是社会与政治危机。水危机已经引发了广泛反思，让我们重新认识规划、战略和发展模式，并且在新的切面上重新构造政治议题和政治战线。

2012年，中国的生态环境继续面临巨大挑战。长江上游大批水电工程匆忙上马。在"跑马圈水"的背后，流域地质、生态、水资源可持续利用等风险若隐若现。保护地本应是全社会公共的而非地方或部门的财富，属于保护性和公益性而非开发性和经济利用性的资源。但在现实中，我们不断看到，这种全社会的公共财富和保护性、公益性资源，不断被地方政府和外来资本视为利益集团的摇钱树，它们置环境与法律法规于不管不顾，大肆圈地圈水，强行开发。

2012年，连续发生多起重金属污染事件，对民众的健康造成威胁，引起了舆论的广泛关注。城市扩张中的棕色地块——工业污染地只是毒地肆虐的一角，国内还有更多尚未明确的污染场地，这些都给迅速推进的城市化进程埋下了难以根除的隐患。

从2011年的灰霾天气开始，公众逐渐关注PM2.5的数值，持续的灰霾

天气，聚焦了前所未有的公众关注和社会共识。通过公众及民间环保组织的努力，全国已陆续有 50 多个城市开始公布 PM2.5 的数值，这也是公民主动参与和推动环境保护的成功。空气议题促进了公众、媒体、专家和政府部门对空气污染以及宜采取紧急行动的广泛共识。

2012 年 1 月 1 日起已经开始实施的《民事诉讼法》首次将环境公益诉讼写入法律，被认为是为环境公益诉讼开启了一扇大门。而有着"环境保护母法"之称的《环境保护法》的修改则饱受争议，甚至引发人们"倒退几十年"的恶评。为了阻止这部法律"上会"，国内著名的环境法学家专门致信吴邦国同志和全国人大常委会法制工作委员会，指出《环境保护法》征求意见稿存在硬伤，建议全国人大常委会暂缓审议"征求意见稿"。

环境绿皮书重视从公共利益的视角记录、审视和思考中国环境状况，主要以数据和事实说话，强调实证性、真实性、专业性，从而树立权威性。

Abstract

Annual Report on Environmental Development of China 2013 (Green Book of Environment 2013) is the 2013 annual environmental report compiled by Friends of Nature, a leading environmental protection NGO in China, with Mr. LIU Jianqiang as editor-in-chief and participation and cooperation from academics, environmental protection activists, public service activists and media.

In 2012, public incidents related to industry pollution and environmental health caught the attention of the whole society. On one hand, popular protests have evolved in a more radical way, with highlighted conflicts of interest; on the other hand, local governments have turned more responsive. These new developments show that public education advocated by academics and environmental protection organizations is merging with spontaneous public protest initiated by rural and urban residents to safeguard their legal rights and strive for compensation, pointing to more long-term initiatives like policy advocacy.

Cross-border water pollution and competition incidents in 2012 showcase the truth that water crisis is not only an environmental issue but also a societal and political one. Reflections have called us to reconsider planning, strategy and development models and restructure political agenda and front.

2012 also saw greater ecological and environmental challenges in China. Hydropower projects in the upstream of the Yangtze River have led to latent geological, ecological and water sustainability risks. While protectorates are meant to be protected public resources rather than sources of local economic benefits, the reality shows exactly the other way round, with local governments and speculative capital relentlessly stepping in and taking the advantage, ignoring relevant laws and regulations.

Heavy metal pollution was another major threat to public health in 2012. Brown fields have become a serious issue and a latent long-term threat to urban development.

Since the smog days drew the public's attention to PM2. 5 in 2011, smog has

attracted unprecedented attention. Thanks to public advocacy and environmental protection NGO's unremitting efforts, over 50 cities across China are publicizing PM2. 5 data, another success of public participation. The public, media, academics and government have reached a consensus on air pollution control and emergency response.

The new Civil Procedure Law enforced since Jan. 1 in 2012 is the first to expand its jurisdiction to environmental public interest litigation, ushering in a new era in China. However, the revision of the Environmental Protection Law has been proved very controversial, with many crying out setbacks. In order to prevent the revision proposal from formal deliberation at the National People's Congress, leading environmental legalists appealed to Chairman WU Bangguo of the Standing Committee of the National People's Congress (NPC) and the NPC Standing Committee Legal Work Committee, pointing out the big hitches in the exposure draft and successfully convinced the NPC Standing Committee to postpone deliberation.

This Green Book of Environment aims to, for the sake of public interest, record, evaluate and reflect China's environmental conditions. With the support of data and facts, articles in the report strive to be empirical, authentic and professional.

目 录

Gr V　政策与治理

Gr VI　宜居城市

Gr VII　可持续消费

Gr VIII　国际视野

G IX　调查报告

G X　大事记

G XI　附录

年度指标及年度排名

政府公报

公众倡议

年度评选及奖励

CONTENTS

环境绿皮书

GⅣ Ecological Protection

GⅤ Policies and Governance

GⅥ Livability

GⅦ   Sustainable Consumption

GⅧ   Global Vision

GⅨ   Investigation Reports

GⅩ   Chronicle

GXI Appendices

总 报 告

General Report

G.1
高速城市化的环境
代价与发展路径[*]

李 波^{**}

摘 要：

我们可以把城市的基本生存条件解释为一口气、一口水、一口饭、一步路和一袋垃圾。这也是中国城市环境的五个不可承受之重。高歌猛进的城市化进程遭遇环境危机，提出了对城市化思路和模式进行重新反省的重要任务。尤其是"十二五"规划内的西部城市发展"大跃进"态势，对如何在中国的生态安全线找到切合西部资源禀赋和生态制约的发展之道，更是无法回避的重大挑战。

关键词：

城市化 空气污染 固体废弃物 西部城市发展 环境标准

* 特别感谢韩震在国外案例和孙姗在总报告写作过程中给予的大力支持。

** 李波，自然之友顾问兼理事，曾任自然之友总干事，美国纽约新校印中研究所研究员，美国康奈尔大学农业与生命学院自然资源系资源管理硕士。

"十二五"期间，中国正在跨越一个重要的历史分水岭，即飞速的城市化步伐把中国送出了农业人口为主的社会形态，步入城市化率较高的社会。

2010年世界银行发布预测，到2020年，中国市区人口超过100万的大城市数量将突破80个。[①] 2008年麦肯锡公司则预测，2025年，中国将有近10亿人住在城市，221个百万人口以上城市（而同时间整个欧洲只有35个），23个500万人口以上城市，8个千万人口以上城市，2个2000万人口以上城市。[②] 而20世纪50年代初期，中国的城市人口仅为6100万。

改革开放30多年来，经济发展、城市化速度的卓然成绩背后，环境代价一直是个不容忽视的重要问题。但是，长期以来，在公众意识和主流舆论中，环境代价似乎总是发生在资源富集的荒野地带，受害者通常以野生动植物或者农业人口为主。城市公众享受着"城乡二元化"不公平制度的实惠，仿佛置身"代价"之事外。然而，近年来，这种状况正在发生着明显转变。城市公众好像一夜之间发现，严峻的环境挑战已经不再遥远和抽象，环境污染已经成为基本生活和生存的威胁。城市病好似急转直下的恶性肿瘤，导致市民缺乏环境安全的焦虑感急剧上升。上海世博会虽然提出"城市让生活更美好"的口号，但是，置身中国城市（尤其是大城市）的市民，主人翁感受很淡漠，对城市发展的未来无从掌握，居住环境和生活质量下降，"美好"无从谈起。正是在这样的大背景下，《中国环境发展报告（2013）》在把重点放到城市化与环境危机的关系上。

一 高歌猛进的城市化进程遭遇环境危机

我们可以把城市的基本生存条件解释为一口气、一口水、一口饭、一步路和一袋垃圾。这也是中国城市环境的五个不可承受之重。

（一）空气污染

中国城市环境危机的话题必须从空气污染——灰霾（雾霾）天气说起。

---

① 阮煜琳：《世行预测：2020年中国百万人口城市将突破80个》，中国新闻网，2010年10月3日。

② 张友：《麦肯锡报告：超大型城市战略应优先》：《北京报道》2008年3月26日。

持续的灰霾天气，聚焦了前所未有的公众关注和社会共识。2013 年 1 月初，北京作为全国第一批实施新修订的《环境空气质量标准》的大城市，把主要污染物的监测和发布由"老三项"增加至六项，包括社会广泛关注的PM2.5、分五个区域开始预报未来 24 小时和当日的"首要污染物"和"空气污染指数"。能取得这样的进展——让 PM2.5 指标纳入监测和公布的范围，不能不说 2011～2012 年社会公众的持续发声和监测发挥了至关重要的作用。

但是，2013 年的头 30 天里，环保部监测资料显示，中东部城市密集地区出现四次大范围雾霾天气，影响范围扩大，空气质量日益下降。1 月份雾霾的面积高达 140 万平方公里，8 亿以上的人口——这相当于东部沿海经济发达地区一半的面积和 60% 的人口受到影响。北京的雾霾天气数量竟有 25 天达严重污染的级别，仅 5 天稍缓。空气污染的沉重现实，让温馨幸福的传统佳节别添一分沉重与晦气。更为不幸的是，环保部副部长吴晓青在接受《人民日报》采访时"告慰"公众："欧美等发达国家耗费了 30～50 年时间才基本解决大气污染问题。我们要正确对待当前的大气污染形势，充分认识改善大气环境质量的艰巨性、复杂性与长期性，做好打持久战的思想准备。"[1]

中国工程院钟南山院士更是发出了"灰霾空气比非典可怕得多"[2] 的警示，因为大气的污染、室内空气的污染，不可能像疾病问题那样采取隔离的办法，任何人都跑不掉。钟院士引用香港地区的研究资料，PM2.5 每立方米增加 10 微克，患呼吸系统疾病的住院率可以增加 3.1%。要是灰霾从 25 微克增加到 200 微克，日均病死率可以增加到 11%。而 10 年来，北京的肺癌病人增加了 60%，灰霾对人体造成的危害将是综合的和长远的。

北京市环保局大气处处长于建华认为，北京市机动车对于北京空气质量的影响高居 22.2%，燃煤大约占到 16.7%，扬尘占到 16.3%，工业占到 15.7%。目前北京机动车已超过 500 万辆，然而很多世界大城市的机动车保有量早已超过 800 万辆，PM2.5 指标却远远低于中国。于是，与机动车尾气相关

① 孙秀艳：《环保部：发达国家 30–50 年才基本解决大气污染问题》，《人民日报》2013 年 1 月 31 日。

② 钟南山：《灰霾影响心脑血管和神经 比非典可怕得多》，2013 年 1 月 31 日，中央电视台《新闻 1+1》。

的成品油质量问题被推到了公众讨论的前台。虽然北京已经实施京标 5，但并不能改变全国范围内质量仍然较低的事实。① 而且，北京除了正式登记的机动车外，还未计算每天大量进出北京的邻省车辆，不仅周围省份乃至全国的成品油标准需要提升，而且北京的成品油流通也无法保证统一的质量。总之，成品油标准和市场油流通的质量监督都是全局性的问题，不仅需要国家的标准法规先行，而且企业的责任也需要及时跟上，不能仅仅考虑利润的问题。实际上，有专家认为，成品油环境标准的制定深受成品油生产企业的影响。但是，要解决因机动车尾气排放带来的空气污染问题，根源在于公交优先的综合出行策略和城市规划的根本转型。

同时，我国单位 GDP 能耗较高，2011 年 GDP 占全球的 10.48%，却消耗了世界近 60% 的水泥、49% 的钢铁和 20.3% 的能源。因此，大幅度降低单位 GDP 能耗水平也是从根本上节能减排、发展低碳经济、改善空气质量的重要策略。2012 年 5 月颁布的《重点区域大气污染防治"十二五"规划》针对全国 47 个重点城市，将严格限制钢铁、水泥、石化、有色等行业中的高污染项目。规划创新了三项大气环境管理政策：一是要把污染物排放总量作为环评审批的前置条件，以总量定项目；二是对"三区十群"控制煤炭消费总量，也就是能源消费总量的扩张只能以加强天然气等清洁能源的利用为前提；三是在过去新增污染物"等量替代"的基础上提出了"倍量削减替代"，实现既增产又减污。

空气议题促进了公众、媒体、专家和政府部门对空气污染以及紧急行动的广泛共识。2013 年 1 月，亚洲开发银行和清华大学发布《中华人民共和国国家环境分析》报告称，中国 500 个大型城市中，只有不到 1% 达到世界卫生组织制定的空气质量标准。多位专家在接受《经济参考报》记者采访时表示，治理 PM2.5 超标，应尽快在工业结构、能源结构、城市规划等方面采取措施，顶层设计是治本之策。尽管中国政府一直在积极地运用财政和行政手段治理大气污染，但世界上污染最严重的 10 个城市之中，仍有 7 个在中国。人民网和

---

① 钟南山：《灰霾影响心脑血管和神经 比非典可怕得多》，2013 年 1 月 31 日，中央电视台《新闻 1＋1》。

新华网报道与转载的消息甚至冠以醒目的标题：《亚行：空气污染在中国所有污染问题中危害最大》。

正当空气污染不断恶化时，媒体上开始频繁出现关于"伦敦雾"的讨论。这场讨论令我们反思：讨论伦敦雾的出发点究竟是什么？是安慰公众、说服大家我们的污染是经济发展的必经之路，因此代价和学费都是正常的，还是分析我们应该怎样及时汲取教训、调整策略？毕竟我们与英国雾都时期有很大的差别，当初的科技发达程度和社会管理水平，都不能与现在的中国同日而语。改革开放以来，中国全方位学习和借鉴西方发达国家的工业和城市规划，但我们在多大程度上向工业和城市化先行者们汲取发展的教训、避免重复别人的错误呢？

（二）水资源缺乏与污染

下一个不可承受之重就是城市的供水问题：水资源不仅缺乏，而且污染严重；地下水的污染和严重超采仍然难以遏制，治理的代价高昂。

《2011 年中国环境状况公报》指出，在 200 个城市 4727 个地下水监测点位中，优良—良好—较好水质的监测点比例为 45.0%，较差—极差水质的监测点比例为 55.0%。美国民间有影响的智囊机构——世界观察研究所发表的一份报告中称："由于中国城市地区和工业地区对水需求量迅速增大，中国将长期陷入缺水状态。"

目前全国 600 多座城市中，有 300 多座城市缺水，其中严重缺水的有 108 个。其中北京市的人均占有水量为全世界人均占有水量的 1/13，连一些干旱的阿拉伯国家都不如。

北京公众与环境研究中心主任马军等制作的中国水污染地图，记载了关于污染排放的一些数据，一年仅洗衣污水量就将近 22 亿吨，相当于 34 个十三陵水库、76 个昆明湖。北方缺水，所以筹建耗资数千亿的庞大的南水北调工程，但工程尚未完工，南方已经严重污染。[①]

---

① 叶檀：《中国的水源危机》，和讯网，2012 年 8 月 28 日。

（三）重金属污染导致的食品安全堪忧

一口饭的不可承受之重来源于重金属直接或间接对水和土壤的污染，并最终引起食品的污染。在对我国 30 万公顷基本农田保护区土壤有害重金属抽样监测时发现，有 3.6 万公顷土壤重金属超标，超标率达 12.1%。环保部门估算，全国每年因重金属污染的粮食高达 1200 万吨，造成的直接经济损失超过 200 亿元。① 2009 年发生的湖南浏阳镉污染事件不仅污染了厂区周边的农田和林地，还造成 2 人死亡，500 余人尿镉超标。国土资源部此前表示，目前全国耕种土地面积的 10% 以上已受重金属污染，约有 1.5 亿亩，此外，污水灌溉污染耕地 3250 万亩，固体废弃物堆存占地和毁田 200 万亩，其中多数集中在经济较发达地区。② 而山东寿光的蔬菜污染一年多以来成为社会非常关心的问题，媒体在当地采访发现，与全国最大的蔬菜集散中心、农业重镇等称谓极不相称的是当地随处可见的造纸、化工企业，这些企业排放的污水、废气，以及对于土壤形成的污染，让当地菜农深恶痛绝。③

（四）交通拥堵与出行环境恶化

除此以外，城市的出行环境也变得越来越差，不仅交通拥堵问题已经影响到城市的通勤效率，间接地给城市的经济活力带来压力，而且有研究表明通勤压力大还直接加重市民的焦虑情绪。

由于"九五"和"十五"期间对机动车行业的大力支持，对城市公交优先的策略重视不够，市民被迫买车选择私车出行，造成城市拥堵积重难返。要从根本上解决城市拥堵的问题，只有加大多种低碳公交出行的综合投入，增加私车进城的成本，改善城市规划对公交出行的鼓励和友好程度，重新把通勤的天平偏向公交和低碳出行一边。但这个过程可能是漫长

① 王尔德：《国务院力挺土壤污染防治 土壤修复万亿市场待掘》，《21 世纪经济报道》2013 年 1 月 29 日。
② 章轲：《中国每年 1200 万吨粮食遭重金属污染 直接损失超两百亿》，《第一财经日报》2013 年 1 月 29 日。
③ 伊凡：《蔬菜基地变化工围城 八成财政收入来自污染工业》，《中国经营报》2012 年 9 月 8 日。

的。在还未进入公交和私车出行严重失衡状态的城市，应该避免重蹈覆辙。

（五）垃圾处理的困境与歧路

中国城市的垃圾魔咒特别需要关注——垃圾量的急速上升、处理手段的乏力、各类后续污染的层出不穷，让城市的市政主管部门焦头烂额。近年来，各地都加快上马大型垃圾焚烧场。然而，在垃圾分类、资源回收和无害化处理没有较高保证的前提下，盲目推行较高的焚烧率是非常危险的。中国城市的垃圾分类一直不理想，尽管有拾荒工人在垃圾链条的中端和末端自愿从事资源回收工作，各级城市也有资源回收体系，但城市居住小区的市民还未养成分类习惯，从家户出去的垃圾仍然保持干湿不分开的困局。再加上类型多样的居住小区缺乏垃圾分类管理的有效手段，市政垃圾分类运输分类管理也基本没有实现。换句话说，中国城市垃圾分类资源化的潜力还很大，无害化的工作仍然没有做好。在此现状下，大量建设大型焚烧场不仅绑架了金融业，也绑架了垃圾减量和资源化的努力，因为一旦形成焚烧为主的局面，主要依靠 BOT 建设和投资的方式就锁住了市政的担保——保证供给足量的垃圾来喂饱焚烧设施。① 而且，焚烧湿度高，混杂的垃圾也会增加有毒物质的排放风险和管理风险。

中国在"十一五"末期实现垃圾焚烧 19.6%，而"十二五"进入垃圾焚烧"大跃进"阶段，预计要实现全国 35%、东部发达地区 48% 的焚烧目标②。设置如此高的垃圾焚烧目标是有争议的，而且完全没有经过利益相关方的参与性博弈。这与大力推进生态文明建设的战略举措第二条"全面促进资源节约。节约资源是保护生态环境的根本之策。要节约集约利用资源，推动资源利用方式根本转变，加强全过程节约管理，大幅降低能源、水、土地消耗强度，提高利用效率和效益。严守耕地保护红线，严格土地用途管制。加强矿产资源勘查、保护、合理开发。发展循环经济，促进生产、流通、消费过程的减量化、

---

① 谢庆裕：《"十二五"垃圾焚烧 企业年收入 316 亿》，《南方日报》2013 年 2 月 1 日。
② 于达维：《中国垃圾焚烧大跃进》，财新《新世纪》2012 年 1 月 9 日。

再利用、资源化"① 有不可调和的冲突。况且，近几年来，全国各地在建、拟建和已经在运行的焚烧设施一直都在城市社区争议比较大、环境和健康风险比较大的敏感问题区域，如果解决不好，始终是社会安定、和谐的隐患。

二　西部城市化的新隐忧和城市的生态赤字

随着城市化在全国的提速，西部城市化的步伐也在西部大开发"十二五"规划中有显见的"大跃进"。规划中，前所未有地明确提出了西部城市化的发展目标。

然而，根据中国的资源禀赋和资源瓶颈，特别是从关系到国家生态安全的西部现实出发，中国要建设多少个城市群和城市带？西部可以建设什么样的城市？东部和西部的城市化怎样才能在不同的生态制约和经济瓶颈下可持续地进展？这些问题也值得反复提出并认真应对。西部是中国生态安全的重要地域，绝大部分河流发源于西部，气候变化受西部生态的影响非常明显。城市化不应该是各地政府直接推动大上快上的经济发展目标，而是各项可持续发展的经济政策的结果。

虽然在规划中有较好的指导思想："根据全国主体功能区规划和西部地区生态地理特征，在生态脆弱、生态系统重要的地区，严格控制工业化城镇化开发，适度控制其他开发活动，缓解开发活动对自然生态的压力。"但是，在具体实施中，重点生态恢复工程与其他经济目标还是两张皮，互不相干，特别是生态保护工作与"严格控制工业化和城镇化开发"的管控措施看不出清晰的联系。在城市化规划中，不仅没有清晰的生态承载和生态保护目标作为实际的管控参照，甚至还屡屡发生经济开发和城市建设侵入已经建立的国家级和省市级自然保护区的事情，逼迫保护区修改边界和保护功能的调整。

西部城市发展的水污染问题和水资源问题如何处理与中游和下游的关系？西部城市发展的模式如何与西部资源开发与工业化相结合？西部城市化和产业

---

① 2012年11月8日，中共中央总书记胡锦涛代表十七届中央委员会向中共第十八次代表大会作了题为《坚定不移沿着中国特色社会主义道路前进　为全面建成小康社会而奋斗》的报告全文。

化的"大跃进"趋势，将面对西部地区相对滞后的治理、执行能力和相对落后的公众参与能力，这些都对严格监管西部环境退化状况、恢复西部生态的重要目标提出了严峻的挑战。

《中国新闻周刊》曾报道，未来三年，横空出世的摩天"新生代"将平均五天推出一座摩天楼，兰州推掉 700 座荒山重建新城……类似愚公移山的壮举在延安和西安等地也发生过，为了房地产和新城建设而大规模削山造地的商业开发计划①②③已经屡屡表明，西部城市化发展在规模上与生态承载能力失调的危险是明显存在的。从发生在云南三江并流世界自然遗产地和重庆小南海电站的案例中可以窥见一斑：自然遗产保护地或者重要生态功能区的边界和功能区划，往往只在小比例尺的地图上标记，并没有真正落实到地面，这就为各地政府修改各种生态保护区的边界、调整保护区提供了便利。甚至有了实际的边界，在发展 GDP、造新城冲动下的地方政府也往往不重视西部重要生态功能区划的国家战略意义。

结合西部开发"十二五"规划中具体推进的重点经济区来看，其范围和规模尤其令人担忧。规划中的四项措施为：第一，继续支持成渝、关中－天水、北部湾等 11 个重点经济区〔这 11 片区域有：①关中－天水区域：中心城市为西安，以渭南、咸阳、宝鸡、天水等城市形成城市群，其中西安与咸阳实现同城化，并着手西咸新区；②呼包银榆区：这也是一个资源富集区，中心城市为呼和浩特，城市群跨 3 个省区，除了内蒙古的呼包鄂外，还有陕西的榆林、宁夏的银川。其中呼包鄂实现同城化；③宁夏沿黄区域：中心城市为银川；④兰州、西宁、格尔木区：以兰州为中心城市，城市群跨甘肃、青海两省区，并建设兰州新区；⑤陕甘宁区域：以延安为中心城市；⑥天山北坡区域：以乌鲁木齐为中心城市；⑦成渝区域：以重庆、成都为双核心城市，由两省市的 30 多个城市分别构建组成，其中成都与德阳、绵阳实现同城化，并建设两江新区和天府新区；⑧北部湾（广西）区域：中心城市为南宁，以北海、钦

① 钱炜：《兰州削山造地隐忧：环评尚未完成已开工》，《中国新闻周刊》2013 年 1 月 14 日。
② 刘敏：《延安削山建城之考》，《华夏时报》2012 年 10 月 10 日。
③ 赵磊：《严介和投 220 亿推掉 700 座荒山再造兰州城引质疑》，《中国经济周刊》2013 年 2 月 19 日。

州、防城港等城市形成城市群；⑨滇中区域：昆明为中心城市，其中昆明玉溪实现同城化；⑩黔中区域：以贵阳为中心城市，其中贵阳与安顺实现同城化；⑪藏中南区域：以拉萨为中心。]，建设西部大开发战略新高地，培育和壮大新的增长极，辐射和带动周边地区发展。这 11 个片区中的每一个地区都以一个特大城市或省会城市为中心，这一中心城市又和周边的中小城市组成城市群。第二，推进农产品主产区优化发展。鼓励和支持 8 个农产品主产区集中发展粮食、棉花、油料等大宗农产品，引导加工、流通、储运设施向优势产区集中。第三，推进重点生态区可持续发展。对西北草原荒漠化防治等 5 个重点生态区，实施综合保护、集中治理。第四，推进资源富集区集约发展。统筹建设好鄂尔多斯等 8 个资源富集区，形成国家能源资源重要战略接续区。一手抓资源富集地区的合理开发，一手抓生态特别脆弱敏感地区的生态修复与治理。

虽然规划中有这样的表述，即"在实施中注意以下三个原则：一是继续把基础设施建设放在优先位置，加快构建以交通、水利为重点的适度超前、功能配套、安全高效的现代化基础设施体系。二是加快建立生态补偿机制，加大生态建设力度，加强环境保护，从源头上扭转生态恶化趋势。三是深入实施以市场为导向的优势资源转化战略，坚持走新型工业化道路，积极承接产业转移，努力形成传统优势产业、战略性新兴产业、现代服务业协调发展新格局"①，但是，从以往的经验和不断发生的环境污染和资源破坏的案例来看，"十二五"西部大开发进程中如何成功协调以上三个重要的原则，而不是割裂实施，仍然充满了挑战和不确定性。从目前的生态恢复的措施来看，不论是生态补偿机制，还是生态建设的机制，都看不出生态保护将如何约束或者协调城市化、工业化，以及现代农业开发带来的一系列冲突与矛盾。

尽管有关专家和官员明确建议，不能照搬东部沿海的城市化模式，但是无论从规划到监管，国家并没有提出什么城市化策略，以真正让中西部发展冲动冷静降温，在速度、规模和模式上有别于东部沿海，并与中西部自身的生态承载力和生态安全匹配。甚至，有很多迹象表明，在国家新一轮产业布局和重化

---

① 夏青：《西部大开发十二五规划获批 11 个重点经济区率先发展》，《证券日报》2012 年 2 月 21 日。

工产业向中西部转移的宏观经济政策引导下，由于监管不力等因素，众多低技术、重污染的禁止转移产业，正在向中西部暗度陈仓，对中西部的生态环境造成破坏。这些破坏和污染又随着流域和风向，从中西部再扩散到人口稠密的东部沿海城市群和城市圈范围内。特别是对水土和植被有严重影响的冶炼、开采和重化工产业，尤其值得关注。还值得深思的是，国土资源部有关西部勘探和开采的大手笔①，以及以此带动西部地方经济提升的政策，如何在实施细则上确保与中西部国土规划战略相符合，从宏观规划到微观实施紧密地配合起来？至少从公开的资料来看，这方面的联系不为公众所知晓和理解。

除了上述大范围的生态赤字频现、现状愈益恶化外，还需要指出的是，城市建设中的生态赤字问题亦不容小视。全国大多数城市的地下水污染和自来水供应都面临严峻的现实，例如，北京的人均水资源量和地下水开采早已到了危急的程度，需要远距离高代价地工程调水。但同时，北京的城市建设一直在与自然生态相隔离的指导思想下展开，诸如地面硬化工程切断水渗透的基本生态功能，水资源得不到自然的补充，也加大了暴雨来临时的城市防洪压力和防洪设施的投入等。这样的城市生态赤字现象在新兴城市建设中普遍存在，大干快上的造城运动，往往会为了因应短期的工程目标和管理需求，在生态资源的消耗和补充之间处处断裂、阻隔，造成一个支离破碎的城市生态系统。

早在 1998 年，学者胡鞍钢、王毅和刘文元就指出，由于历史和现实的复杂因素，中国经济面临严重的生态赤字问题。"中国既无条件走工业化国家'高消耗资源、高消费水平'的传统道路，也不应当重蹈工业化国家'先污染后治理'、'先牺牲后抢救'的覆辙，只能选择'节省资源、适度消费、注重内涵开发、实施总体调控、大力保护环境、贯彻生态建设'的总方针。这条非传统的现代化道路，将使得我们的资源和环境在发展的过程中尽可能保持高效、和谐、稳定和均衡。"② 但是，在中国进入快速城市化的今天，中国城市

---

① 国务院办公厅："国务院办公厅关于转发国土资源部等部门找矿突破战略行动纲要（2011～2020 年）的通知"。

② 胡鞍钢、王毅、牛文元：《生态赤字：未来民族生存的最大危机——中国生态环境状况分析（1989）》，《科技导报》1990 年第 2 期。

化与环境的生态赤字之间究竟应该怎么平衡，并为先行经济政策提出指导性意见和刚性的约束措施，一切还在有意无意的"盲区"之中。

三　环境标准－国家标准必须尽快与世界接轨

环境标准是环境公共政策非常重要的内容。2012年发生的鲜活个案，如空气污染 PM2.5 标准的争论，随后在讨论灰霾天气的成因时，燃油标准的问题被提了出来。同时，有关城市饮用水标准和健康的关系问题也登上北京和多个城市的媒体头版。这些标准是由谁制定的，制定的过程应该有谁参与？都有哪些利益团体关心环境标准的问题？制定一个较低的标准，除了国情的因素之外，有没有部门利益、集团利益的操弄和左右？换言之，是不是集团利益的强大游说主导了公共政策？当健康危机爆发时，利益集团已经抽身，公权力还要再次动用纳税人的资源来挽回无法挽回的损失。这些问题是环境标准进入环境公共政策中大家最该关注的问题。

2012年《环境保护法》修改草案中建议：第九条第一款规定"科学确定符合我国国情的环境基准。国务院环境保护行政主管部门应当使环境标准与环境保护目标相衔接，制定国家环境质量标准。""环境基准"是指环境中污染物对特定对象、人和其他生物产生不良或有害影响的最大剂量，也就是说污染物浓度多大程度上会对人或生物和环境产生有害影响。但是，当我们执行的是"有中国特色"的环境基准，制定的国家环境标准大大低于国际标准的时候，公众势必产生疑问：同样是人体，为什么中国人的身体就可以承受更多更高的污染物，而不损害健康、缩短寿命？如果以一个"中国特色"环境基准制定的国家标准来指导政策、制定规划、采取措施，是否意味着环境与生态的部分欠账将被"制度性"地隐藏起来？环境领域中变革与改进的动力是否将大打折扣？

如果不是空气污染问题以灰霾的方式登场，究竟应该采用 PM10 的国家标准还是采用 PM2.5 的世界卫生组织标准，在政府与民众之间的博弈可能还要经历更长的时间。空气污染的后果人人可见况且如此，如果类推到其他形式的污染问题上，如不能显而易见的重金属污染、其他持久性污染物的不同分布对周边人群的影响等，我们又该如何重新审视相应的标准呢？换言之，当环境污染以隐形、渐进和累积的方式出现时，我们将以什么样的敏感性和反应机制来作出及时有效的应对？环境标准与世界相应标准的接轨，恐怕是无悔的战略切入点。

在十八大提出"美丽中国"的愿景下，人民的健康和幸福被放在前所未有的高度，与所有人息息相关的环境标准，无疑将是公众尤为关心的信息。国家环境标准及时与国际相应标准接轨的日程表和公开的修改过程，将是政府取信于民的重要举措。

四　年度主要环境数据的提示与分析

本部分内容的信息和数据全部来自 2012 年 5 月 25 日公布的《2011 年中国环境状况公报》（以下简称《公报》）。期望我们的解读和其中的疑惑可以成为政府环境公报在未来与公众和环保组织互动的重点。

总体来说，环境公报与各地重大环境事件的处理和治理没有特别明显的关系，其治理措施与各地公众的安全和健康关系比较隐晦。公报的目的应该是让它成为一份对公众有意义且看得明白的环境工作报告，它应该成为公众参与和监督环境工作的基础性文件之一。显然，这方面还有很多工作需要改进。

《公报》全文分为 12 个章节，包括淡水、海洋、大气、声、固体废物、辐射、自然生态、土地与农村环境、森林、草原、气候与自然灾害。这些章节通过环境监测的数字，展示 2011 年中国环境质量的指标。

1. 淡水环境

分为地表水和地下水。官方报告对于地表水的表述是"2011 年，全国地表水总体为轻度污染"。"湖泊（水库）富营养化问题仍突出"。对于地下水，2011 年"全国共 200 个城市开展了地下水水质监测"，"优良－良好－较好水质的监测点比例为 45.0%，较差－极差水质的监测点比例为 55.0%"。

有关河流状况，《公报》中用到的评价有：总体良好（5 次）、优（15 次）、水质良好（4 次）、轻度污染（17 次）、中度污染（8 次）、重度污染（6 次）；比较性的评价有：无明显变化（25 次）、明显好转（4 次）、明显下降

（1 次）。

无论是水质为优的长江、黄河干流，还是明显好转的山东、云南、辽河、松花江，这些水质状况的评价变化，由于缺乏足够的公众参与监督的信息，官方报告的数据与人们的实际感受可能还有不少差别。比如，"无明显变化"的可能是水质污染的状况。

在报告中，地下水污染的问题讲得更为简单，55%的较差－极差具体是什么意思，17.4%的监测点水质好转，67.4%的水质监测点"稳定"，15.2%的水质变差，"好转""变差"和"较差－极差"中的"好"和"差"的差别在哪里，在报告中无从解读。不过，在《公报》的"措施与行动"题下，提到环境保护部会同国家发展和改革委员会、财政部、国土资源部、住房和城乡建设部、水利部等部门历时八年共同编制完成《全国地下水污染防治规划（2011～2020 年）》，国务院已于 2011 年 10 月 10 日正式批复。规划的具体治污目标未有提及，但是计划中包括评估地下水污染的基本状况。

湖泊（水库）的监测范围是 26 个国控重点，包括：三湖（太湖、滇池、巢湖）、9 个大型淡水湖（达赉湖、洪泽湖、南四湖、白洋淀、博斯腾湖、洞庭湖、镜泊湖、鄱阳湖、洱海）、5 个城市内湖（武汉东湖、南京玄武湖、北京昆明湖、杭州西湖、济南大明湖）与 9 个大型水库（略）。评估湖泊的指标除了水质之外，还有富营养化的程度。26 个湖泊（水库）中，滇池和达赉湖水质为劣 V 类，富营养化水平也最高。水质最好的是千岛湖——26 个湖泊（水库）中唯一的 I 类水质，4 个 II 类水质水库的是丹江口、密云、门楼和大伙房。从变化的角度看，滇池、白洋淀、鄱阳湖、洞庭湖、大明湖，以及于桥、大伙房和松花湖 3 个水库的富营养化状况有所好转。

巢湖情况最糟，整体水质从 IV 类降为 V 类，环湖河流总体为重度污染，"12 个国控断面中，III 类、IV 类和劣 V 类水质断面比例分别为 8.3%、41.7% 和 50.0%。与上年相比，I～III 类水质断面比例降低 25.0 个百分点，劣 V 类水质断面比例持平，水质明显下降"。

"十二五"规划中提出的目标是"水质大幅提高，地表水国控断面劣 V 类水质的比例控制在 15% 以内，七大水系国控断面水质好于 III 类的比例达到 60%"。这些目标具体到上述的河流、湖泊，《公报》中未有解读。2011 年引起社会关注的诸多严重水体污染事件①在《公报》中也未有提及。

2. 海洋环境

"全海区域2011年，中国管辖海域海水水质状况总体较好，符合第一类海水水质标准的海域面积约占中国管辖海域面积的95％。"这是2011年新加入的解读。

"2011年，全国近岸海域水质总体一般。"2010年的说法是"全国近岸海域水质总体为轻度污染"。

从《公报》中难以判断近岸的"一般"是对水质还是水质变化的评价。因为按照监测点位（28.1万平方公里海域）计算，Ⅰ、Ⅱ类海水62.8％（上升0.3％），Ⅲ、Ⅳ类海水20.3％（上升1.6％），劣Ⅳ类海水16.9％（下降1.9％）。

四大海区中近岸海域水质：黄海良好、南海一般、渤海差、东海差。9个重要海湾水质：黄河口和北部湾良好，胶州湾和辽东湾差，渤海湾、长江口、杭州湾、闽江口和珠江口极差。

以渤海为例，可以看到海水水质比例在变化，而这些变化的含义，变化和入海河流的污染状况的关系，在《公报》中未有提及。

单位：%

	总体	Ⅰ类	Ⅱ类	Ⅲ类	Ⅳ类	Ⅴ类
2010年	近岸海域水质差,为中度污染	28.6	36.5	20.4	10.2	14.3
2011年	近岸海域水质差	16.3	40.8	18.4	14.3	10.2

	2011年入海河流监测断面水质类别					
	Ⅰ类	Ⅱ类	Ⅲ类	Ⅳ类	Ⅴ类	劣Ⅴ类
渤海	0	2	9	6	5	24

中海油与美国康菲合作开发油田溢油事件，是近年来中国内地第一起大规模海底油井溢油事件。有约700桶原油渗漏至渤海海面，另有约2500桶矿物油油基泥浆渗漏并沉积到海床。国家海洋局表示，这次事故已造成5500平方

---

① 《盘点2011年中国十大水污染事件》，湖南经济网，2012年3月22日。

公里海水受污染，大致相当于渤海面积的 7%[1]。这些事故对于渤海的影响以及长期的清理和恢复方案等，《公报》中完全未予涉及。

3. 大气环境

总体评价是"全国城市空气质量总体稳定，酸雨分布区域无明显变化"。

大气环境章节分为空气质量（地级及以上城市、环保重点城市）、酸雨（频率、降水酸度、化学组成、分布）和废气中主要污染物排放量。

"2011 年，325 个地级及以上城市（含部分地、州、盟所在地和省辖市）中，环境空气质量达标城市比例为 89.0%，超标城市比例为 11.0%。"脚注中说明"本年度公报空气质量评价依据《环境空气质量标准》（GB 3095 - 1996），评价指标为可吸入颗粒物（PM10）、二氧化硫（SO_2）和二氧化氮（NO_2）"。

在全篇《公报》中，对于 2011 年全国城市出现的灰霾天气[2]，以及备受关注的 PM2.5 等[3]，仅在文本框的"第二次国家环境与健康工作领导小组会议"中提及"针对 PM2.5 污染等社会强烈关注的环境污染问题完善相关标准、监测、评估、预警等措施"。在"环境保护科技进步"文本框中，出现了《环境空气质量标准》2011 年基本完成了发布准备工作的信息，而其中 PM2.5 被纳入常规空气质量评价的信息却未说明。

对于"2011 年，地级及以上城市环境空气中可吸入颗粒物年均浓度达到或优于二级标准的城市占 90.8%，劣于三级标准的城市占 1.2%"这些评价，这些"优于""劣于"的标准，值得仔细推敲。

4. 固体废物

此章节关于固体废物仅一句话，即"2011 年，全国工业固体废物产生及利用 325140.6 万吨，综合利用量（含利用往年贮存量）为 199757.4 万吨，综合利用率为 60.5%"。

然而，固体废物的范围不止于工业固体废物。2011 年多地频发重金属污

---

[1] 宫靖、王小聪、贺信、崔筝、肖尔亚：《渤海无人负责》，新世纪 – 财新网，2011 年 9 月 6 日。

[2] 冯永锋：《2011 年环境新闻评出 PM2.5 等二十事件受到最多关注》，《光明日报》2012 年 1 月 18 日。

[3] 《2011 年公众最关心城市空气和噪声污染》，《中国保险报》2011 年 12 月 13 日。

染事件，广受关注的"垃圾围城"也属于固体废物的范畴。2006年7月由环保部发布的《大中城市固体废物污染环境防治信息发布导则》① 指出，应该发布信息的有：

①工业固体废物，包括矿产开发中产生的固体废物，主要工业固体废物，产生企业的名称及其所产生工业废物的种类及有关信息；

②危险废物，包括废弃铅酸电池的有关信息，主要工业危险废物产生企业的名称及其所产生危险废物的种类及有关信息；

③城市生活垃圾，包括建筑垃圾、餐厨垃圾；

④城市污水处理厂污水处理产生的污泥的有关信息；

⑤农村固体废物，包括农村生活垃圾、畜禽粪便、秸秆以及农用薄膜等有关信息；

⑥非传统的产品类废物，如电子废弃物、废弃轮胎等有关信息。

显然，《公报》发布的信息与要求差距太大。以"垃圾"为例，《公报》中对于垃圾的描述，出现在题为"全国城乡环境卫生整洁行动""全国农村环境卫生监测情况""地下水污染防治工作进展情况"与"城市市容环境卫生"这些措施的描述中。这些零散的描述并未清晰说明目前总的情况。

在同章节的"措施与行动"中提到，"2011年，全国31个省（自治区、直辖市）共有266个城市向社会发布了2010年固体废物污染环境防治信息。与上年相比，发布信息的城市数量增加了19个"。

有关重金属污染，2010年的新闻关键词是"血铅"，2011年则是8月发生的云南曲靖铬渣污染，而这只是全国铬渣问题的冰山一角。关于铬渣，《公报》中提到的唯一一处是"截至2011年底，全国累计处置铬渣超过400万吨"。

对于重金属，《公报》中多处提及，尤其国务院批复《重金属污染综合防治"十二五"规划》和中央财政下达25亿元支持26个省份开展重金属污染治理，包括"整治违法排污企业保障群众健康环保专项行动"，"全国化学品

---

① 国家环境保护总局：《关于发布〈大中城市固体废物污染环境防治信息发布导则〉的公告》，2006年第33号，2006年7月10日。

和危险废物环境管理专项检查"，"建立并实施了持久性有机污染物统计报表制度"，"建立危险废物规范化管理和督察考核机制"，"采取最严厉的措施整治铅蓄电池企业，有效遏制了铅蓄电池企业引发血铅事件的高发态势"。"十二五"规划中也明确"重金属污染得到有效控制，持久性有机污染物、危险化学品、危险废物等污染防治成效明显"。

然而这些行动、专项、制度、机制等，在目前的《公报》中没有体现在具体的目标和结果上。固体废物章节需要极大地丰富内容和描述方式。

5. 辐射环境

《公告》指出，"2011年，全国辐射环境质量总体良好"，并特别指出"辐射检测数据表明，日本福岛核事故未对中国环境及公众健康产生影响"。

对于公众关注的核安全等问题，《公报》中列举了包括安全监管、环境监测等工作，并专设文本框说明"全国环境应急管理工作情况"。针对核安全这类关系民族命运的话题，仅从"风险管理""应急"和"监管"角度讨论是不足的，必须从国家的能源安全与结构、有前瞻性的布局着眼。

6. 土地与农村环境

《公报》包含水土流失和农村环境状况两部分。水土流失中，估计现有水土流失面积近357万平方公里，占国土总面积的37.2%。农村环境中没有量化描述，只是预警农村的变化带来的生活、生产以及城市及工业污染转移的问题。

措施与行动中列举了针对水土流失、节水农业、农村饮用水安全、环境卫生整洁行动、农村环境监测试点等内容。

尤其值得关注的是环境监测试点。在中国的发展中，农村除了保障粮食安全外，其价值被边缘化，尤其是广大的乡村所在的山地河流草原湿地，是中国生态环境的最后防线。农村环保，绝不只是村容与垃圾的问题，而是在走向绿色经济的过程中，认识到生态价值和乡村在提供生态产品、服务方面的优势，以及作为服务提供者的贡献与应得的认可和收益。

7. 自然生态、森林、草原

自然保护区：已建立2640个，占国土面积的14.9%，其中国家级335个，总面积93万平方公里。

湿地：2011 年，"实施全国湿地保护工程项目 42 个，新增湿地保护面积 33 万公顷，恢复湿地 2.3 万公顷，新增 4 处国际重要湿地和 68 处国家湿地公园试点。截至 2011 年底，国际重要湿地达 41 处，面积为 371 万公顷，湿地示范区面积达到 349 万公顷"。

生物多样性：无 2011 年新数据。

外来物种入侵："最新统计，入侵中国的外来生物已达 500 种左右"，"每年对中国造成的直接或间接损失达 1198.8 亿元"。2011 年无新数据。

森林资源状况：2011 年信息与 2010 年未有变化。

森林生物灾害：2011 年，"主要林业生物灾害发生面积为 1168 万公顷。其中，虫害发生面积 845 万公顷，病害发生面积 120 万公顷，鼠（兔）害发生面积 203 万公顷。有害植物发生面积 16 万公顷"。

森林火灾：2011 年，全国共发生森林火灾 5550 起，受害森林面积 2.7 万公顷，因灾伤亡 91 人，分别比上年下降 28%、41% 和 16%，连续三年实现"三下降"。

草原资源："全国草原面积近 4 亿公顷，约占国土面积的 41.7%，是全国面积最大的陆地生态系统和生态安全屏障"。2011 年数字未有更新。

草原生产力：2011 年，全国草原植被总体长势属偏好年份。全国天然草原鲜草总产量达 100248.26 万吨，较上年增加 2.68%；折合干草约 31322.01 万吨，载畜能力约为 24619.93 万羊单位，均较上年增加 2.53%。

草原灾害：2011 年，全国共发生草原火灾 83 起，受害草原面积为 17473.5 公顷，无人员伤亡和牲畜损失。与上年相比，草原火灾发生次数和火灾损失均处于历史低位水平。草原鼠害危害面积为 3872.4 万公顷，约占全国草原总面积的 10%，与上年基本持平；草原虫害危害面积为 1765.8 万公顷，占全国草原总面积的 4.4%，危害面积较上年减少 2.3%。

从这些《公报》中的数据来看，目前对于生态环境、森林、湿地和草原的评估还非常粗略。有必要对生态系统的监测、保护措施的成效目标和跟踪、对于生态系统的综合服务功能加以论述，而非仅从火灾、病害这些应对性措施分析。此外，对于生态系统的功能维系的目标设定，也可以帮助评估目前的财政预算中维护生态系统功能的投入是否清晰和到位。另外，环境公报由环保部

牵头，而森林草原的管理由林业、农业等部门负责，可能是这几个章节与污染治理等章节的数据细致程度有很大区别的原因。

8. 气候与自然灾害

《公报》分为气候状况、自然灾害状况、措施与行动三部分。

自然灾害分为干旱、暴雨洪涝、高温、台风等热带气旋、低温冰冻与雪灾、风雹等由于大气对流减少带来的灾害、沙尘、雾霾、滑坡等地质灾害、地震灾害，以及海洋灾害。

气候异常，可能和全球气候变化有关，局部极端气候事件频发将产生何种影响，未予涉及。但是预测与预警，而非应对和救急，是非常重要的。

由于气候的原因带来灾害，哪些是由于环境因素可以加剧或者缓解的，比如 2011 年西南地区（云南、广西）持续的旱灾，对于森林植被保持较好的地区，如自然保护区周边，持续旱灾带来的人畜饮水、农业减产的现象损失就相对较小①，这需要思考。同样的海洋灾害，哪些是来自红树林等海滨防护植被的消失与退化，需要分析。自然的破坏可以加剧气候事件的破坏性，如毁林带来水土流失；自然的屏障可以缓解气候异常带来的灾害受损程度，也可以减少次生灾害发生（如地震引发泥石流等）。

在自然生态、气候与自然灾害、农村环境之间，应该有国家层面更加综合的视野，连接这些生态系统服务功能的不同方面。

9. 绿色发展的潜力

本期《公报》中，对于环境经济、绿色金融、绿色投资有多处描述，说明环保已经从被动治理转变为发挥"促进经济发展方式转变"的作用。

在同章节的措施与行动中提到"2011 年，全国 31 个省（自治区、直辖市）共有 266 个城市向社会发布了 2010 年固体废物污染环境防治信息。与上年相比，发布信息的城市数量增加了 19 个"。

在产业结构调整中，严格环境标准的否决权，如"严格环境影响评价，对 44 个总投资近 2500 亿元，涉及'两高一资'、低水平重复建设和产能过剩

---

① 引水思源——山水自然保护中心 2010 西南旱灾生态救灾项目，http：//www. hinature. cn/ NewsLetter/project/water. pdf。

项目作出退回报告书、不予批复或暂缓审批处理"。

金融与经济鼓励措施上引导，如绿色信贷，"2011 年，环境保护部继续向中国银监会、人民银行提供 2010 年有关环境违法企业信息、环评、建设项目竣工环境保护验收等环境信息。银监会发布了《绿色信贷指引》，对银行业金融机构实施绿色信贷提出了具体操作规范。银行业金融机构将环境信息作为信贷审批、贷后监管的重要依据，从源头切断了一大批污染企业的资金链条"。

通过提高标准，促进环保投入：在工业污染方面，"采取部门联动措施，限制不符合环保要求企业产品出口、信贷融资。组织各地严格开展稀土企业环保核查，促使全行业 300 多家企业新增环保投入 20 多亿元"。

《公报》中提到，2011 年中国环境与发展国际合作委员会会议上提出"中国在后金融危机时期坚定不移地走绿色发展道路"。针对"经济发展方式的绿色转型"，《公报》中在利用市场、金融、信贷等手段方面的内容较少，绝大多数投入指的是公共财政在公共环境产品上的投入。另外，环境作为公共事务，1992 年联合国环境与发展大会发布的《里约宣言》中强调的第十条原则，即公众知情与参与的原则，在目前的《公报》中体现得不够。绿色发展如果没有公众的参与，只是自上而下推行，再好的政策也会陷入无法监督的空谈。

五　结语

在很长一段时间里，中国的经济将以城市和农村环境问题都非常突出的状态运行。但是，把两者割裂，重视一方而轻视另一方的政策是不可取的。中国城市与环境的关系，尤其需要我们把城市和农村的问题结合起来看，中国的城市化必须要综合考虑大城市 + 小城镇 + 农村 + 农业 + 生态保育的多中心、多节点的系列问题。也只有这样，才有可能在新兴的城市带、城市圈、城市社区中打破城乡二元状态的自我复制。也许需要给城市化过热的政策降温，城市化不能仅仅作为吸引投资、保持经济增长速度的猛药，没有环境和生态视野的快速城市化目标，与节能减排、低碳经济、宜居城市的目标完全有可能背道而驰。

从城市规划上看，必须以人为本地解读和体现宜居概念，将市民的感受和体验以及市民的参与过程和参与渠道等处处体现在制度安排中，而不是玩弄参与的概念，缺乏公众参与的可操作性和可通达性。在单项城市基础设施建设和市政工程中，鼓励公众参与的制度安排可以化解矛盾，收集意见，改善工程设计，寻找可替代方案，监督按照环境标准运作的实施过程。同时，鼓励和支持公民和社区代表对违规的行为和造成环境和公共健康的问题及时监督、及时报告、及时解决，预见城市环境的矛盾和冲突，变解决危机为预防危机，这样才能防止社会撕裂的矛盾冲突此起彼伏。

西部生态问题是高悬在中国经济发展头上的达摩克利斯之剑。西部是国家生态安全的重中之重，同时西部资源也是中国经济发展的生命线。污染不能向西部走，因为污染和比污染还严重的生态恶果会沿江河、随气流，以更严重的方式还给下游，还给东部和沿海。这个道理不复杂，但是西部大开发范围之外的经济发达地区，却一直不容易看清这个简单的道理，缺乏共识。希望2012～2013年大面积的灰霾天气，能够推动这个广泛"自觉"的共识。除了空气污染，大多数污染并没有引起重视。我们感受不到地下水的污染整体局势，因为我们不可能像看海一样看到地下水；我们也不可能像体会灰霾一样，体会到重金属污染对水资源和土地资源的破坏。但是，我们能不能通过一次空气的"自觉"而举一反三，把解决城市化问题的视野放开，在大生态的理念下寻求发展之道呢？

可喜的是，新一届政府从顶层设计上提出了生态文明的发展观。生态文明的基础是对生态永续性的关注，是对人居环境与人民幸福生活的关怀。因此，对生态文明制度建设的具体路径来说："一个能够真实反映资源消耗和生态效益的经济社会发展评价体系"一定是一个对公众的在地宜居梦想有高度敏感性，鼓励和帮助公民在自己的家乡、自己的城市恢复和保护美丽自然的支持体系；"一个能够真正体现生态文明要求的目标体系及考核办法和奖惩机制"一定是一个建基于人民的宜居幸福生活、引导社会组织健康有序发展、充分调动群众参与社会管理并参与考核和反馈的机制；"一个真正能加强环境监管，追究生态环境保护责任和环境破坏赔偿责任的制度"一定是一个已经逆转了守法成本高、犯法成本低的病态现实并保护公民检举揭发环境破坏行为而不被打击报复的制度；"一个提升全民环保意识和全民环保社会风气的美丽中国时代"一定是一个能够管理好环境冲突和矛盾、弘扬公民环境权益之正气的公正时代。

The Environmental Cost of the Overheated Urbanization

Li Bo

Abstract：Despite much economic growth has been achieved, we have increasingly realized that the basic living conditions in Chinese cities can only be metaphorically compared to the five non-trivias: one breath of air, one drink of water, one bowl of rice, one step of the way, and one bag of trash. Indeed, these five essentials have become the unbearable heaviness of the urban living in China. Mainstream policy makers like to believe urbanization speed-up in China is rightfully on the major triumphant advance from east region to western provinces. Such intention is evidently ambitious in the 12th Five-year Strategic Plan of the Western Development; but increasingly environmental crisis are making urban living difficult. The environmental costs of the urbanization should be taken seriously as wake-up calls to revisit and re-evaluate our strategy and mentality towards China's urbanization. More importantly, China is walking on a fine line between conservation and ecological security and resource exploitation in the western China. The challenge is of course, how to define and reach consensus on the fine line.

Key Words： Urbanization; Air Pollution; Solid Waste; Development in Western Regions; Environmental Standards

特 别 关 注

Special Focus

　　本年度绿皮书的特别关注有三篇文章：《2012 环境公共事件述评》《面对水危机：政治与社会分析》和《长江上游水电开发再现危局》。

　　2012 年，多座城市连续爆发针对大型工业污染项目的群体性事件，政府与民众的冲突更加尖锐。这类社会动员模式的草根性强，参与者关注自身经济利益，一旦政府让步，集体行动便会终结。而以反城市垃圾焚烧为代表的另一种动员模式，关注的议题更具公共性，开始超越只针对某个污染点和事件的应急性，向着长期监督、寻找制度性解决方案的方向发展。《2012 环境公共事件述评》对环境运动的这两种最新进展提供了深入透彻的分析。

　　《面对水危机：政治与社会分析》则以政治与社会的视角，分析越来越多的跨界水污染和水资源争夺问题。作者认为，水危机不仅仅是环境危机，更是社会与政治危机。本文提出了水的"巴尔干化"，认为水的利益争夺将形成新的不平等，包括地区不平等和社会不平等。

　　《长江上游水电开发再现危局》则关注了一个具体而重大的环境问题。2012 年，水电突然像野兽出笼。作者从流域总体规划、地质、生态成本等方面，再次提出水电问题，认为如何克服盲目的水电崇拜心理，遏制非理性的投资冲动，扩大公众参与，实施有效的环境监管，考验着相关部委和地方决策者的良知与勇气。

G.2
2012 年环境公共事件述评*

吴逢时　彭 林**

摘　要：

　　环境公共事件在近 10 年来越来越频发，并且在 2012 年出现了一些重要的变化：第一，传统的带有邻避色彩的环境公共事件利益冲突更加尖锐，民间抗争方式更加激进；第二，地方政府面对不断增加的社会压力，反应（更确切地说是让步）更加迅速；第三，一些自发民间动员朝着更加理性、更加专业化的方向发展。比如在广州市民针对番禺垃圾焚烧项目组织的一系列集体行动中，出现了过往以城市住宅小区居民为主体的环境维权不具备的特点，进入组织化建设和政策倡导的阶段。

关键词：

　　社会动员　环境抗争　维护权益　政策倡导

　　2012 年针对工业污染、环境健康问题的公众性事件接连不断，成为全社会关注的热点，相关的集体性行动开始呈现两种模式：第一种模式是以直接污染受害者、相关者为参与主体的环境维权和抗争，这是一种目前最为常见的公众动员在环境领域里的表现。这种模式的草根性强，参与者的身份边界比较清晰，参与者关注自身经济利益，类似于西方社会中的"邻避"运动。一旦政府让步（比如受争议大型开发、化工项目停建或者迁建），集体行动便会终结。另一种模式的组织化程度和参与者的环境认知水平更高，而且关注的议题

---

　　* 感谢张伯驹在写作、采访过程中给予的不可缺少的帮助。
　　** 吴逢时，香港中文大学政治与行政学系教授，香港中文大学公民社会研究中心副主任，主要研究领域包括中国公民社会发展、跨国社会倡导与中国当代政治、环境政治、全球治理；彭林，香港中文大学政治与行政学系博士后，主要从事中国灾害和环境治理领域 NGO 的研究。

更具公共性，不局限于具体的项目、社区所在地，开始超越只针对某个污染点和事件的应急性，向着长期监督、寻找制度性解决方案的方向发展。发生在什邡、启东和宁波的反对大型工业污染企业的大规模环境群体性事件是第一种动员模式的代表性案例。该类型的环境公众动员、集体性事件在近10年来的中国不是偶发的，而是多发的。2012年集体行动出现一些重要变化：一方面，民间抗争的方式激进化，政府与民众的冲突更加尖锐；另一方面，地方政府的反应（确切地说是让步）更加迅速。第二种动员模式的代表性案例是广州市民针对番禺垃圾焚烧项目组织的一系列集体行动。这场发端于2009年的环境维权行动进入2011年以后朝着新的方向发展，出现了过往以城市住宅小区居民为主体的环境维权不具备的特点，进入组织化建设和政策倡导的阶段。

一　从什邡到宁波：城市环境群体性事件的
激进化与民间的自我反思

2012年，多座城市连续爆发针对大型工业污染项目的群体性事件，这些城市的行政级别都比较高，其中什邡是四川省辖县级市，宁波则是浙江省副省级城市。事件过程中政府与民众之间爆发的冲突越来越激烈，甚至恶化到示威民众冲击公共机关、政府动用防暴警察驱散示威者的程度。2012年7月1日到2日，大批什邡市民聚集到市政府门口组织抗议示威，反对刚刚开工的宏达钼铜项目建设。在这期间发生警民冲突，原本和平的示威活动升级，有人受伤。2012年8月26日，江苏省南通市下属的启东市爆发民众示威游行，反对大型造纸厂尾水入海工程，警方介入后示威行动快速激烈化，警民对峙和示威者冲击政府机关。2012年10月底，在浙江省第二大城市宁波，大批市民参与了反对当地PX项目的"散步"，这场公众动员的行动过程在一开始比什邡和启东更为有序、理性，但是两天后，还是在当地市委、市政府门口聚集。事件过程中触发激烈的警民冲突，政府出动了特警，并驱散示威民众。

这些大规模环境群体性事件之所以密集发生，一个重要的背景性因素是2008年以来政府出台了大规模经济刺激政策，许多大型石化和化工项目获得了新的扩张动力。什邡的钼铜项目被列为四川省"十二五"规划重点项目，也是震后发展的优先项目，被当地官员称为"史上最严格的环评"在不到半年的时间里完成通过。而启东这个案例，江苏省政府从 2008 年开始将一系列环保审批权从省辖市下放到县一级，这样的安排显然降低了大型工业项目的准入门槛，而纸业尾水入海项目的环评过程恰好正是从 2008 年开始加快的。[①]不过，这些都是什邡和启东这类大规模环境群体性事件发生的宏观原因，环境抗争爆发和激化的直接原因是环评过程中公众参与机制的薄弱与不透明，公众环境健康、自我保护意识的提升，以及维权意志的坚决。

重大工业项目从规划到环评都缺乏有效的公众参与渠道和制度设计，企业的环境信息披露机制也明显存在不足，导致很多民众对身边在建或者已经运作的工业项目不知情，一旦出现对这些工业项目环境风险的疑虑，政府和企业很难从民众那里获取信任，理性对话和说服会遇到障碍。比如什邡的钼铜项目，从立项到审批完成再到开工历时两年，可是绝大多数什邡居民直到 2012 年 6 月底开工仪式启动才得知这个重大化工项目的存在，引发民众对政府意图的猜疑。启东纸业排海项目酝酿时间更长，民众也是直到近两年才明确获知项目的建设信息，但是并没有参与环评，也无法获取环境风险评估的信息。其实这些问题是中国环境治理长期以来都存在的弊端，至今未能得到纠正。宏观经济形势带来的压力只是将这些原本存在的问题进一步扩大，为更激烈的民间抗争增加了动力。

公众环境意识提升是环境群体性事件升级的直接原因之一，公众环境意识提升除了可以归因于整体生活水平提升带动的对生活质量诉求的提升外，也不能忽视过往环境事件产生的社会影响。特别是 2007 年以来连续多起针对 PX 项目和其他污染项目（比如福建紫金矿业项目）发生过的大规模民间抗争，加之 2011 年日本海啸以后对核辐射的恐慌和全球性的争论，通过网络和传媒上升为舆论焦点，强化了各地民众对工业项目环境风险及其对自身健康威胁的认知。需要注意的是，这样的认识不等于科学知识，往往具有非理性的成分，由此引发的集体行动很容易带有盲动和过激的特点，很难为建设性的政府与民

---

① 《启东造纸厂拖累 10 余官员被查　祸起环保审批权下放》，《21 世纪经济报道》2012 年 8 月 9 日。

众对话和协商创造条件。

回顾什邡、启东和宁波三起群体性事件，公众动员的升级过程有很多相似之处。由于项目建设和评审信息不透明，最初的质疑和反对意见都来自体制内，比如什邡市引入钼铜项目后遇到了政府内部和不同产业利益集团的反对声，启东造纸排海项目更是早在 2005 年就遭到了体制内专家的质疑。[①] 当体制内的批评受阻之后，这些工业项目环境风险的信息往往经由社会精英通过地方媒体以及互联网向社会传播。但是仅仅依靠社会精英并不足以催生大规模民众抗争。这些工业项目建设最初遇到的直接社会阻力通常都来自拆迁居民，主要诉求都是经济补偿，通常还不足以形成大规模的社会动员动力。而一旦环境风险信息在网络上更广泛地流传，特别是当环境风险被公众理解为具有一点规模的普遍性或者高危险性以后，社会动员便会迅速升级，参与规模迅速扩大。比如，参与反对 PX 项目集体行动的非直接利益相关者，普遍接受二甲苯引发癌症甚至是畸形胎儿风险这样的信息；什邡反钼铜动员能够快速升级的一个重要原因是有关项目对水体和空气污染的信息通过互联网广泛传播。另外，无论是从笔者的实际观察还是从国内外的专业分析来看，经过如此的转变，实际的物质诉求已经变得次要，对政府以及技术精英的不信任往往才是维持集体行动甚至导致集体行动激进化的重要因素。面对洪水般的社会情绪，无论地方政府和技术专家怎么从技术理性的角度来加以劝解，都无济于事。

值得注意的是，在民间抗争走向激进的同时，政府的反应并未随之变得越来越强硬。虽然在什邡和宁波，群体性事件都引发了较为激烈的警民冲突，甚至出现流血事件，但地方政府无一例外都选择了快速退让，停止相关工程建设。但是，至少从目前的情况来看，政府的这些让步可能还是属于短期行为，依然是面对骤发公共危机的应急处置，还没有超越维稳的底线，没有催生制度化、更开放、更具可操作性的社会冲突化解机制。

宁波反 PX 运动是在本文落笔之际发生的，它同什邡和启东两场环境抗争有很强的共性和连贯性，也有新变化，尤其是民间力量有意识地回归理性，比如在网络动员之初就有民众强调"散步"要合理合法，民众在自发组织集体

---

① 《什邡百亿钼铜项目夭折真相调查》，《中国经营报》2012 年 7 月 7 日。

行动的过程中就有市民专门负责捡拾游行队伍留下的垃圾，向示威队伍分发饮用水；还有网民通过微博发布这样的细节，抨击网上出现的"暴民"言论。更特别的是，宁波当地刚刚成立的民间环保网络组织虽然并没有发挥领导作用，但也努力介入了抗争过程，在网络上发表了公开的意见。不过到目前为止，宁波反 PX 运动出现的这些变化还没有超越传统的受害者维权模式，反对议题并没有超越地方性的局部利益，集体行动依然带有短期性的色彩。行动并没有产生民间组织长期跟进的制度性保障，也没有提出更积极的政策建议。政府宣布停建以后，虽然民众依然对政府的行动诚意持怀疑态度，但至少集体行动本身已经失去动力。这场公众动员是否有持续倡导，还有待进一步观察，守望者家园是否愿意挺身而出担当起公共监督责任，也需要组织内部的讨论和决定。

二　番禺垃圾，从抗争到倡导：公民社会内生力以及开放的公众参与机制

广州市番禺区居民反对垃圾焚烧厂的运动从 2009 年 9 月拉开序幕，这场社区动员有两条变化轨迹：一条轨迹同前面讲的环境集体抗争接近，另一条轨迹则朝着更加组织化的方向发展，而且在专业环保组织、环保积极分子、学者和公共媒体的助力下逐渐成为番禺反焚运动的主流，正在建设长效的组织和发展政策倡导。笔者认为，番禺反焚的案例提供了很多值得中国民间环保力量思考的方向。

2009 年 9 月下旬，广州市政府要在番禺区建立垃圾焚烧炉的消息被附近住宅小区的业主获知，并且迅速在业主论坛上传播，关注事件的业主越来越多，采取集体行动的意愿也迅速发展。这些小区业主当中有当地媒体的记者，事件很快就被媒体跟进，甚至被央视报道，进入更广阔的公众视野，引起更大的关注。至少到这个阶段，番禺反焚运动的事态升级同中国过往的大多数环境公共动员相似，局部经济利益的考量（比如房价下跌）仍然是促使业主参与的重要动力，但是往后的事态发展却有越来越多的新意。

番禺反焚运动的转变受到两个重要因素的影响：一是积极分子对李坑垃圾

焚烧厂的关注，以及以此为起点的新的认知和行动；二是广州市政府主动让步，并且尝试建立更为制度化的公众参与渠道。番禺的业主自发开展反焚维权行动开始没多久，就有积极分子关注另一地区的李坑项目。2009年10月，一些反焚积极分子通过本地一位大学教授的博文得知处于广州市北部的永兴村已经有一座建成并且运营的李坑垃圾焚烧厂。这篇博文的作者通过亲身体验以及同当地村民的直接交流，痛陈垃圾填埋场和焚烧厂对当地居民身心的双重伤害，追问政府和普通市民应该承担的公共责任。一些番禺反焚积极分子受到这篇博文的触动，自发组织调查小组到永兴村去进行实地调研，证实了当地村民的遭遇，并且有意识地用永兴村民糟糕的健康状况作为武器，抨击官方学者和相关机构对垃圾焚烧安全性的解释和压制性言论，也让民间反焚力量争取到了更多的话语权和认知度。更重要的是，民间反焚力量通过关注李坑项目，甚至主动支持永兴村民维权，有意识地延展动员范围，让番禺反焚运动超越维护局部私权，向反公害的方向转变，公共性明显增强。对李坑项目的曝光、抗争和讨论过程中，反焚运动的骨干力量开始更深入地反思垃圾维权的公共意涵，开始有意识地让番禺区当地业主乃至更广大的民众进行反思：垃圾问题不仅仅局限于反焚烧，不仅仅来自末端处理环节，更不仅仅是某个群体维护自身的局部权益。每个生活在这座城市的成员实际上都应该为垃圾围城这个事实负责，每个人每天都在制造垃圾，有什么资格让某一个地区的公民承受垃圾处理的负面效应？从技术层面来看，通过将社区维权向李坑项目延伸，将垃圾处理议题解释为反公害，番禺反焚力量获得了更多的支持者、更丰富的资源（特别是非实物性的组织、道义和话语资源），自身的行动技能也得到进一步锻炼。

除了来自公民有意识的努力和调整，来自广州政府方面的改变也对反焚运动的走向产生了重要影响。广州市市容环卫局将每月23日作为公众接访日，建设垃圾焚烧厂的信息当初就是在这个日子向社会公布的，这个接访制度后来也成为政府与民众和平沟通的重要渠道。随着来自社会的压力加大，广州市政府在2009年11月专门组建了城市管理委员会（简称"城管委"），成为公众参与垃圾焚烧厂项目决策的正式制度平台，让政府与民众沟通获得了更加稳定、更有针对性的渠道。此外，广州市和番禺区政府从2009年10月开始不定期主动同民间力量直接沟通，多次邀请民间代表参加涉及垃圾管理的座谈会。

尽管广州政府并没有放弃新建垃圾焚烧厂的计划，没有消除民间反焚力量的不信任，但是政府自己也开始实质性地推进垃圾分类管理，同民间力量的互动也变得更加开放、更加常态化。而且值得注意的是，这种相对宽松开放的氛围并非只出现在广州，佛山市也开始积极推进垃圾分类管理，并且主动开放社会参与，甚至向广州反焚力量开放，让其对执行过程进行监督和评估。笔者亲历了广州反焚积极分子到佛山进行的一次调研，他们同政府干部和学者面对面沟通的坦诚程度令笔者感到意外。

番禺反焚行动的兴起和变化的确存在一些偶然因素，比如李坑焚烧厂的存在。此前中国其他地方出现的反焚维权行动（像北京六里屯反焚运动的影响力就相当大）就缺乏这样现成的、有利于迅速提高动员强度和动员水平的靶子。不过，李坑项目的存在并不能掩盖更为重要的因素，那就是公民社会（不仅仅是在广东）的进一步成熟。没有环保组织和专业积极分子的助力，没有此前一系列环境维权行动在技能和知识方面的积累和传递，没有广州本土公民社会与政府互动渠道的发展，李坑项目即使存在，也未必能够成为环境维权创新和发展的动力，未必能够成为超越传统环境运动的动力。

2009 年底到 2010 年初，反焚行动取得了初步成功，广州市番禺区政府主动邀请民众代表参加垃圾焚烧项目讨论。2010 年 11 月，广州市政府宣布停止垃圾焚烧项目建设，寻求更加细致开放的讨论。而恰恰是在维权运动初步取得成功的阶段，民间维权力量内部开始出现分歧。面对政府的让步，一部分积极分子认为应该采取更具建设性的行动，避免同政府直接对立和冲撞，将注意力由简单反焚转向反焚和更长效的垃圾减量并举。而另一些积极分子则坚持采取较为激烈的方式同政府互动，捍卫自己的权益，反对垃圾焚烧项目。最终，持温和合作态度的力量占据上风，他们得到了学术界、专业积极分子和媒体的支持，逐渐成为主流，并且开始寻求建立合法组织，推动更广泛的垃圾分类公共宣教和政策倡导。温和力量之所以选择登记注册，直接原因在于民间维权发展遇到瓶颈，比如志愿者和资源缺乏可持续性，缺乏合法身份开展公开活动和筹资。其实这些也是中国传统民间环境维权普遍遇到的问题。另一方面，温和派的领袖也有意识地想借助注册登记来试探政府对民间力量的真实态度，摸索民间组织能够获得的政治机会空间。这样的试探在一开始并不成功，来自民政部

门的反馈并不乐观。在区一级政府碰壁以后，积极分子尝试在高校和民间社会相对集中的海珠区寻找机会，过程"意外地顺利"（受访者原话）。以广州宜居为名的民办非企业组织顺利登记注册，让民间推动的维权和垃圾分类倡导获得了新的常态化的组织平台。

三　环保组织在环境维权中的角色

如果说 2012 年环境公众动员引人注目的变化在于动员本身推动了更可持续的自组织和民间结社，那么国内环保组织在越来越活跃的环境动员中的缺位和失声同样值得注意。国内环保组织曾经在 21 世纪初的反坝运动中发挥了领导作用，但是在此后连续出现的公民直接发动和参与的环境污染抗争实践中，我们几乎看不到专业环保组织的身影，听不到它们的声音。环保组织缺位或许有回避政治风险的考虑，但是也应该看到它们在能力建设上存在不足，削弱了它们对环境维权和环境动员的影响力，比如同政府的沟通能力、对法律法规的熟悉和运用能力、更为专业的环境知识，以及在社区开展实际工作的经验和技能。

不过，到宁波反 PX 运动以及番禺反焚运动，我们欣喜地看到了环保组织更加主动、更具建设性地介入。在宁波反 PX 运动中，本地的民间环保人士从一开始就关注并且努力引导反建运动朝着更和平、更有序的方向发展，大规模集体行动也伴随着酝酿筹建新的本地环保组织。环保组织在番禺反焚运动演变过程中发挥的作用更加明显、更加积极。专家和媒体从反焚运动一开始就提供重要的支持，在运动主流转向组织建设阶段，自然之友等环保组织还直接和间接地提供技能和资源等方面的支持，"宜居广州"成立过程中即与自然之友、芜湖生态中心等共同推动建立中国"零废弃联盟"。可以说，自然之友等环保组织直接参与塑造了垃圾管理这个公民社会议程，直接参与推动反焚运动朝着公共化、理性化和组织化方向转型。番禺反焚行动最重要的变化在于催生了新的环保民间组织，让相对自发、零散的民间维权行动走向常态化，让公民政治参与获得更加稳定的制度支持。类似的变化在中国此前的环境维权（直接利益相关者维权，不包括反坝这样的外部维权）行动当中还没有出现过。回顾中国的民间环境维权和公众动员，由城市利益相关者直接参与和发动，将健康权作为捍卫目标的大规模集体行动是从 2007 年才开始出现的（以厦门 PX 事件为标志）。从反对工业项目、大型基建项目一直到更为晚近的垃圾处理项目，即便是针对同一个议题，即便是在民间社会相对发达的地方（比如北京、上海），这类公众动员都没有产生后续的组织化动力，没有催生出较为成形、稳定的民间组织，没有出现更高水平的制度建设。在这样的宏观背景下，番禺反焚运动的组织化演进、新老环保组织间的提携帮带更加值得关注。

番禺反焚行动走向组织化，对广东特别是广州本地环保组织的发展也带来了新的动力。广州在社会经济以及传媒方面有得天独厚的优势，公民社会相对发达，但是总体而言，广州的环保组织并不是全国最成熟的，组织数量、涉足的领域以及具体的工作方式都比较有限。根据笔者的观察，广州本地的环保组织近年来实际上已经遇到了发展瓶颈，甚至出现萎缩。如何找到新的资源，吸引新鲜血液加入，如何找到新的工作方向，获得可持续发展动力，都是本土环保组织面临的挑战。而垃圾议题的出现，以及专业民间组织的出现，让本地环保组织获得了新的发展动力，特别新议程的出现有助于原有组织找到新的任务目标，甚至为新组织的出现提供了土壤。实际上，垃圾议题的出现和发展对环保组织的推动不仅出现在广州，而且初步呈现全国范围的发展势头，围绕垃圾管理议题进行的组织建设和网络联系已经出现。这些网络已经开始超越分散的地域行动和地域组织，比如"零废弃联盟"。这个联盟致力于通过改变民众生活习惯来改善垃圾管理，推动政府的政策变化和行为变化。联盟成员通过虚拟和现实的信息交流、经验交流，还在各地进行针对政府和民众垃圾处理情况的调研，这些都是更成熟的政策倡导的基础，体现出中国本土环保组织新的内生发展动力。新的围绕垃圾议题出现的组织建设和网络联结，既不同于开放社会的抗争政治，也超越了中国国内传统的公共宣教、知识普及这些初级的民间参与形式，专业化程度更高，工作系统性更强，更加明确地以直接改变政府甚至社会行为为目标。联盟成员调研的结果以及从其他渠道获取的有用信息会主动同政府相关部门分享，目标还是为了推动政府行为的改变。而且这些组织很清晰地把注意力集中在技术和政策层面，也有助于让垃圾议题乃至参与议题的民

间力量在政治上"脱敏",更有利于议题本身的酝酿和发展,值得民间环保组织进行总结和自我学习。

Social Mobilization, Collective Action and Resistance against Environmental Pollution

Wu Fengshi   Peng Lin

Abstract: It is not accidental that collective actions against environmental pollution have taken place more often in the Chinese society since the last decade. Three points stand out featuring the major protests in 2012: First the protesters are employing more radical methods and level of contention is on the rise. Second, local governments react, or more precisely, strike a deal with the protesters, faster. Lastly, and more importantly, some cases spontaneous mobilization have gradually evolved and generated new social organizations keeping the momentum and pushing for policy change. The third trend is best shown by the anti-incinerator movement in Guangzhou since 2009.

Key Words: Social Mobilization; Environmental Protest; Rights Protection; Policy Advocacy

Ｇ.3
面对水危机：政治与社会分析

郭巍青*

摘　要：

层出不穷的跨界水污染和水资源争夺，昭示着水危机不仅仅是环境危机，更是社会与政治危机。水危机的"自反性"（Reflexivity）特征昭示，这种悖谬与困境已经引发了广泛的反思，日益凸显的社会危机、财政危机、价值危机质疑我们此前的认识、规划、战略和发展模式，并且在新的切面上重新构造着政治议题和政治战线。在中国，水危机的流动性与跨界水治理，显示"巴尔干化"的隐忧。围绕着水的利益争夺，将形成新的不平等，包括地区不平等和社会不平等。在水与经济竞争、水与不平等、水与政府问责三个方面，能否以新的制度安排改善因体制缺陷造成的治理失败，将考验政府的政治智慧和政治决心。

关键词：

水危机　水政治　"自反性"　"巴尔干化"

一　水污染与水危机

一个幽灵，水污染与水危机的幽灵，正在我们身边徘徊。

2012年最后一天，位于山西省潞城市的山西天脊煤化工集团股份有限公司发生泄漏事故，约38.7吨苯胺冲入排雨系统。其中，8.7吨污染物顺着漳河汹涌下泄，途经山西、河南、河北，仅山西境内沿岸受损居民就有2万多

＊　郭巍青，中山大学政治与公共事务管理学院教授、博士生导师，中山大学中国公共管理研究中心专职研究员，主要研究方向为公共政策分析、政府与地方治理、公民社会发展等。

人。非常糟糕的是，位于漳河下游的河北省邯郸市5天之后才知道污染的消息，当地老百姓的恐慌引发了一场瓶装水抢购大战。中央与地方之间、省与省之间、地区与地区之间，为污染的责任追究问题大费周章，扯皮不已，从而暴露出严重的体制漏洞与治理危机。

这是一次典型的跨界水污染危机。各种各样的"末日论"贯穿于2012年，不过基本上只是噱头而已。但是，对于水危机绝对不可以等闲视之。大面积的水污染直接威胁人的健康与生存，它包含并传达了真正的"末日信息"，而这样的信息已经越来越多。回顾整个2012年，类似的跨界水污染事件层出不穷。

2012年1月15日，广西龙江河拉浪水电站网箱养鱼出现死鱼现象被网络曝光，龙江河宜州拉浪码头前200米水质重金属超标80倍。专家估算，这次事件中镉泄漏量约20吨，泄漏量之大国内罕见，龙江下游300公里河段受波及，金城江区鸿泉立德粉材料厂被专家组确定为污染源之一。时间正值农历龙年春节，沿岸及下游百万居民饮水安全遭到严重威胁，市民们纷纷抢购瓶装水。

2012年2月3日中午开始，镇江市自来水出现较重异味，其后两天，镇江发生抢购饮用水风波。镇江自来水公司给出的解释是由于"加大了自来水中氯气的投放量"。然而，根据镇江市后来公布的情况，早在2月2日，就发生了污染物泄漏，但有关部门没有及时公布实情，而是以种种借口搪塞掩盖。直到2月7日晚，镇江市政府应急办才发布处置情况通告，承认水源水苯酚污染是造成此次事件的主要原因。经专家组调查认定，这起自来水异味事件是由运输苯酚的韩籍船舶操作不当泄漏导致。

2月29日，不少武汉市民反映饮用自来水出现异味。武汉市水务集团相关人士当天表示，当地一水厂水源出现问题。武汉市环保局3月1日的报告显示，因地处白沙洲水厂上游约3公里的陈家山闸大量排放污水，影响取水质量，水厂加大投氯量，自来水出现异味。尽管相关部门随后宣布，污染水源已被切断，水质符合国家标准，但还是在局部地区引发了居民的恐慌情绪。①

而冲突最烈、影响最为广泛的当属"启东事件"。事件的起因是，位于江

---

① 以上三例均转引自"中国环保设备展览网"：《2012饮用水污染大事件 科学布局保障安全闸》，2012年12月18日，http：//www.hbzhan.com/Product_News/Detail/74217.html。

苏南通市的日资企业王子造纸厂有大量污水需要排放，为此规划了一个"南通排海工程"。这个工程要建造一条 110 公里长的排污管道，将南通、海门、启东沿线所有污水处理后统一排放，设计能力是每天 60 万吨，后来降低到每天 15 万吨。由于排污管道的出海口定在启东，结果引发了启东市数万民众举行示威。示威者广为散发《告全市人民书》，呼吁启东人站出来，抵制王子造纸厂"将有毒废水排放到启东附近海域"，号召举行"保卫家园"行动。抗议行动持续多日，人群一度包围并冲击市政府。

也许我们还应该将启东事件与一年前发生的"抢盐风波"联系起来看。由于担心日本核泄漏会污染中国海域进而污染海盐与海鲜产品，江浙沿海一带出现大规模的抢盐与囤盐风潮。尽管专家已经辟谣，事件也很快平息，但教训不应该忘记。舆论喜欢讨论甚至嘲笑老百姓的低素质，然而，真正关键的问题在于，水污染非常容易触发大范围的社会恐慌。从心理恐慌到集体行动再到社会冲突，其间的因果联系非常直接、非常快速。短短一年之内，从抢盐风波到启东事件，事件本身可以被政府作为"危机应对"而处理过去，但水污染恐慌只怕已经在社会民众心里深深扎根了。

除了这些已经明显酿成灾难的大事故，尚有许多长期积累的、过去一直隐而不显的各种污染，也被媒体陆续揭露出来。

例如，内蒙古自治区呼和浩特市托克托县多家企业集中排污形成大片"污水湖"，附近环境严重污染，周边村民怨声载道。记者的调查发现，托克托县环保局 2006 年 6、7 月间的抽样监测显示，当时的污水化学需氧量指标平均高出国家排放标准 100 多倍，而此后一直治污不力。严重的污染状况被报道后，才引起社会各界的广泛关注。排污大户石药集团中润制药（内蒙古）有限公司已被责令停产整改，彻底解决污染问题的近期及中远期规划和措施也在实施之中。

又如，根据当地群众的爆料，记者实地调查发现，在长江湖北黄石西塞山段江底沙滩上，"地下暗管直通长江，高浓度污水滚滚东去"。[①] 而通过暗管排

---

① 杨进欣：《地下暗管直通长江 高浓度污水滚滚东去——长江湖北黄石段暗道排污调查》，人民网，2012 年 1 月 11 日。

污的是位于湖北省黄石市西塞山工业园的湖北振华化工有限公司。这家公司号称是国内铬盐三强之一，还是黄石市首届最具责任感企业。

中国的水危机问题引起了国内外许多学者的广泛关注，关于水危机的数据与全景描述越来越多。① 媒体上总结了 2011 年的"十大水污染事件"②，以及 2002～2012 年 10 年间的历次重大水污染事件。③ 研究者和政府主管部门共同认定，导致缺水的主要原因是水资源遭到了史无前例的污染和破坏，江河、湖泊、地下水、海域的污染程度触目惊心。显然，认真关注和分析水污染与水危机议题，已经刻不容缓。

二 水的政治

水危机不仅仅是环境问题，同时也是社会与政治问题。德国学者佩特拉·多布娜（Petra Dobner）于 2011 年出版了一本著作，名为《水的政治：关于全球治理的政治理论、实践与批判》。她的开篇第一句话是："水的政治是生活在任何年代、任何地区的人类所必须掌握的一门艺术，以便凭借它对水的消费和利用进行管理，在适当满足各方竞争性需求的同时，使水资源得到持久的保护。"④

多布娜的著作告诉我们：水资源的消费、利用和保护，归根结底依赖于良好的管理与政治。受她这项杰出工作的启发，本文将沿着相同方向，分析讨论中国的"水政治"。

在中国语境下，人们通常只把水的问题理解为一种科学问题、技术问题，或者卫生习惯问题、爱护环境问题，顶多是一种管理问题（在技术的意义

---

① 参见〔美〕易明《一江黑水：中国未来的环境挑战》，江苏人民出版社，2012；马军：《中国水危机》，1999 年；Jianguo Liu and Wu Yang，"Water Sustainability for China and Beyond"，*Science*，Vol. 337，10 August 2012；The World's Water 2008－2009 Report。

② 中国水网：《盘点 2011 年十大水污染事件》，http://news. h2o－china. com/html/2012/03/1331332382634_ 1. shtml。

③ 阿计：《2002～2012：重大环境污染事件之十年记录》，《民主与法制》，2012 年 9 月 28 日。

④ 〔德〕佩特拉·多布娜：《水的政治：关于全球治理的政治理论、实践与批判》，社会科学文献出版社，2011，第 1 页。

上），而不是政治问题。不知道从什么时候起，人们养成了这样一种思维习惯，即当真想要解决一个问题的时候，就会将它说成"不是政治问题"。与政治相区分，会获得行动自由，于是，"非政治化"变成一种行为策略。本文的第一个目的就是希望打破这种成见。按照多布娜所提供的朴实的、同时也是普世的理解，人民和政府应当一起坦诚讨论水政治。事实上，政治无非是对资源的权威性安排：水资源究竟是我们共同拥有的，还是可以私有化的？谁能够合法地阻止对水资源的污染？怎样追究污染者的责任？所有这些问题，在当代都是关乎人类生存的基本问题。它们的解决，需要科学技术和管理，而归根结底需要一种政治上的权威的制度安排。

具体地说，本文对水政治的分析讨论依据两个基本概念而展开。第一个概念是"自反性"（Reflexivity）。它告诉我们，人类对于水资源的开发和利用，起到了一种反向的作用，就是破坏了人类生存的基础条件本身。这种悖谬与困境已经引发了广泛反思，并且在新的切面上重新构造了政治议题和政治战线。换个说法，经济文明与生态文明、社会文明之间，存在日益明显的冲突，需要有新的政治文明加以化解，实现可持续发展。无论在全球层面上，还是在全国和地方层面上，"自反性"都带来巨大的政治压力。

第二个概念是"流动性"（Flow）。水是流动的，对于跨国跨域的水道或水域的协调管理，是国际政治的传统课题。根据最新统计，全世界共有263个江河流域是跨越国界的。中国是一个大国，水的管理涉及五花八门的中央与地方跨界部门，也牵动无数的地方利益与复杂的相互关系。在这当中，由于单边行动而导致的污染外溢与资源占有，越来越成为引发利益冲突的重要因素。

多布娜说："水资源的理性管理具有潜在的稳定政权的作用，相反，傲慢、无能或谬识则有可能使人类、环境和政治陷入深刻的危机。"[①] 据此，本文将在最后部分说明，水危机的解决需要有政治智慧和政治决心。让每一位公民都意识到危机，参与与切身利益相关的水问题讨论和公共决策，是推动政治文明和生态文明建设的最强大动力。

---

① 〔德〕佩特拉·多布娜：《水的政治：关于全球治理的政治理论、实践与批判》，社会科学文献出版社，2011，第2页。

三 水危机与政治后果：自反性的角度

在漫长的人类发展进程中，缺水一直被认为只是由于自然条件的不均衡，或者某些人力无法控制的自然灾害，例如旱灾。总体上看，水是大自然的馈赠，是取之不尽、用之不竭的资源。

至少从 20 世纪下半叶开始，人类与水的关系出现了重大转折。一种新的认识是，人类谋求生存与发展的努力，最终在总体性和全局性程度上导致水资源的污染与破坏，从而使人类生存与发展面临重大威胁。在这个意义上，水资源短缺真正成为"问题"。它是一个全球问题，是一个人类安全问题。

这个认识唤起了全球治理的努力。1977 年在阿根廷的马德普拉塔召开的第一次联合国水资源大会，标志着水资源问题进入全球治理议程。2002 年在南非召开的可持续发展世界高峰会议上，全体代表一致通过决议，将水危机列为人类面临的最严重挑战之一。短短几十年，"水问题"迅速升级为"水危机"。这不但说明了问题的严重性和紧迫性，而且说明了全球水治理的进程非常艰难。

中国也在经历最为严重的水危机。根据中国科学院 2007 年发布的统计数据，中国的 669 座城市中，2/3 的城市缺水；农村中有 3 亿人缺乏干净的饮用水。[1] 水利部估计，水资源短缺问题将在 2030 年格外突出，届时中国人口数量将达到 16 亿，而人均水资源占有量将只有 1760 吨——这个数字已经到了联合国规定的警戒线水平以下。[2]

大体上说，水污染源自几个方面[3]：农药使用造成的污染、工业排放物造成的污染、养殖业造成的污染、城市垃圾与生活污水排放造成的污染、化学品泄漏造成的污染。此外，在南方喀斯特地貌区，河水常常穿过岩洞，由于基岩的渗透性，污染物很容易进入并积存在地下水里。而依赖这些地下水为生的，

---

① 中国社会科学院：《中国可持续发展战略报告（2007）》，科学出版社，2007。

② 《中国水资源短缺 2030 年将达到警戒线》，新华社，2001 年 11 月 16 日。

③ Jennifer L. Turner, *New Ripples and Responses to China's Water Woes*. China Brief, Volume 6, Issue 25（December 19, 2006）.

是数以百万计的农民。从 2002 年以来，每年进入河流的废水高达 630 亿吨，其中的 62% 来自工业排放，其余 38% 几乎是未经处理的城市污水。① 水利部于 2006 年对 118 个城市进行了调查，结果显示，其中 115 个城市的饮用水被污染，污染物主要是砷（能引起严重的恶心呕吐、身体器官癌变，严重的会导致死亡）和氟（会引起骨质氟中毒，发作时关节剧痛）。②

本文强调的观点是，水危机反映了现代化进程中的"自反性"，是一种自反性的危机。意思是说，危机不是来源于外力作用，而是人类自身的行为。按照德国学者乌尔里希·贝克的广义理解，自反性意味着"自我对峙"的情境，指的是现代化的发展后果，反过来冲击现代化的发展基底，即后果与基底之间的对峙。还必须指出的是，这里所谓后果，指的是"非意图后果"（Unintended Consequences），即超出我们预知能力的后果，并给我们带来一种"反身作用力"。③

因此，水危机是我们自己造成的后果，它质疑我们此前的认识、规划、战略和发展模式。这种质疑以三种后继危机的方式表现出来，分别是社会危机、财政危机、价值危机。

（1）社会危机。这主要是指，由于担心水污染带来健康威胁而导致的大范围恐慌。2005 年松花江化学污染事件和 2007 年无锡太湖饮用水污染事件中，都给社会带来巨大恐慌。压力最终会传导至政府管理层面，变成政治问责事件。

我们还特别需要关注一个深层次问题，就是污染与疾病之间的因果关联，以及公众对于这种关联的认知。随着经济发展而生活条件改善的人，特别是城镇居民，越来越发现真正的麻烦来自日常生活。我们每天喝的水是干净的吗？所谓并不超标的那"一点点含量"，长期喝下去有问题吗？它是否会对老人妇孺等脆弱人群带来风险？这些问题，在科学界引起了截然对立的意见分歧。对

---

① U. S. Department of Commerce, International Trade Administration, 2005 Water Supply and Wastewater Treatment Market in China, Washington, DC.

② 世界银行报告：《中国污染的代价》，2007，第 82 页。

③ 〔德〕乌尔里希·贝克：《风险社会》，1999。另参见顾忠华主编《第二现代：风险社会的出路?》，巨流图书公司，2001，第 7 页。

于普通人来说，这意味着原来的安全感轰然垮塌，随之而来的是广泛的社会唤醒。在日益频发的环境抗议事件中，例如什邡事件、启东事件、宁波事件、众多垃圾焚烧厂抗议事件等，抗议者公开声称，污染（包括水污染）带来了癌症、白血病、心血管疾病等严重疾病的高发。随着互联网的发展，特别是社交网络的发展，公众的认知和"证据"广泛传播，形成了一种敏感的、不信任的社会氛围。

这就从三个方面对政府形成了巨大压力和挑战。第一个方面关系到信息披露。人们质疑政府披露信息的诚意和能力，甚至有意隐瞒。第二个方面涉及环境质量的控制与管理。全国有几万个化工企业沿江而建，日夜排放污染物，人们有足够的理由怀疑政府的排放标准过于宽松，执行不力，甚至认定某级政府就是造成污染的主谋。第三个方面涉及冲突管理。人们反感政府不顾群众的感受，粗暴压制意见表达与抗议。

套用上述多布娜的话来说，这三个方面分别体现了"谬识""无能"与"傲慢"。于是，水危机变成社会危机，变成公众与政府的对峙，变成政治压力。

（2）财政危机。2011 年的中央一号文件提出，"加大公共财政对水利的投入。多渠道筹集资金，力争今后 10 年全社会水利年平均投入比 2010 年高出一倍"。[①] 按照刘建国的计算，这意味着未来 10 年中，总共要投入 4 万亿元人民币以解决水问题，比过去 10 年增加 4 倍。[②] 应该肯定，以一号文件的形式强调水治理，大幅增加投资，为应对水危机提供了非常有利的条件。但是，考虑到污染的严重程度，治理前景还是不能令人乐观。这可以用南方大都市广州市治水的案例加以说明。

· 案例 ·

2008 年底，为了迎接将于 2011 年举办的亚运会，实现水环境的根本性好转，广州市政府痛下决心，决定在 2010 年 6 月底前投资 486.15 亿元整治全市

---

① 《中共中央　国务院关于加快水利改革发展的决定》，2010 年 12 月 31 日，新华网。

② Jianguo Liu and Wu Yang, "Water Sustainability for China and Beyond", *Science*, Vol. 337, 10 August 2012.

的河涌，要求做到"纳入整治的河涌不黑不臭"。这笔巨额投入，相当于广州市 2008 年全年财政一般预算收入 622 亿元的大半。按整治行动的时间长度来计算，平均每一天要往水里砸进去 1 亿元。按广州户籍人口计算，平均每人负担达到 6400 元。时任市委书记为了确保效果，甚至要求各区的区委书记和区长在整治行动结束后，要到管辖范围内的河涌去游泳。

但是，一年半的整治完成后，本地媒体的报道说[1]，在大洋网的调查中，近一半参与者认为"效果一般，水质无明显改善"，或"失望，投入太大、成效太小"。一些重要的河涌，依然存在这样或那样明显的污染。无奈之下，竟有企业向广州水务部门献策，主张用化学方法在短时间内让河涌变清，起码在亚运会期间保持良好水质。一些懂行的人则坚决反对，疾呼这种杀鸡取卵的方式万不可取，否则化学品可能给河涌带来更为致命的污染。

广州的例子说明，大规模治理水污染超出了政府的财政能力。而这样的情况绝非广州独有，它是大中小城市普遍的困境。再从另外一个角度来看，中国的人均再生水使用量只达到世界平均水平的 1/4，而每单位 GDP 的耗水量则是世界平均水平的 3 倍，原因在于高耗水的工业结构、落后的技术、循环使用率太低以及浪费习惯。[2] 综合起来说，如果政府不投资于经济，就不能获得财政收入。但是经济投资增加耗水、污染与浪费，使得无论用多大投资去治污，终归无济于事。"先污染后治理"事实上不灵，给政府财政带来危机。

（3）价值危机。水污染的后果对政府的治理理念带来巨大冲击，从而造成价值观念上的危机。首先，单一经济发展的理念和模式受到了冲击。胡锦涛在中共十七大报告中要求坚持"科学发展观"，并要求确保清洁的饮用水，加强水污染防治工作，防止过度汲取水资源，并减少浪费。这清楚表明中央决策层完全清楚水危机的严重，并力图将环境保护理念纳入经济发展战略中。但是，在复杂的部门结构与层级结构中，科学发展观并不容易转化为实际决策中

---

① 杨洋：《广州 486 亿治理河涌污染效果有限市民不满》，《新世纪周刊》2010 年 7 月 12 日。

② Jianguo Liu and Wu Yang, "Water Sustainability for China and Beyond", *Science*, Vol. 337, 10 August 2012.

真实的指导思想。传统的政绩观与环境保护之间、增长评价指标与环境评价指标之间充满了冲突。它经常表现为中央与地方的冲突，以及代表环境的权力部门与代表经济发展的权力部门之间的冲突。

其次，民间环保组织的出现与发展，公众环境意识的日益觉醒，以及环境抗争行动的广度和力度日益增加，它们冲击着单一政府管制的旧观念。从20世纪90年代中期以来，民间环保组织从无到有，发展迅速。它们在水坝建设与江河保护、水污染调查与信息披露、清洁饮用水提供、村民和居民的维权以及与水相关的环境教育等方面，逐渐成为不可忽视的行动者。在某种程度上，中央政府愿意支持和鼓励民间环保组织的这些行动，以帮助监督和制约地方政府和企业的污染行为。但是总的来说，各级政府对民间环保组织以及其他公民参与行动的态度是十分矛盾的，并且更多的是抵触和压制。这是因为，在决策参与、信息保密和信息公开、维稳与维权等一系列问题上，政府与环保组织的理念有很大的差距。在解决水危机问题上，怎样与民间环保组织以及公民行动形成良性互动、多元共治的格局？可以说政府既没有足够的观念准备和思想认识，又缺乏相应的互动渠道与制度安排。缺乏共识，价值危机就始终存在。

四　流动性与跨界水治理："巴尔干化"的隐忧

水是流动的，因此水的治理不可避免地涉及各种跨界利益的冲突与协调。让我们先看看美国发展历史上的一个例子。

一百年前，洛杉矶水务局局长威廉·穆赫兰采用一项蛮横有效的新方案——"水源抢夺"——解决了该市水源短缺的难题。他把200多英里外欧文斯山谷农民所用的水强行改道，使得洛杉矶有可能成为美国发展最快的城市之一。①

---

① 《2006年人类发展报告——透视贫水：权力、贫穷与全球水危机》，联合国开发计划署（UNDP），2006。

这就是所谓的"穆赫兰模式"。联合国计划开发署发布的《2006年人类发展报告》指出，在当代社会，对水源的竞争正在以惊人的速度日益加剧，从而引发激烈的冲突，有时还会引发暴力事件。专家们担忧这样的危险，即"穆赫兰模式"在新的伪装下重新浮现，不是出于对贫穷和人类进步的关切，而是由权力来决定冲突的结局。①

作为比喻，可以把"穆赫兰模式"看成一种巴尔干式的冲突。由于缺乏受法律约束的合作，围绕着水的利益冲突演变成无政府局面，并走向暴力化。跨界的水域及其利益领域，因此成为一种"巴尔干地区"，其中布满火药桶，随时可能引发社会冲突。

放在中国的背景下来看，所谓"巴尔干化"的隐忧来自以下几个方面。

首先是水与经济竞争。我们的经济发展模式以地区之间的GDP竞争为特征，使得高耗水、高污染企业遍地开花，其扩张规模和速度从根本上无法控制。高耗水诱发对于水资源的争夺、截取和占用，而高污染则诱发与邻为壑式的污染排放。由于我国经济在相当长的一个时期内仍然要以制造业为主，因此，水源性缺水和水质性缺水的压力也将长期存在，它很容易诱发围绕水资源的各种恶性竞争行为。

其次是水与不平等。水资源与水污染问题具有"分割线"作用。在空间地理上，它将切割出"富水地区"和"贫水地区"、"污染源头区"和"污染受害区"。在社会层面上，它将切割出"水受益群体"和"水受害群体"。换言之，围绕着水的利益冲突，将形成新的不平等，包括地区不平等和社会不平等。从这里将孕育出不同地区之间、不同群体之间的张力、矛盾和冲突。也可以这样说，我们原来熟悉的不平等主要是城乡不平等、沿海与内地不平等，现在则多了一个新的维度，即水资源的不平等。

再次是水与政府问责。在我国，水环境的行政管理体制既包括纵向的权力配置，也包括横向的权力配置，既有垂直管理，也有属地科层管理。"两种管

---

① 《2006年人类发展报告——透视贫水：权力、贫穷与全球水危机》，联合国开发计划署（UNDP），2006。

理系统的政策执行力度不一，条块分割，往往形成片状或分散式体制，造成治理的真空和死角，削弱治理效能。"① 这实际上是一种碎片化的威权体制，由于协调成本太高，它尤其会在流域管理方面陷入治理失败。同时，由于部门关系复杂，权责界定不清，它总是会陷入责任追究的困境。责任追究不力，又会掩盖各种体制缺陷，导致更多的治理失败，形成恶性循环。

以本文开头提到的山西天脊煤化工集团股份有限公司苯胺泄漏污染漳河事件为例，可以清楚地看到上述三个因素同时存在。按照《财经》杂志记者的说法，"这起重大突发环境事件，存在严重的迟报、瞒报行为，直接导致漳河上下游协同应急处置失灵，八年前松花江水污染的悲剧重演"。② 而松花江水污染悲剧的教训是，以 GDP 考核为中心的政绩观导致污染，碎片化体制导致信息瞒报与协调失灵，结果导致"受害地区"和"受害群体"出现。"受害"事实的出现，最终将在政治层面上引发问责压力以及冲突。

循此思路可以作出三种预测。

第一，经济快速发展的正面效应充分显现之后，其负面效应开始显现。具体到水资源问题上，就是水环境恶化的后果开始显现。"受害地区"与"受害群体"的客观存在，加上传播方式的革命性变化，公众将会看到越来越多的水污染后果。整个社会将面对一个"后果高发期"，它将是社会不稳定的重要根源。

第二，两种动力结构将同时存在，同时起作用。一方面是经济发展锦标赛的动力结构，它使优胜官员在政治上脱颖而出，获得晋升，另一方面是污染问责的动力结构，它很可能与政绩勾销，将官员拉下马。两种动力是相反的，并迫使官员进入"风险生涯"：如果花大力气优先治理污染，就会在经济锦标赛中落后；如果走捷径快速推高经济指标，就会随时面对污染风险与后果的不确定性，随时可能在阴沟里翻船。

第三，在"美丽中国"概念下，水环境管理协调体制必须大力改革，水环境治理投资必须大幅度地持续投入，这需要来自高层的政治决心。而这种政

① 车文辉：《配置与整合：跨界水环境治理的权力结构》，《行政管理改革》2012 年 5 月。
② 高胜科、贺涛：《跨界水污染再肇祸》，《财经》2013 年 1 月 13 日。

治决心的形成与贯彻，又需要来自社会的呼应与良性互动。在跨界水资源争夺和水污染事件中，"受害地区"与"受害群体"的力量，既有可能导向破坏与失控的消极一面，也有可能导向强化制衡机制与多中心治理的积极一面。走向哪一面，仍然有赖于全局性的政治眼光和驾驭技巧。无论如何必须认识到，水资源、水环境已经成为最重要的公共品，能不能提供这种公共品，已经越来越成为影响执政合法性的重大问题之一。

Facing Water Crisis: A Political and Societal Analysis

Guo Weiqing

Abstract: Cross-border water pollution and competition incidents showcase the truth that water crisis is not only an environmental issue but also a societal and political crisis, with the reflexivity of water crisis highlighted. This kind of absurdity and dilemma has provoked extensive reflections. Ensuing social, fiscal and value crises have called us to reconsider planning, strategy and development models and restructure political agenda and front. The mobility of water crisis and cross-border water management in China is becoming Balkanized, with new regional and social inequality developing as a result of the competition over water. To solve water-related problems in economic competition, inequality and government accountability, new institutions must be installed to enhance governance. The key lies in political wisdom and determination of governments of various levels.

Key Words: Water Crisis; Institutional Arrangement; Reflexivity; Balkanization

G.4
长江上游水电开发再现危局

鲍志恒*

摘 要：

在《长江流域综合利用规划》酝酿修编的同时，长江上游大批水电工程匆忙上马。"跑马圈水"背后，流域地质、生态、水资源可持续利用等风险若隐若现。多年来，围绕该流域水电开发是否过度，多领域学者与水电业内代表争论不休。

面对2020年前后长江上游彻底渠道化的危机，舆论连番呼吁将该流域水电项目打包决策，由最高国家权力机关启动表决程序，但在总装机规模超过4座三峡的水电开发大幕已然拉开之际，能否破除水电崇拜心理、遏制非理性的投资冲动、扩大公众参与、实施有效的环境监管，已是当下及未来10年里，对执政者良心与智慧的空前"大考"。

关键词：

水电开发 长江上游 环评 生态 地质

据2012年的最新资料统计，未来10年的长江水电格局中，将有30余座、总装机规模超过4个三峡的电站陆续建成。届时壮美的通天河、金沙江将彻底告别奔腾的急流，成为连接座座水坝的静水库区。令人忧心的是，这一人类水电开发史上极为大胆的冒险计划，既未被视作一项整体性的国家工程，经过最高国家权力机关的讨论和授权，亦未从全局视野进行宏观统筹，获得流域综合利用规划的"背书"，即在水电资本与地方权力的合力下，不可逆转地迈向危机四伏的未来。

---

* 鲍志恒，《东方早报》记者。

一 疯狂的水电

2012 年 11 月 19 日，以向家坝水电站首批机组并网发电为标志，金沙江下游 4 座世界级水电站陆续开始发挥效益。

事实上，向家坝只是金沙江下游水电开发计划中的最后一级，它与上游的溪洛渡、白鹤滩、乌东德一起，构成了总装机规模两倍于三峡的巨型水电站群——即使就单体规模而论，这 4 座电站也将无一例外地跻身世界级电站之列。其中，在建的溪洛渡水电站可与目前装机规模世界第二的伊泰普水电站比肩；而已开展前期工程的白鹤滩水电站规划装机规模达 1600 万千瓦，势必将超越溪洛渡后来居上。此外，虎跳峡、两家人、梨园、阿海、金安桥、龙开口、鲁地拉、观音岩等金沙江中游的 8 座水电站，规划装机规模的总和也超过三峡，达 2058 亿千瓦，总投资累计 1500 亿元。从果通到奔子栏的金沙江上游地区则计划建设 11 级水电站，总装机规模不低于 1500 万千瓦。这些尚不包括 2011 年才获批的四川攀枝花段金沙、银江两级电站，通天河马日给至色乌 10 级电站，川江小南海、三峡和葛洲坝，2020 年前后，长江干流水电站或将有 30 级之多。

学者认为，长江上游流经的西南地区，恰是我国生物多样性最丰富、生态保护压力最大、地质灾害最为频繁的地区，在此地区进行高度密集的梯级开发，将对整个流域的文明生态形成长时间的叠加影响，部分影响甚至难以逆转。但近些年各类资本竞逐造就的水电"大跃进"，已对当地环境产生严重干扰。[1]

就金沙江而言，作为规划中国最大的水电能源基地，其水电规划经历了新中国成立以来不同时期、不同水电勘测部门提出的多重方案。目前实施的中游"一库八级"和下游"四级"计划中，向家坝、溪洛渡两座超巨型水电站因"未批先建"，2005 年即遭到环保部的惩处；2006 年，金安桥水电站又在

---

[1]　陈凯麒、常仲农、曹晓红：《尊重环境 有序发展水电建设》，《中国水能及电气化》2010 年 4 月。

国家发改委未核准的情况下擅自截流，2009 年，相继完成截流的鲁地拉、龙开口两座水电站甚至没有及时向环保部门递交环评报告。

2003 年，国家发改委（原国家计委）通过了《金沙江中游河段水电规划报告》，明确该流域的水电开发应遵循"一库八级"的整体开发原则。据此，最上游的虎跳峡"龙头水电站"，成为下游 7 级电站技术经济指标的重要依据。遗憾的是，目前金安桥水电站已建成发电，梨园、阿海、龙开口、鲁地拉、观音岩等已按"一库八级"方案在建，但虎跳峡龙头电站却因移民生态问题陷入停滞。2012 年，面对下游电站技术经济指标难以实现的局面，国家发改委又不失时机地批准在金沙江中下游的攀枝花 50 公里江段修建金沙、银江两级电站项目。

值得关注的是，金沙江水电项目投资复杂。上游四川、西藏的界河开发已有启动迹象，业主尚不明朗；中游以云南省金沙江中游水电开发公司为主，股东既有地方政府及华能、华电、大唐、国电、华润等国有巨头，也包括民营公司；下游则为长江三峡集团掌控。

密集而无序的开发，凸显一系列潜在风险和现实问题：长江径流是否可以满足全部电站的蓄水发电需求？投资多元化背景下的流域水资源统一调度管理如何实现？如何规避长江上游特别是金沙江流域极为复杂的地质条件可能引发的破坏性影响？面对大断层、大断裂带纵横交错的构造，如何保证地震、山崩、滑坡、泥石流等自然灾害的冲击不致造成溃坝、毁坝、漫坝的连锁反应？如何应对水库蓄水对局地气候、陆生生态和水生环境的影响？如何妥善解决水库淹没区、影响区移民补偿安置纠纷及由此引发的系列社会矛盾？

二　难产的河流规划

水电项目兼顾流域防洪、灌溉、航运、旅游等功能是水资源开发利用的基本原则。从科学发展的角度看，应在区域发展规划、流域综合规划的指导下制定水电开发规划。我国《水法》（2002 年修订版）规定，水资源开发应当在流域综合利用规划的指导下进行。水电及其他专业规划，必须服从综合规划。

但实际上，区域发展规划、流域综合规划往往落后于水电的开发。

出台于 20 世纪 50 年代末的我国《长江流域综合利用规划》（以下简称"长河规"），直到 1990 年首次进行了修编，在此基础上，才有了三峡工程的上马。但限于当时的认识水平，是次修编，对生态环境问题考虑很少，以致三峡工程建成后争议犹存。

20 世纪末以来，为弥补首次修编遗留的生态环境"欠账"，水利部长江水利委员会多次论证研讨"长河规"的二次修编工作，但在 2009 年修编完成后，新版"长河规"依旧被搁置至今，尚未获得国务院批准。

事实上，由于局部利益和认识差异，流域水资源综合利用规划与水电专项规划并不协调。据了解，新修编的"长河规"与"金沙江中游水电专项规划"存在多处矛盾，其中，对金沙江阿海、虎跳峡水电站的坝址选择和库容规模的不同要求就是明显的实例。

但在地方政府和各类水电资本的合力下，一些有争议的水电项目纷纷借由 1990 年的旧版"长河规"，拿到了开工建设的通行证。"这边'长河规'修编还没批下来，那边国家发改委就把五大电力公司修这些水电站的报告一下子都批了，所以说，造成今天的长江水电乱象，根子就在发改委。"国内知名水资源保护专家、原长江水利委员会水资源保护局局长翁立达说。

原本，水电工程是否被核准上马，除拿到发改委的"路条"之外，还必须经过严格的环评的程序。但 2005 年，国家发改委与原国家环保总局又联合发布了一则《关于加强水电建设环境保护工作的通知》，将《环境评价法》规定的先规划环评、后项目环评的完整水电环评模式拆分，提出在整体项目环评通过前，可先编制"三通一平"等工程的环境影响报告，由当地环保行政主管部门批准后，开展必要的工程施工前期准备工作。

实践中，这一纸通知拉开了水电企业"违规竞赛"的序幕。前文所述的金沙江向家坝、溪洛渡、金安桥、鲁地拉、龙开口纷纷利用被允许的"前期准备"，轰轰烈烈地开展主体工程的施工。

由于利益一致，且有巨额投资、补偿的许诺，水电企业要从实际掌握"三通一平"环评审批权的地方政府手中获取"通行证"，几乎不费吹灰之力。而动辄投资数千万，甚至过亿元的"三通一平"等投入施工，为了保障前期投资收益，主体项目的环评程序只好"走过场"。即使是水电投资方的代表，

也对此毫不讳言，他们宣称："没听说因环评没通过而下马的大坝"，"环评报告不过是一个不得不走的程序。"华电集团鲁地拉水电公司总经理周卫东和华能集团龙开口水电站筹建处主任张之平就曾公开表达过上述观点。①

近年来，违规者以既成事实为筹码，倒逼主体环评的案例屡见不鲜，一些水电项目在付出代价低廉的违规成本后成功复活。2010 年 7 月，金安桥、龙开口、鲁地拉 3 座曾违规建设的水电站相继通过国家发改委的审批和工程环评。其中，金安桥水电站在"水电项目核准开禁"信号释放的当天即被核准。

值得一提的是，决策程序中直接体现民意的环评"公众参与"机制，在中国长期形同虚设。

白鹤滩水电站"三通一平"工程环评报告书显示，该工程发放了 372 份问卷，其中 100% 的团体和 93.1% 的个人支持工程建设，5.5% 的个人表示"无所谓"，仅 4 人因担忧对生态环境破坏较大，投下反对票。

乌东德水电站"三通一平"工程则发放问卷 280 份，收回 238 份。高达 100% 的团体和 98% 的个人支持建设，1.5% 表示"无所谓"，仅有 1 人反对。

主体工程方面，观音岩水电站环评共发放团体问卷 120 份、个人问卷 300 份，"反对和强烈反对"该水电站建设的仅占 3%。梨园水电站收回的 206 份个人问卷中，共有 3 人反对建设。

经过到数千公里的库区走访，笔者认为，不论上述两三百份问卷是否足以代表成千上万的移民及库区百姓的真实意愿，单就文化水平而言，在一夜暴富的补偿诱惑和政策许诺面前，受水电建设直接影响的公众普遍缺乏对"国家工程"的环境认知，类似的"公众参与"沦为水电狂潮不可逆转的时代注脚。而一旦风险显现、灾难爆发，这些公众"背书"正好成为决策者卸责、减责的有效工具。

三 地质大考

2012 年 6 月 14 日，7 名阿海水电站架设输电线路的工人，因突发山洪泥

---

① 《金沙江开发项目被叫停仍施工》，《京华时报》2009 年 6 月 22 日。

石流被裹挟进金沙江，数百名电站工人冒雨连夜撤离。8 天后，乌东德水电站两辆卡车因施工区泥土塌方掉入山谷，悬在江岸。又 6 天后，白鹤滩水电站又遇泥石流突袭，7 人丧生，33 人失踪。两周之内，金沙江沿岸连续遭遇 3 起突如其来的自然灾害。遭受袭击的均是在建水电工程营地，伤亡的都是水电建设工人。例如，在白鹤滩泥石流事故中，逾 40 名水电建设者被泥石流吞没，而事发地 670 余位村民却毫发无损，全部安全转移。水电工程营地屡遭灾害，印证了部分水电建设不计安全地盲目推进，而水电工人的大量伤亡，则进一步说明水电业主对潜在地质风险的无视。

2012 年 4 月，在金沙江中游唯一已蓄水发电的金安桥水电站库区，笔者沿丽宁公路前往云南省永胜县松坪乡岩头村的路上，从山体滚落的碎石遍地可见，公路边的护坡也被滚落的石块压垮。

岩头村村支书朱真说，自金安桥电站蓄水后，当地地质生态发生了剧烈变化。移民不但失去了肥沃的河谷田地，被迫移向贫瘠的高山，而且，村子赖以繁荣的丽宁公路塌方、滑坡、地基沉降不断，乡村旅游服务产业也受到了沉重打击。而在此之前，这里完全是另一番景象：果树繁华，酒吧兴旺，来往丽江和泸沽湖的游客流连忘返。

村民蔡文祥哀叹，电站蓄水之后，房屋成了库边民居，先是地表开裂、挡墙垮塌，现在到处是裂缝，已成危房。

丽江市移民局局长陈彪承认，"每一个电站蓄水之后，都会发生这样的问题"。不仅 2011 年 7 月金安桥电站二次蓄水时，丽宁公路曾因塌方中断数日，而且附近的阿海水电站蓄水后也出现了类似地质灾害频发的情形。

地质专家范晓认为，水电站蓄水后滑坡体极易复活，产生山体滑坡、泥石流等地质灾害，未来的灾害治理及随之而来的二次移民、搬迁，将产生巨额的维护成本。①

事实上，针对我国西南地区特别是长江上游金沙江流域的综合考察研究长期停滞。20 世纪 50 年代末 60 年代初，中国科学院地理研究所沈玉昌、唐邦兴等曾对金沙江河谷地貌进行过部分段落的陆地考察，但在地震断裂带及河谷地质

---

① 周喜丰：《金沙江"断带史"》，《潇湘晨报》2012 年 4 月 20 日。

灾害等关键领域，尚遗留了诸多亟待填补的科研空白。在此背景下，金沙江中下游特大型水电站群仍以不可逆转的姿态急切推进，引发中外学者的普遍担忧。

2012年7月，一份名为《中国西部地震灾害与大坝》的研究报告在国际学术界引发讨论。

报告作者、从事地震和断裂带研究40余年的美国地质学家约翰·杰克逊，在实地走访了中国西部河流上已建、在建及筹建的130多座大坝坝址，并与地震危险区进行比较研究后指出，如此密集的梯级大坝计划是一项可能会对经济和国民带来灾难性后果的冒险尝试。

众所周知，所谓"梯级开发"模式，意指上下游水库之间首尾相连，上一级水库库尾即下一级水库库头。因此，一旦发生溃坝事故，上游洪水可能通过高水位的库区，将全部能量迅速传递至下游大坝，造成"多米诺骨牌"式的崩溃效应。由于长江上游特别是金沙江流域的这些梯级水坝均位于地震灾害高发和极高发地区，一旦发生地震、溃坝事故，将导致长江上游河谷沿岸及云南、四川、重庆乃至更下游地区的空前灾难。①

长期从事地质科考和水电工程研究的中国独立地质学者杨勇则认为，金沙江河谷地处我国中枢强地震带和滇藏强震带上，从上游到下游，近、现代以来多次发生强烈地震，引发山体崩塌和一系列重力地质现象，形成巨大欲崩危岩体以及恶劣地质环境。

具体到金沙江中下游石鼓以下的13级规划电站，分别位于玉龙山断裂带、程海断裂带、小江断裂带、安宁河断裂、绿叶江断裂带、雷波断裂带上，均属地震多发区。

迫在眉睫的是，目前，地质探测已发现白鹤滩、乌东德库区的因岷山、白沙沟山等沿江山体均已出现了巨大的裂缝，且处在接近成灾的临界状态，一旦受到水库蓄水的应力作用，随时可能发生山崩灾害。"山的高度是3200米，谷底是700米，基本上是陡的，直插江边，这样大的一个灾害体下来，可能形成数十亿方的堰塞湖。"杨勇担心，由于建设中的向家坝、溪洛渡、白鹤滩、乌东德以及虎跳峡"一库八级"均为超巨型高坝大库电站，且在金

① 刘虹桥：《水库诱发地震隐忧》，财新《新世纪》2012年第39期。

沙江中下游上首尾相连，一旦乌东德、白鹤滩"出事"，将引起灾难性的连锁反应。

四 生态成本

水资源保护学者担心，长江上游大密度、集群式的梯级开发，或将突破流域水资源和水环境的承载上限，超越河流自身的恢复调整能力，进而威胁长江水资源的自然循环和可持续利用。地质学界则对流域大断层、大断裂带纵横交错的独特地质构造是否会在水力作用下诱发地震、山崩等大灾难甚为忧虑。环保人士质疑，全方位的开发，使江河高度人工化，水环境不利影响突出，生态保护空间受到极大压缩。

社会学家认为，在少数民族集中的区域，一些水电建设移民安置工作不当，已经并可能继续引发宗教、民族等社会问题。水生生物学者和鱼类学家们特别关注长江上游过于密集的大坝对部分珍稀鱼类资源的毁灭性打击。

中科院院士曹文宣认为，水电工程改变了适应激流环境的长江珍稀鱼类的产卵、繁殖和生活环境。特别是金沙江、雅砻江和大渡河的梯级开发，完全改变了原来河流的水域生态，使原本适应于当地水生环境的鱼类无法生存，走向濒危甚至灭绝。而一些水电项目虽然提出了修建专门的"仿生态通道"等过鱼设施，加大人工增殖放流力度等"补偿方案"，但收效甚微。白鲟、达氏鲟、胭脂鱼等几十种珍稀特有鱼类，被迫迁移到长江上游珍稀特有鱼类自然保护区内。但由于水电开发频繁，保护区也"命途多舛"。[①] 2005 年，金沙江水电开发启动，为给规划中的向家坝、溪洛渡两座大坝让路，长江上游珍稀特有鱼类自然保护区被迫"掐头"，迁移调整到向家坝坝址以下的江段。

因此，修编中的"长河规"，需要重视对物种资源的保护。实际上，随着水电狂潮的兴起，渔业资源保护节节败退。

2009 年，在时任中共重庆市委书记薄熙来的强力推动下，小南海水电站列入开发计划，保护区又被逼"断尾"。"我记得，当时环保部领导向重庆市

---

① 田建军、徐旭忠：《长江鱼儿很"缺氧"，水电开发勿过度》，《半月谈》2010 年 8 月。

的主要负责人保证：我支持你们，关键是要召开鱼类学家会议，为建坝（小南海水电站）扫清最后的障碍。"曹文宣回忆。一些学者担忧，作为水电梯级开发的生态成本之一，长江或将在未来 10～20 年间，变成渔业资源枯竭的"空江"。

此外，水电建设的生态成本，还应当包括河流的自然属性与形态，其水源和生物等功能能否完整地保留下来。

五　水电崇拜

在全球气候变迁的背景下，2009 年 4 月，中国政府首次向国际社会宣示了将在 2020 年实现单位 GDP 减排 40%～45% 的目标。这一目标明确，届时，非化石能源占一次能源消费的比重将达到 15%。

在减排压力下，大力发展水电等清洁能源自然上升为国家战略。当时身兼发改委副主任的国家能源局局长张国宝还明确提出，实现 2020 年减排目标的路径是，水电装机必须达到 3.8 亿千瓦的容量。为此，必须加快水电审批，尽快开工建设。

在地质条件极端脆弱的长江上游地区，启动世界河流开发史上最宏伟的水库梦，其风险评估、环评程序却在资本扩张与地方利益的合力下屡被轻放、绕过。

2012 年 5 月，笔者发表《金沙江水电报告》①，文章以全流域的视野，提出超大规模水电开发的生态、移民困境，使这一被忽略的巨型国家工程的决策争议成为舆论焦点。次日，《南方都市报》以《金沙江水电乱局　以何经受历史考验》为题发表社论称，相关水电项目长期缺乏反对意见的充分呈现与表达平台，或者即便可在媒体上有所表达，却始终无法影响决策，而决策本身还存在暗箱操作。为了避免造成生态环境新的难以弥补的欠账，水电建设必须充分预警和论证。"金沙江水电建设，被集合起来比照且数倍超越三峡工程的规模，就应当打包作为一项重大国家项目，效仿和激活类似三峡工程的决策程

---

① 鲍志恒：《金沙江水电现场调查报告》，《东方早报》2012 年 5 月 3 日。

序……兹事体大，由全国人大启动和组织充分的专家论证并付诸大会表决，应当而且必须。"①

此后，《新京报》《南方都市报》《南方人物周刊》《瞭望东方周刊》和财新传媒等中国主流媒体，纷纷以此篇报道为基础，开始了对长江水电开发、移民等问题的深度关注。舆论认为，决策程序的缺失，造就了"减排"压力倒逼水电"跃进"、下游项目"倒逼"上游开工、前期工程"倒逼"主体环评的乱局。不过，媒体对该议题的每一次发声，几乎都受到了业内代表的"热情"回应。在众多水电支持者中，以"中国水力发电工程学会"副秘书长张博庭的"水电崇拜"言论最为著名。张博庭的主要观点包括：汶川地震证明水电站可有效减轻地质灾害，三峡水库有效阻止了大地震的发生；水电开发和水库大坝建设的生态环保作用是无可替代的。其生态环境影响、改变、损失都仅仅是个别的、局部的，而水库大坝的防洪、供水，水资源调节等生态效益一般都是全流域的；金沙江的生态保护迫切需要水电开发；科学的水电建设让长江某些濒危的珍稀鱼类起死回生，长江鱼类最终得益于水电建设的命运"几乎是注定的"等。

可以预见的是，在这场业内人士与水电开发影响所及的诸多领域的学者、环保组织和公众之间的大争论仍将持续。

2012年6月5日，在国务院新闻办公室新闻发布会上，环保部副部长吴晓青回应了"西南地区水电开发热潮背后的环境风险、地质灾害风险以及移民安置中出现的种种争议"。吴晓青表示，环保部要求有关方面对我国西南地区水电开发的环境影响进行回顾性评价，从区域和流域角度梳理回顾梯级开发对生态环境的影响，总结经验。这意味着长江上游水电开发依然会遵循单个水电项目的审批程序开工兴建，将流域水电项目整体打包决策并经最高国家权力机关讨论和授权几无可能。

在此背景下，如何克服盲目的水电崇拜心理，遏制非理性的投资冲动，扩大公众参与，实施有效的环境监管，考验着相关部委和地方决策者的良知与勇气。

---

① 《金沙江水电乱局，以何经受历史考验》，《南方都市报》2012年5月4日。

Hydropower Development Crisis in the
Upstream of the Yangtze River

Bao Zhiheng

Abstract: While the Yangtze River Basin Comprehensive Development Plan is still on the way, hydropower projects have already been mushrooming in the upstream of the river. Behind the busy construction sites, geological, ecological, and water sustainability risks are flickering. For years, debates on hydropower development in the Yangtze River have been going on between the academia and the hydropower industry.

In face of the risk of complete channelization in 2020, the media have called for a comprehensive solution to hydropower development and the National People's Congress has responded favorably. In spite of these, hydropower stations are being constructed, with a total installed capacity 4 times as big as the Three Gorges Hydropower Station. Challenges for the government include eradicating hydropower worship, curbing irrational investment, enhancing public participation and implementing environmental control in an effective way.

Key Words: Hydropower Development; Upstream of the Yangtze River; Environmental Assessment; Ecology; Geology

环 境 污 染

Environment Pollution

本板块关注了海洋、淮河、土壤和铅污染问题。

《无法忽视的溢油和海洋污染》聚焦渤海溢油事故后续发展和海洋污染。2012 年，溢油事故后续的污染治理、环境修复、受害者赔偿始终风波不断。一场原本可以成为国内海洋溢油污染治理、损害赔偿经典案例的事故，再次落入维稳窠臼，导致愤怒的渔民远赴美国寻求司法救济。

《淮河治污二十年　生态仍在恶化中》的作者以问卷调查作为测度工具，以受访者的感受反映河流的客观变化。问卷调查了水质、水生态、排放状况和水污染影响等相关问题。

从调查的结果看，政策确实控制住了 20 世纪 90 年代末至 21 世纪初水质迅速恶化的局面，减少了极端严重的污染事件。但水污染对水生生物的危害还持续存在，对居民生产生活的负面影响也没有彻底消除，淮河治污还没有完成历史任务。

2012 年，媒体聚焦土壤污染议题，但全国土壤污染数据仍旧扑朔迷离。高层面的土壤污染控制政策频出加速信号，从《土壤污染防治法》到国务院关于土壤环保和综合治理工作的部署，政策制定进程引人关注。《土壤污染：毒债已到偿还时》从媒体报道、数据迷局、科学研究和政策导向几个方面探讨了土壤污染问题。

《从 20 年铅排放谈预警机制的建立》回顾了目前发生的 30 起铅污染事件，认为多数污染是有色金属冶炼和铅蓄电池生产企业废气违规排放和卫生防护距离内人群未按规定搬迁所致。本文提出，建立基于生物标志物检测的环境健康风险预警机制，是我国环境健康风险评价和管理机制的重点。

G.5

无法忽视的溢油和海洋污染

冯 洁　涂方静*

摘　要：

2011 年中国最严重的渤海溢油事故并未完结。2012 年，溢油事故后续的污染治理、环境修复、受害者赔偿始终风波不断。一面是国内法院面对渔民巨额索赔诉求的麻木，一面是农业部、海洋局以行政力量用力推动"一揽子"的赔偿方案，一场原本可以成为国内海洋溢油污染治理、损害赔偿经典案例的事故，再次落入维稳窠臼，导致愤怒的渔民远赴美国寻求司法救济，给一起原本并不复杂的事件，留下了重重隐患。而在过去的一年中，中国的其他海洋污染事件频发，海洋环境状况不容乐观，海洋污染却因远在人们的视线之外而被漠视。

关键词：

溢油　海洋污染　赔偿　跨国诉讼

当人们对渤海溢油的强烈关注不可避免地归于平淡之后，事实是，延续至 2012 年的事故之后的"事故"比溢油本身还精彩。而远离视线的海洋污染，在官方"总体良好"的模糊表述之下，持续灾难深重。

《2011 年中国海洋环境状况公报》显示，2011 年中国的四个海区中，渤海和黄海的劣四类水质海域面积分别增加了 990 和 3010 平方公里。主要污染区域分布在黄海北部近岸、辽东湾、渤海湾、江苏沿岸、长江口、杭州湾、浙江北部近岸、珠江口等海域。重度富营养化海域主要集中在大连旅顺近岸、辽

---

* 冯洁，《南方周末》记者，是首位揭露 2011 年渤海溢油事件并持续跟踪报道的记者；涂方静，《南方周末》实习生。

东湾、渤海湾、江苏沿岸、长江口、杭州湾和珠江口等区域。与此同时，赤潮、绿潮频发，海水入侵近岸和土地盐渍化加剧，海洋污染之劫不断。

一 受污染海域生态功能未恢复，30亿赔偿未终局

2013年，当福建平潭赤潮、香港胶灾刷新了中国海洋灾难的记忆后，发生在2011年6月中国最大的海上油气田蓬莱19-3溢油事故，从"瞒报"到行政强制干涉司法赔偿，一起原本并不复杂的溢油事故，绵延至2013年初，仍余波未了。

时间倒退回2012年10月1日。这天，30名来自中国山东省烟台市牟平区的水产养殖户诉康菲石油一案，在美国得克萨斯州休斯敦法院举行了预审。中国渔民要求康菲石油向每个被告支付至少5万美元，以赔偿蓬莱19-3溢油事故给他们造成的损失。

之所以舍近求远、赴美诉讼，是因为原告被排除出了国家行政赔偿的范围，无法得到司法救济。

2012年1月25日，还在春节期间，农业部就低调宣布与康菲石油达成10亿元的养殖和天然渔业资源损害赔偿协议。2012年4月27日17点47分，五一小长假前倒数第二个工作日，国家海洋局网站上一则300多字的不起眼消息显示，在未公布溢油量、赔偿依据的情况下，海洋局又与康菲石油达成了一项近17亿元的海洋生态损害赔偿协议。

这意味着，迄今中国最大的海上油气田蓬莱19-3溢油事故，其官方索赔以"农业部+海洋局"总计30.33亿元的价码了结。

行政赔偿一出，司法渠道受阻。在行政赔偿范围内的受损渔民，再也敲不开中国法院的大门。曾在天津海事法院幸运立案的河北乐亭29位渔民，直到2013年1月仍未等到开庭。此时已超过了一年的诉讼时效。

2012年7月，笔者曾致电天津海事法院。不出意料，已立案的河北乐亭案，开庭审理仍遥遥无期，而107户案则处在无期限的立案审查阶段。乐亭案的诉讼代理人张福秋表示，他已被天津海事法院、乐亭县政府多次"关照"，希望他撤诉兼游说养殖户。后一个案子起诉时间仅晚6天，代理律师赵京慰却

始终未能等到立案或驳回的答复。

此次溢油事故发生半年后，蓬莱 19 - 3 油田周边及渤海中部海域水质、沉积物质量呈现一定程度改善，但此次溢油事故造成的影响仍然存在，溢油影响海域的海洋生态环境和海洋生态服务功能尚未完全恢复。

不止于此，发生在 2010 年的大连新港 "7·16" 油污事件时隔两年，对周边海洋生态环境的影响尚未完全消除。2011 年 4 月，离事故现场较近的大连湾、大窑湾和小窑湾海域海水中石油类含量明显高于附近其他海域；大连湾西北部湾底沉积物中石油类含量明显高于其他区域。油污染危害严重的潮间带生物恢复缓慢，大连湾潮间带白脊藤壶几乎全为空壳，大窑湾潮间带牡蛎空壳率达 64%，金石滩潮间带短滨螺空壳率达 68%。

二 渤海生态恶化，渔民赴美索赔未有实质性进展

2012 年 6 月 5 日世界环境日这天，来自环保部的消息证实了人们的担心：中国四大海域中，黄海近岸海域水质良好，南海一般，而渤海和东海水质最差。

渤海仅占中国海域面积的 2.6%，却是中国海洋生态环境破坏最严重的海域。在 2011 年初夏那场被动踢爆的溢油事故之前，渤海污染已到极限。2008 年的数据显示，当时环渤海 81% 的排污口是违法超标排放。而渤海面积小，封闭性海湾的特点决定了其水体交换一次至少需要 16 年时间。

与此同时，遭遇了损失渔民，想在国内寻求司法救济的努力却一再落空。

"渔民没有得到任何有意义的或足够的赔偿，因为被剥夺了司法追索权和受到了不公正的待遇，" 牟平渔民的代理律师斯图尔特·史密斯（Stuart Smith）说，"他们得不到审判，甚至连一份正式说明是否可以审判的文件都没有。"

史密斯是新奥尔良州一位专门与石油巨头和污染大户打官司的职业律师，曾因 2001 年赢得了针对埃克森美孚石油公司放射性污染物的官司而声名鹊起。他也是 2010 年 BP 墨西哥湾漏油索赔的代理律师之一。

据促成跨国索赔的律师贾方义介绍，赴美诉讼的第一批原告都有一个共同

身份——在 2011 年 11 月 18 日于青岛海事法院提起的民事诉讼中，享受了长达 8 个月的"不立案、无答复"待遇。

另一位代理律师托马斯·比莱克（Thomas Bilek）相信，中国司法的不作为，让美国法院有了接手的前提，而"康菲的总部和主营业地在休斯敦，很多导致漏油的决策都从这里做出"，则给了休斯敦法院审理案件以可行性。

一次次被自家法院拒之门外的渔民看到的是，几经波折，他们终于用长达 21 页的诉状，敲开了美国法院的大门，获得了一个名正言顺的起诉编号"Case 4：12 – cv – 01976"。

为了避免管辖权异议导致案件被驳回，这一幕曾在秘鲁原住民诉美国西方石油公司一案中出现过，三家律师事务所决定，只起诉康菲石油，放弃向康菲中国、中海油维权。

即便如此，赴美诉讼绝非易事。跨国索赔的诉状一递，康菲石油立即声明说："从有关中国渔民索赔的报道来看，他们的索赔主张并不适合由美国法院受理，起诉应该会被驳回。"

目前，得克萨斯州休斯敦法院仍就康菲石油提出的管辖权异议进行协调，案件尚未有实质性进展。早在 2012 年 7 月渔民赴美诉讼之初，就有数位法律界人士表达了对跨国诉讼司法管辖现实困难的担忧。北京中咨律师事务所夏军律师提醒，"不方便法院"原则约束着"长臂管辖"，因为事实、证据等都在中国，美国法院审理存在极大的不方便因素，也可能拒绝受理。

赴美案件日前的纠结，印证了中国法律界人士早前的担忧。

三　康菲被诉，中国司法蒙羞

律师贾方义在溢油事故发生后，曾在青岛海事法院提起环境公益诉讼，但很快遭遇挫折。过了立案期法院领导"还在商量"。

2011 年 9 月 5 日，贾方义向山东公检部门递交了要求追究康菲石油渤海溢油重大环境污染事故刑事责任、介入刑事调查的公开信。10 月，又请求问责国家海洋局渎职责任。

如此激烈的行动后，北京市司法局行政诉讼方面的领导约谈贾方义。当告

知对方状告海洋局的案子还在观望中时，北京市司法局的领导意味深长地说了一句"继续观望"。随后，贾方义所在的华城律师事务所出了新规定，"重大案件还需三个合伙律师签字"。

在助手郭乘希看来，这是变相剥夺贾方义代理跨国集体诉讼的权利，"重大案件没有理由要其他律师来背书，这种担风险又不得好处的事情，没有人会同意"。在中国，律师事务所的营业执照需在司法局年审。

由渤海溢油引发的司法尴尬不止于此。事实上，早在2011年12月于北京大学法学院举行的环境公益诉讼中美研讨会上，中美多位业界人士就已对救济途径和可能的后果达成了共识。当时参会的北大法学教授甘培忠明确指出，在当事人已经提出了数十亿元的天价索赔诉求后，由政府出面调解很难达成协议，而中国法院针对涉及央企大规模侵权事件的诉讼却不受理案件，"已经是一种政治社会生态的丑陋景观"。

"司法机关以不属于法院管辖或其他理由将受害者拒之门外，这种局面严重损害法院的自尊和社会公信力。"甘培忠在一篇文章中猛烈抨击道。

而中咨律师事务所律师夏军在为投告无门者欣慰之余，看到的是渤海溢油仍延续了"高效但不公正"的处理方法。"一旦美国法院立案，被审判的绝不是康菲，而是中国的司法制度。"夏军评价说。

天津律师方国庆曾是2004年塔斯曼海石油污染赔偿案件的原告代理律师，塔斯曼海开创了外籍油轮在中国海域污染事件的成功赔偿案例。渤海溢油之初，方国庆希望中国律师能再为海上溢油赔偿开拓司法救济空间，拿回又一个经典案例。行政赔偿一出，法律界的失望者中就有颇具海上索赔经验的方国庆。

四 治污动作迟缓，复产箭在弦上

在治理污染和油田复产上，冰火两重天的局面再次出现。

根据国家海洋局的数据，2006～2011年，我国历年均有60%以上的排污口邻近海域水质等级为四类或劣四类，其中41个排污口邻近海域水质等级连续多年均为四类或劣四类。同时，排污口邻近海域沉积物污染状况总体呈加重趋势，沉积物质量等级为三类和劣三类的比例增大，沉积物质量等级为一类的比例减小。而其中的主要污染物正是石油类和重金属。

2011 年 3 月、5 月、8 月和 10 月我国入海排污口达标排放的比率分别为 51％、49％、53％和 54％。全年入海排污口的达标排放次数占监测总次数的 52％，与上年相比提高了 6％。其中，121 个入海排污口全年 4 次监测均达标；85 个入海排污口有 3 次达标；81 个入海排污口有 2 次达标；75 个入海排污口有 1 次达标；仍有 83 个入海排污口全年 4 次监测均超标排污，但其占监测排污口总数的比例比上年下降 9％。

国家海洋局的整体判断是，"入海排污口邻近海域环境质量状况总体未见改善，部分排污口邻近海域环境质量较差"。

与此形成鲜明对比的是，2013 年 1 月，国家能源局网站发布公告称，国家发改委于 2012 年 12 月核准了中海油总公司蓬莱 19 - 3 油田（二期）及蓬莱 25 - 6 油田联合开发总体方案。

康菲中国企业传播及企业社会责任总监薛东明在接受媒体采访时证实，公告中的蓬莱 19 - 3 二期就是 2011 年 9 月 2 日后一直处在停产状态的事故油田。康菲已经做好了复产准备，但尚未接到复产通知，还在等待监管机构的批准。

按照国家海洋局的要求，修改 ODP 和重新编制环境影响评价报告（EIA）是解除"三停"（即停止回注、停止钻井、停止油气生产作业）的前提。

其实，自 2011 年 9 月停产后，蓬莱 19 - 3 油田的拥有者一直在为复产而准备。

一位长期从事石油期货交易的业内人士介绍说，因技术条件或生产事故等问题自行停产的油田，一般不需要另行审批复产。而真正被监管部门责惩停产的例子并不多见，蓬莱 19 - 3 恰是一例。

蓬莱 19 - 3 油田因封堵不力被停产的举措至今仍存争议。石油业内人士普遍认为，当时的停产会导致油井压力增加，不利于堵漏，"勒令停产是转移舆论压力的政治决定"。

2012 年 4 月 24 日，赔偿协议达成前两天，中海油发布第一季度业绩时指出，受停产影响，公司总净产量比去年同期下降了 6.3％，日净产量减少 6.2 万桶。10 月，中海油发布公告称，收到投资者在美国纽约南区法院提起的集体诉讼应诉通知。该诉讼指出，中海油在蓬莱溢油期间发布了重大虚假和误导

性声明。

遭遇停产的蓬莱 19 – 3 油田的产量，约占康菲全球产量的 3%。一位石油业内人士分析，在国际油价高企之时，停产给康菲和中海油造成的损失远大于赔偿本身。

山东大学威海分校海洋学院副教授王亚民认为，在通过政府审批之前，蓬莱 19 – 3 油田能否复产还需将下一步的油田开发方案以及环境风险评估报告及时向社会公示，广泛征求社会意见，尤其是受害方渔民的意见。

截至 2013 年 2 月上旬，2012 年度《中国海洋环境状况公报》尚未发布。2012 年全年中国海洋的遭遇和它得到的对待如何，很快就会揭晓。

Unneglectable Oil Spill and Ocean Pollution

Feng Jie   Tu Fangjing

Abstract：Until today, the 2011 Bohai Sea oil spill incident has not come to an end. Disputes over follow-up pollution treatment, environment renovation and compensation have been constantly heard. On one side, Chinese courts remain indifferent to the compensation claim; on the other side, the Ministry of Agriculture and the National Ocean Service advocate a wholesale compensation package. Instead of becoming a typical ocean pollution and compensation case, the incident has fallen victim to the need of maintaining stability. Disappointed angry fishermen have been seeking legal support in the U. S. , complicating the scene further. In face of successive ocean pollution incidents in the last year, there is no reason for us to be optimistic. Ocean pollution remains out of sight and largely overlooked.

Key Words：Oil Spill；Ocean Pollution；Liability；International Litigation

淮河治污二十年　生态仍在恶化中

宋国君　朱　璇*

摘　要：

　　用问卷调查的方式，对淮河流域的水质、生态状况、水污染对生产生活的影响的调查发现：淮河水总体处于可灌溉水平，仅有1/3满足游泳功能，近四成公众对水质不满；淮河生态仍在恶化中，水生动物、植物在"十一五"期间明显减少；水污染，尤其是突发性的污染事故对渔业有明显负面影响，淮河下游的洪泽湖渔场曾屡次遭受重大损失，当地渔民目前仍对未来可能发生的水污染表示担忧。从排放状况看，1/3的受访者认为排污口废水黑臭，排放状况较差；半数受访者认为排放不稳定，排放状况时好时坏。工业污染源的排放问题尤为突出，几乎没有受访者认为工业排污口出水较少，80%认为出水一直较差。环境信息公开起到了一定作用，但公众仍然希望获得更多关于水污染、水质和防治行动的信息。目前的水环境状况已经显著优于淮河治理之初，但治理效果仍然没有让公众满意。淮河治污，仍然任重道远。

关键词：

　　淮河　问卷调查　水质　水生态　排放状况　信息公开

引　言

2012年5月17日，环境保护部、国家发改委、财政部和水利部联合发布

*　宋国君，经济学博士，中国人民大学环境学院环境经济与管理系，教授，博士生导师，环境政策与环境规划研究所所长；朱璇，中国人民大学环境学院，人口、资源与环境经济学博士研究生。

《重点流域水污染防治规划（2011～2015年)》，明确要求到2015年，重点流域总体水质由中度污染改善到轻度污染，也提出了加强饮用水水源保护、提高工业污染防治水平、系统提升城镇污水处理水平等重点任务。值此规划发布之际，笔者仅以淮河流域为例，回顾我国流域水污染治理的成绩和效果。

淮河曾经是一条污染事故频发的河流，自1975～2005年至少发生了15次水污染事故，最严重的事故曾造成沿岸城市蚌埠自来水厂停产。为遏制淮河的恶化趋势，减缓污染给公众生产生活带来的影响，国家采取了一系列治污措施，要求沿岸城市关停"十五小"，严格执行总量控制制度，并且开展了广为人知的工业达标排放"零点行动"。目前，距离1994年全国人大环资委召开淮河流域环保执法现场会已经过了18年，淮河治污行动开展了近20年，这20年来我国的环境政策产生了哪些效果？淮河水环境现状又如何？笔者曾尝试对1995～2005年的淮河水质作出评估，发现可获得的监测数据有限，并且水利部门、环保部门、供水部门的数据差异很大，很难得出准确的结论。[1] 为此，笔者以问卷调查作为测度工具，利用受访者的感受反映河流的客观变化。为了系统评估政策效果，参照环境政策评估的一般模式[2]，问卷调查了水质、水生态、排放状况和水污染影响等相关问题。[3]

调查区域包括淮河干流中游（王家坝至洪泽湖段），沙河（中汤至汇入颍河）及颍河中下游（周口至汇入淮干)。调查对象为以上区域沿河居住的渔民、农民和城市居民。问卷分成水质问卷和排污问卷两种，前者针对居住地紧邻河流的居民，后者针对排污口附近的居民。调查的行政区范围为平顶山市、漯河市、周口市、蚌埠市、阜阳市、滁州市、宿州市、宿迁市和淮安市9个地级市。共发放水质问卷665份，回收有效问卷645份。发放问卷230份，最终回收有效问卷220份。调查时间为2011年1月，采用调查员与受访者面对面的形式。

① 宋国君、金书秦：《淮河流域水环境保护政策评估》，《环境污染与防治》2008年第4期，第79～82页。

② 宋国君、金书秦、冯时：《论环境政策评估的一般模式》，《环境污染与防治》2011年第5期，第100～106页。

③ 宋国君、朱璇、刘天晶：《水污染防治政策效果评估的问卷设计研究》，《环境污染与防治》2012年第9期，第82～89、95页。

一　淮河水可灌溉、难戏水——近四成公众不满意①

作为依水而生的沿岸居民，淮河是他们的饮用水源、灌溉水源和养殖水域，他们最关心的是淮河水的用途。调查结果显示，近94%的受访者认为淮河水能够用于农田灌溉（见表1），意味着绝大多数河段具有灌溉功能。仅有31%的受访者认为河水干净到可以下河游泳，可见多数的河段不能满足直接接触的戏水活动。

表1　水体用途累计百分比

单位：%

水质功能	直接饮用	可游泳	水产养殖	农田灌溉	不能用的污水
累计百分比	6.52	31.37	48.60	93.94	100.00

满意度可以衡量出公众对河水气味、颜色、功能等特征的总体态度，也意味着对淮河治理水平的认可程度。据调查，近42%的受访者表示对淮河水质不满意，其中7%非常不满意（见图1），这意味着还有相当一部分公众认为淮河治理还没有达到他们心中的要求。

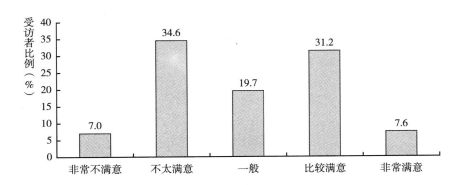

图1　水质满意程度

---

① 宋国君、朱璇：《基于问卷调查的淮河水环境状况评估》，《环境污染与防治》已收录。

分断面的水质功能进一步揭示了淮河治污的效果——地区差异较大。首先从水质功能现状看，沙河上游和淮河中游下段水质较好，具有水产养殖或游泳的功能，沙河白龟山水库的水质甚至被认为可以直接饮用。但颍河下游、淮河中游上段水质较差，颍河从周口到颍上的5个断面都仅具有灌溉功能，淮河中游的王家坝、润河集、鲁台子断面也仅能用于灌溉（见图2）。从以上结果可知，在历次淮河污染事故中备受关注的蚌埠市至洪泽湖一线的水质已有较大的改善，达到了与功能区相符的游泳和水产养殖用途。

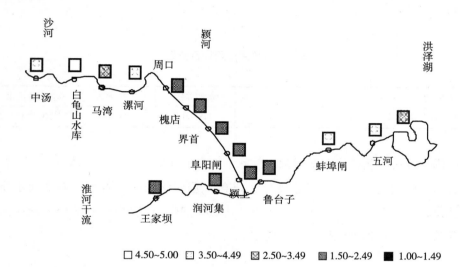

□ 4.50~5.00　□ 3.50~4.49　▨ 2.50~3.49　▧ 1.50~2.49　■ 1.00~1.49

图2　断面水质功能

注：数字表示水质功能，1.00~1.49为不能用的污水，1.50~2.49为可灌溉水体，2.50~3.49为可水产养殖水体，3.50~4.49为可游泳水体，4.50~5.00为可直接饮用水体。

二　水生动物、植物不断减少——半数公众见证了淮河生态的衰落

水环境的另一个重要方面是水生态，其直观特征就是鱼、虾、蟹等水生生物的数量。在问卷中，我们询问了沿岸居民鱼、虾、蟹等当地水产品数量的变化，其结果是，在调查设定的期限内（2005~2010年），水生生物呈减少趋

势。如图 3 所示，约 57% 的受访者认为水生动物呈减少趋势，并且水质恶化是首要原因。对于水草等水生植物，约 55% 的受访者认为其呈减少趋势（见图 4），水质恶化也被指认为首要原因。在淮河的传统渔场——洪泽湖，更是有 66% 的受访者认为水生动物减少，67% 的受访者认为水生植物减少。

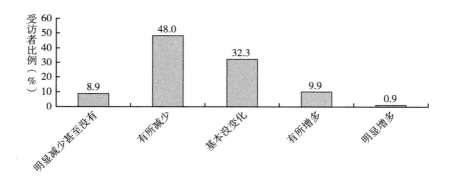

图 3　水生动物变化趋势

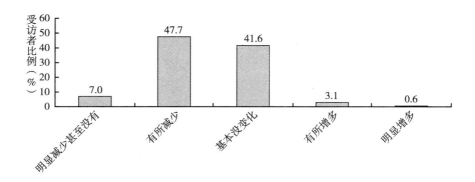

图 4　水生植物变化趋势

可见，在调查期内，半数以上的受访者认为淮河水生动植物不断减少，这表明水质恶化仍然严重地影响着水体生态不断衰落。

三　渔业受损，捕捞没落——洪泽湖渔民难掩忧虑

洪泽湖位于淮河中游最下段，是我国的传统渔场，出湖河流以下为淮河下

游。洪泽湖是淮河中游污染最终汇集和稀释的水域，历史上每次出现淮河大规模污染事故，洪泽湖往往出现死鱼事件，渔业遭受损失。洪泽湖渔业安全可以说是淮河污染治理的风向标，标志着污染治理的成效。本次调查重点访问了洪泽湖周边淮安、宿迁等市以渔业为主要生计的农村居民，着重分析近些年渔业受污染影响的情况。

2010 年洪泽湖水质总体可用于水产养殖，约 67% 的受访者反映水质可用于养殖或更高的功能（见图 5）。但水质有明显的恶化趋势，2005～2010 年，可游泳及直接饮用的水体比例下降了 14%，可用于农田灌溉的水体比例上升了 9%。这表明，虽然水质目前能够满足水产养殖的需求，但是如果水质进一步恶化，养殖业仍然可能面临危险。

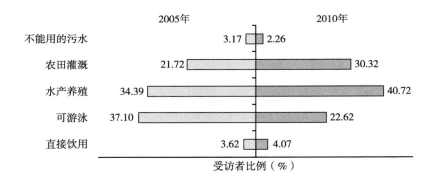

图 5　洪泽湖 2005 年水质用途和 2010 年水质用途

从历史污染事件中可知，除了长期的水质恶化外，对洪泽湖渔业影响更大的是突发性污染。调查中，渔民反映 1991 年、2000 年、2003 年、2007 年都发生过严重的污染事故，为每户渔民带来 4 万～10 万元的经济损失。很多渔民对 2007 年的污染仍记忆犹新，随洪水而来的污水迅速进入库区，在来不及采取措施的情况下漫过塘坝进入鱼塘，导致塘鱼"全军覆灭"。谈到当前面临的污染风险，85% 的渔民认为水污染依然对渔业存在影响，其中近 41% 认为影响很大（见图 6）。这表明淮河的污染治理仍然未能消除污染对渔业的影响，洪泽湖渔民对未来的风险表示忧虑。

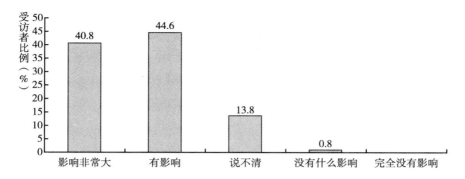

图 6　水污染对洪泽湖渔业的影响

四　排放达标状况普遍较差——八成排污口排放不稳定

问卷对入河排污口附近居住或生产的居民进行了调查，调查反映，入河排污口的废水排放情况较差。问卷首先对排放稳定性进行调查，认为排污出水不好的受访者占 34.06%，认为出水时好时坏的占 53.19%，这两者几乎囊括了全部的受访者，而认为出水始终较好的只占 12.29%（见图7）。问卷接着让受访者回答废水的颜色和气味，多数受访者认为废水呈现黑色、黄色、绿色等异常颜色，仅有 15.07% 的受访者认为废水颜色正常（见图8）。从废水气味看，48.2% 的受访者认为废水有刺鼻气味，37.3% 的受访者认为废水有强烈刺激性气味，废水气味异常的情况比较普遍（见图9）。废水的颜色和气味也均

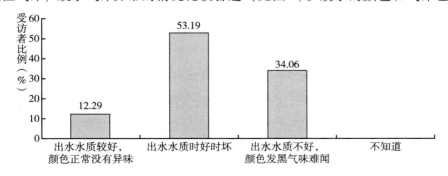

图 7　排污口排放稳定性

证明，排污口出水水质较好的比例仅占不到两成，多数排污口的排放状况不佳。

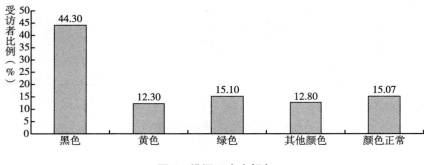

图8 排污口废水颜色

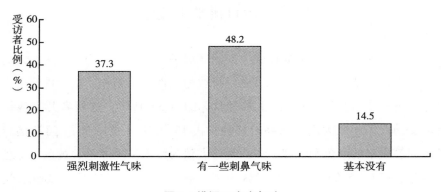

图9 排污口废水气味

五 相比污水处理厂，工业源排污口排放情况恶劣

笔者将工业源和城市生活污水处理厂排污口的问卷分开处理，发现工业排放状况劣于污水处理厂。无受访者认为工业排污口出水较好，80.4%的受访者认为出水始终不好，有黑臭现象，其余认为出水时好时坏或不了解情况（见图10）。而受访者对城市污水处理厂的印象显然好于工业源，43.8%的受访者认为其出水较好，其余认为出水时好时坏（见图11）。

结合水污染控制政策，我们认为工业废水控制效果有待提高。尽管国家和

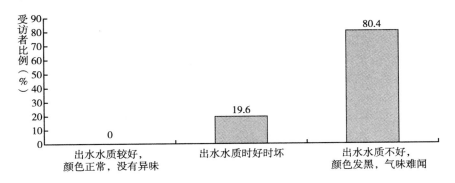

图 10　工业排污口排放稳定性

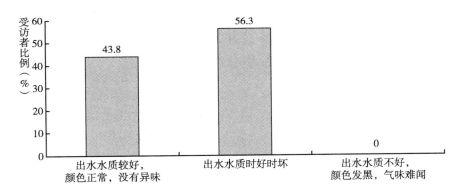

图 11　城市污水处理厂排污口排放稳定性

省市政府在淮河流域实行了严格的工业水污染控制政策，不断提高排放标准，但是废水黑臭的情况仍然相当普遍，这说明现阶段工业污染治理可能处在一个瓶颈期。自 20 世纪 90 年代末期治理整顿小污染企业取得显著效果后，工业污染排放没有取得突破性的进展。其他文献和新闻报道也指出，淮河流域不少被关停的企业再度死灰复燃，引发淮河水质恶化。[1][2]　虽然官方数据反映，我国大多数省份的工业污染源达标率已经高达 90％，但限于监测频率和监管技术，这只能说明工业污染源具备了达标能力，至于其是否实现了长期、稳定、连续

① 高红贵：《淮河流域水污染管制的制度分析》，《中南财经政法大学学报》2006 年第 4 期，第 45 页。
② 文晶：《淮河，又一声叹息》，《经济日报》2005 年 5 月 11 日。

达标，则无法证明。①② 工业企业上报的排污数据与真实排放情况也有一定差距。③ 而本调查结论证明，工业源排放稳定性还处于较差的水平，对工业污染控制应当采取更为严格的措施，否则排放不能得到根本的改变。

虽然城市污水处理厂的排放状况优于工业源，但是仍有相当比例（56.3%）不能稳定达标排放。这一问题在文献中也有所反映，例如一项蚌埠市的调查反映，该市污水处理费不能保证污水处理厂正常运行，少数污水处理厂运行不稳定，有超标现象。④ 笔者通过对案例省城市污水处理厂的调研也发现对污水处理厂缺乏监测评估，污水处理厂的排放达标情况很难证明。⑤ 从各方面来看，有必要加强对城市污水处理厂排放的监管，施加达标排放压力。

五　水环境信息公开有待提高——四成公众希望获得水污染信息

作为依水而居、取用河水的干系人，居民有权利也有必要知晓水环境信息。公开水质、排污、治理行动等水环境信息也是促进公众参与、发挥公众监督作用的前提。淮河流域各省市的电视、报刊等媒体也报道过水环境问题，但是这些信息能不能够有效地传递到居民，仍然有待考察。为此，问卷设计了专门的栏目调查水环境信息公开与反馈的情况。

据调查，如图 12 所示，有 50% 左右的受访者表示不了解任何水环境信息，43.1% 的受访者表示了解水污染信息，36.7% 的受访者表示了解水质现状信息，19.8% 的受访者表示了解水污染安全隐患信息，20.9% 的受访者表示了

---

① 宋国君等：《中国污染物排放标准实施评估》，《环境工程技术学报》2011 年第 3 期，第 275 ~ 280 页。

② 宋国君、韩冬梅、王军霞：《完善基层环境监管体制机制的思路》，《环境保护》2010 年第 13 期，第 17 ~ 19 页。

③ 宋国君、马本、王军霞：《城市区域水污染物排放核查方法与案例研究》，《中国环境监测》2012 年第 2 期，第 8 ~ 10 页。

④ 市委党校第 16 期科干班第六调研组：《我市污水处理厂建设运行情况调研报告》，《蚌埠市党校学报》2010 年第 1 期，第 47 ~ 48 页。

⑤ 宋国君、韩冬梅：《中国城市生活污水管理绩效评估研究》，《中国软科学》2012 年第 8 期，第 75 ~ 83 页。

解水污染防治行动信息。这说明环境信息公开起到了一定作用，约四成受访者至少了解一定的水环境信息。但同时也说明，信息公开的渠道仍不足，尚有一半受访者不了解水环境信息。另外，目前的信息公开集中在水质和水污染等初级的层面，对于政府管理、企业治理行动仍然报道得不多，对于与居民息息相关的安全隐患也报道较少。

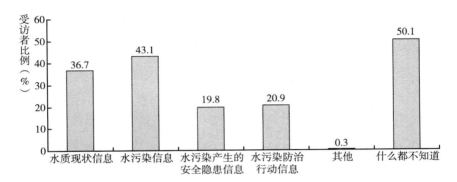

图12　目前了解的水环境信息

接着，笔者让居民选择他们关心和希望获得的水环境信息。水污染信息居首位，水质现状信息居其次，水污染防治行动信息居第三位，水污染安全隐患信息居第四位（见图13）。这说明监管水污染和水质是公开最多的水环境信息，但仍然没有满足公众的需求。

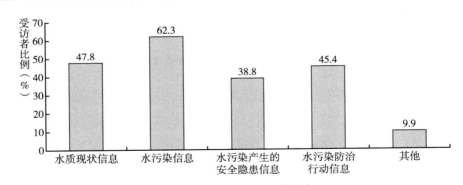

图13　希望了解的水环境信息

结合信息公开的有关政策，以上结论将更有启示意义。我国已经实施《环境信息公开管理办法》，规定了政府和企业环境信息公开的内容，政府部

门也会通过官网、年报等途径发表环境质量、污染物排放等信息。但是从淮河水环境信息来看，很多公众仍然没有了解到环境信息。这可能与政府公开的途径有关，政府部门往往在官网上公开环境信息，而受访者中很多农村居民并没有接触网络的途径，因此，环保部门应当组织更多的公开途径，采用电视、报纸、广播等更为大众化的媒介。而且污染指标、水质类别等术语对于公众来说也过于抽象，如果以容易理解的贴近生活的方式公布，公众的接受度会更高。

六　结语

淮河的污染治理，确实令淮河从 20 世纪末 21 世纪初"水质恶臭、生物灭绝"的境况中解脱出来，水体恢复了使用功能。调查中不少阜阳市、蚌埠市的居民均认为水质最恶劣的时期是 2000 年前后，蚌埠市市民甚至要在饮用水中放些糖、盐方能下咽。相比那时，今天淮河的水质显然好了很多。

尽管水质有所好转，但相当一部分公众对于目前的水质仍然不满意。调研中发现，一些地区的村庄、社区对上游企业的意见很大，甚至发生纠纷，这种情况尤以县城、农村为甚。作为淮河流域最大的渔业养殖基地，洪泽湖的渔民仍然对水污染心有余悸，寄希望于更清洁和稳定的水质状况。

从污染源排放情况看，受访者反映的排放情况仍然比较恶劣，多数的排污口废水颜色、气味有程度不同的异常，工业污染源尤其严重。尽管沿淮四省在排放控制上下了大力气，开展达标排放、总量控制、淘汰落后等一系列工业污染源控制政策，也产生了一定效果，但从结果来看，政策的力度仍然不足，必须对工业源实施更严格、更有效的管理政策。

从调查的结果看，政策确实控制住了 20 世纪末 21 世纪初水质迅速恶化的局面，减少了极端严重的污染事件。但是仅仅做到避免重度污染是不够的，水污染对水生生物的危害还持续存在，对居民生产生活的负面影响也没有彻底消除。政策最终要达到的是公众满意、生态安全。按照这个目标，淮河治污还没有完成历史任务。

A Continuous Task: after 20 Years
of Huaihe River Pollution Control

Song Guojun Zhu Xuan

Abstract: A survey was developed to a representative sample of Huaihe River Basin inhabitants to study the effect of water pollution control policy, including the water quality, ecological state of Huaihe River, the pollution impact on inhabitants' daily life and agriculture, fishery, and the water pollutants discharged to Huaihe River. Through the survey, the paper finds: Huaihe River is largely suitable for irrigation usage while a proportion of 1/3 of it is suitable for swimming; nearly 40% of the interviewees express unsatisfaction on Huaihe River's water quality; the ecological state degraded in evaluation period with an obviously decrease on aquatic life amount; water pollution, especially unpreviewed water quality decline causes fishery industry loss and the famous Hongzehu Lake fishery downstream Huaihe River suffered great loss from it; 1/3 of the interviewees hold that the sewage discharged from outlets along Huaihe River is always unclean and smelly while another 50% of them think the discharge is unstable in colour and smell; among all types of wastewater discharge, industry discharge is worst with 80% interviewees blame it is abnormal in colour and smell. The questionnaire also assesses the environmental information disclosure in Huaihe River Basion, which implies: disclosure has positive impacts on rising inhabitants understanding on water environment, but they still want to acquire more information on water pollution, water quality and pollution control actions.

Key Words: Huaihe River; Questionnaire; Water Quality; Ecological Sate; Wastewater Discharge; Environmental Information Disclosure

G.7

土壤污染：毒债已到偿还时

马天杰*

摘　要：

　　2012 年，媒体聚焦土壤污染议题，就粮食安全与城市毒地等问题连番追问。但全国土壤污染数据仍旧扑朔迷离。在此背景下，高层面的土壤污染控制政策却频出"加速"信号，从《土壤污染防治法》到国务院关于土壤环保和综合治理工作的部署，政策制定进程引人关注。这一过程蕴涵着政策制定者思路的变化，而民间在此议题上所开展的工作，为政策制定者提供了具有标本意义的案例。

关键词：

　　土壤污染　　重金属污染　　土壤污染防治法

2012 年中国环保关键词中，"土壤污染""毒地"必然占有一席之地。

年初，由"中外对话"网站、英国《卫报》、新浪环保和 SEE 基金会联合颁发的中国最佳环境报道奖，将"最佳影响力"大奖颁发给了财经新闻记者宫靖，以表彰他的深度报道《镉米杀机》"揭开中国食品生产链中令人触目惊心的重金属污染问题"。宫靖的报道发表于 2011 年，他在文中这样写道：

　　"一个完整的食物污染链条已经持续多年：中国快速工业化过程中遍地开花的开矿等行为，使原本以化合物形式存在的镉、砷、汞等有害重金属释放到自然界。这些有害重金属通过水流和空气，污染了中国相当大一

---

*　马天杰，现任绿色和平污染防治项目经理，致力于减少环境中的有毒有害化学品和重金属等污染物。毕业于北京大学和美利坚大学（American University），主攻环境政策。

部分土地，进而污染了稻米，再随之进入人体。"

在颁奖词中，主办方认为该报道"引发了举国上下极高的关注，各地政府纷纷表态。当年'两会'，镉米成为热点话题，卫生部长陈竺回应媒体，称中国将实现污染土壤禁种稻米。报道之后，中国政界、学界和民间，对土壤污染的关注度明显提高"。而《镉米杀机》只是媒体关注土壤污染这一"隐形污染"的开始。2012年，多家重要媒体发表了关于土壤污染的深度报道与系列报道，其中就包括3月份《南方周末》的"毒地"系列报道和《财经》杂志6月4日刊载的封面报道《毒地潜伏》。这些报道聚焦污染企业搬迁后遗留下来的污染土地和这些地块在房地产热潮下的治理难题。不过，与土壤 - 粮食 - 人这个影响路径相比，土壤 - 住宅 - 人这个污染路径似乎受到了更多的关注。正如一位专家坦言，地方政府似乎更忙于处理城市扩张、工厂搬迁后遗留下的重金属污染问题，甚至"试图利用耕地污染进行土地变性，对真正的污染土壤和稻米则缺乏修复的动力"。①

除了政府治理土壤污染的"动力"外，媒体追问的问题还包括污染信息的披露、修复技术的选择、法规政策的"顶层设计"等。例如，《21世纪经济报道》披露的一份《农产品产地土壤重金属污染防治实施方案》，称"农业部已经对耕地中的部分重金属污染做了初步的调查"，划定了一系列土壤污染"警戒区域"，并将"更进一步，对全国18亿亩耕地开展农产品产地土壤重金属污染普查与监测预警，对农产品产地土壤重金属污染进行治理与修复"。② 9月29日，该报传出另一个重量级消息："《土壤污染防治法》从专家课题研究，正式进入国家立法阶段。"报道称，武汉大学法学院教授王树义已被任命为"《土壤污染防治法》立法小组组长"，法律草案集中在"建立'污染土壤档案制度'和'污染土壤管制区和整治区'，还规范了土壤整治和再利用的相关要求"。而该法律的出台时间则被认为是在"下一届人大期间"。③ 由此看来，未来几年，相关议题的热度只会有增无减。

① 宫靖：《镉米杀机》，《新世纪周刊》2011年2月。
② 王尔德：《拨开土壤污染迷雾：全国1/6耕地受重金属污染》，《21世纪经济报道》2012年6月20日。
③ 周慧、石祖波：《土壤污染立法能尽快则尽快》，《21世纪经济报道》2012年9月29日。

一 土壤污染：数据迷局

事实上，在中国，土壤污染早不是什么新闻。早在20世纪八九十年代，就有研究指出土壤重金属污染的严重性。当时较为著名的案例是沈阳张士灌区的镉污染。在20世纪80年代，沈阳有2800公顷的稻田因长时间灌溉含镉污水（污水来自冶炼厂），造成重金属镉在稻田土壤和水稻中蓄积，污灌区域居民血液及尿液中的镉含量分别达到1.06和13.26Mg/L，为对照区域居民血镉、尿镉水平的数倍。[①] 对于这块污染土地，80年代中国科学院林业土壤研究所的陈涛等科学家曾做过研究。[②③] 另外，贵州省作为我国汞矿储量第一大省，土壤汞污染在当时也已达到惊人水平。1986年的数据就显示，该省受污染的土壤汞含量可高达55.64mg/kg，为背景值的180多倍。低效率的汞开采冶炼技术被认为是造成严重污染的罪魁祸首——当时汞矿的采收率只有30%~45%，也就是说在冶炼过程中有超过一半的汞进入了环境。[④]

虽然这已不是新闻，但在全国土壤污染现状这个问题上，官方数据总是处于"犹抱琵琶半遮面"的状态。目前已知的官方调查包括：全国土壤环境背景值调查、"菜篮子"种植基地土壤环境质量调查、主要污灌区污染状况调查、2006年环境保护部会同国土资源部开展的全国土壤现状调查等。[⑤] 但相关调查数据鲜有公开。被媒体广为引用的有两个"官方"数字，一是"中国五分之一耕地受到重金属污染"，[⑥] 二是"全国每年因重金属污染的粮食高达1200万

① Chen HM et al., "Heavy Metal Pollution in Soils in China", *Ambio*, Vol. 28, No. 2 (Mar 1999), pp. 130 – 134.

② 陈涛等：《张士灌区镉土改良和水稻镉污染防治研究》，《环境科学》1980年第5期，第7~11页。

③ 陈涛、吴燕玉、孔庆新、谭方张士：《灌区土壤中镉形态的探讨》，《生态学报》1985年第4期，第300~306页。

④ Chen HM et al., "Heavy Metal Pollution in Soils in China", *Ambio*, Vol. 28, No. 2 (Mar 1999), pp. 130 – 134.

⑤ 李发生等：《中国土壤环境保护政策》，《中国环境与发展国际合作委员会政策研究报告》，2010，第251页。

⑥ 李雪林、张晓燕：《中国1/5耕地受重金属污染 土壤污染防治法正酝酿》，《文汇报》2010年2月3日。

吨"。但上述数据无不受到各方质疑。2011 年，环境保护部部长周生贤在十一届全国人大常委会第二十三次会议的正式报告中披露，"中国受污染的耕地约有1.5 亿亩，占 18 亿亩耕地的 8.3％"。[①] 这一数据与《2000 年中国环境状况公报》中披露的 12.1％ 的土壤有害重金属超标率又有出入（该数据来自对 30 万公顷基本农田保护区的抽样检测）。[②] 这两个数据虽低于此前媒体引用的数据，但仍让人警觉问题的严重性。另外，环境保护部仍然没有披露污染区域的具体分布。

在这种情况下，科学文献中的数据便具有了独特的价值。例如，中国农业科学院的研究人员根据已公开发表的数据估算出每年向土壤中输入的各种重金属元素的量，他们考虑的输入来源包括大气沉降、牲畜粪便、肥料、农化产品、灌溉水和污泥等。其中有一个趋势尤其值得注意：根据他们的测算，按照目前的输入速度，仅需 50 年就可使一片镉含量处于背景值水平的表层土壤超过环境保护部规定的农田土壤环境质量标准，而这还没有考虑到地区差异的问题，即某些地区的土壤镉含量早已高于背景值，或者该地区的镉输入量远高于平均水平。[③] 除此之外，在中国，因大气沉降所造成的土壤砷输入量也要比欧洲高 100 倍左右，这源于中国煤炭更高的含砷量、洗煤的不普遍以及污染控制水平的低下。[④] 肥料也是土壤中重金属的一个重要来源。在无机肥中，磷肥被认为对土壤中重金属含量（尤其是镉）贡献最大。相比之下，中国每年施用的近 1200 万吨复合肥中重金属含量（尤其是汞和砷）更高。另一个值得注意的趋势是，尽管随着污染控制水平的提升，过去十年中污水和污泥中的重金属含量有所下降，但由于污水处理量的提高，污泥的产生量也有显著提高（每年约 460 万吨），其中约有 10％ 被用作农业用途。[⑤]

① 孙彬等：《我国超 10％ 耕地受重金属污染　东北黑土地或消失》，《经济参考报》2012 年 6 月 11 日。

② 环境保护部：《2000 年中国环境状况公报》，http：//jcs. mep. gov. cn/hjzl/zkgb/2000/200211/ t20021125_ 83822. htm。

③ Luo et al. , "An inventory of trace element inputs to agricultural soils in China", *Journal of Environmental Management*, 90 (2009), pp. 2524 – 2530.

④ Luo et al. , "An inventory of trace element inputs to agricultural soils in China", *Journal of Environmental Management*, 90 (2009), pp. 2524 – 2530.

⑤ Luo et al. , "An inventory of trace element inputs to agricultural soils in China", *Journal of Environmental Management*, 90 (2009), pp. 2524 – 2530.

在另一份收集整理了近十年来关于土壤中重金属含量的研究的文献中，研究者发现在这些研究涵盖的 12 个中国城市中，农业土壤中中位重金属含量普遍高于背景值，其中镉和汞的污染指数[①]较高，铬、铜、铅、锌、镍的污染指数则较低；成都与徐州的农业土壤中镉含量已超过相应的环境质量标准；广州与成都的农业土壤中的汞含量同样也超过了相应标准。[②]

二 土壤污染：一个案例

中国土壤污染形势严峻，成因复杂多样，解决之道也莫衷一是。民间对此议题的关注也可以说只是刚刚起步。但一些民间环保组织所开展的工作，却也为公众揭开了土壤污染问题的一个侧面。2011 年的云南陆良铬渣污染事件，各方关注焦点集中在非法倾倒铬渣处置、堆存铬渣无害化处理、肇事企业责任承担、珠江下游水质影响、公益诉讼等问题（详见 2012 年《中国环境绿皮书》）。但关于此事件中的土壤污染问题，大众媒体没有太多提及，在关于此事件的诸多著述中也多非重点。但事实上，通过此事件可以窥见中国土壤污染问题的多个核心要素，和未来政策发展所应重点解决的问题，值得深入探究。云南陆良铬渣污染事件起因于云南陆良化工实业有限公司非法倾倒 5000 余吨剧毒铬渣，污染附近水体，造成牲畜死亡，但其揭示的是一个堆存江边多年的巨型铬渣堆及其持续的环境影响。事件发生后，包括水利部珠江水利委员会调查组、云南省环保厅等官方机构和绿色和平、自然之友等组织，均赴实地进行调查。调查焦点多集中于当地水污染。如水利部珠江水利委员会调查组的取样范围包括"黄泥堡水库及南盘江河段等水域，陆良化工厂铬渣堆渣场的上、中、下游水质样品，曲靖与昆明市市界弹药库断面以及南盘江滇桂省界八大河断面的水质样品"。[③] 而绿色和平组织的调查也聚焦于工厂周边农田及渣堆附近江段水质。

---

① $I_{geo} = Log_2 (C_n / 1.5B_n)$，其中 C_n 为实测值（浓度），B_n 为本底值。

② Wei, Binggan and LinshengYang, "A review of heavy metal contaminations in urban soils, urban road dusts andagricultural soils from China", *Microchemical Journal*, 94 (2010), pp. 99 – 107.

③ 《水利部称云南铬渣污染严重影响人畜饮水安全》，中新社，2012 年 8 月 18 日，http://news. dayoo. com/china/201108/18/53868_ 18690658. htm。

自然之友所做的调查则揭示了当地土壤污染的冰山一角。该组织采集并送检的 9 个当地土壤样本中，有 3 个样本的总铬含量高于《土壤环境质量标准》（GB 15618－1995）中规定的最高值（400mg/kg），其中污染最严重的样本总铬含量高达 7902mg/kg。这些土壤样本均来自当地农田。这些发现为云南曲靖铬渣污染事件提供了一个新的维度，把工业企业（铬盐厂）同当地土壤污染初步联系了起来。而这一联系也体现在了自然之友和重庆市绿色志愿者联合会共同提起的公益诉讼起诉书中，要求被告云南省陆良化工实业有限公司承担环境污染损失和生态恢复费用，包括污染农田的生态恢复。①

但这一案例也从一个侧面反映出土壤污染问题的复杂性。例如，土壤污染隐蔽性强，往往为历史累积形成，时间跨度大，很容易造成责任主体的变更、转移甚至灭失的情况。本次污染事件的直接肇事企业云南陆良化工实业有限公司（云南省陆良和平科技有限公司）本系浙江民营企业海宁和平化工有限公司于 2003 年收购原陆良化工厂后重组成立的，而陆良化工厂的前身则为陆良县运输机械修理厂，于 1988 年组建。② 在 2003 年之前，陆良化工厂便已累计堆存了约 28 万吨铬渣，③ 可以说在现有企业入驻之前污染便已存在。新厂"继承"了老渣后，又在投产后持续产生新渣，不断造成新的污染。在此案例中，所幸污染者并未完全消失，因此公益组织仍可将现有污染者告上法庭，要求赔偿损失恢复环境原状。但在其他案例中，责任主体灭失的情况屡见不鲜。根据世界银行的一份报告④统计，近年来北京市四环内已有百余家污染企业搬迁，置换 800 万平方米工业用地再开发。广州市自 2007 年以来也有上百家工业企业关闭、停产和搬迁。这种情况为责任追究和治理资金机制带来挑战。资金机制被认为是"促进土壤环境保护与污染控制的一个决定性因素"。⑤ 在本案例

① 《民事环境公益诉讼起诉书》，北京市朝阳区自然之友环境研究所，2011 年 9 月 20 日，http：//www.pil.org.cn/q_aj/q_ajpage_2720.html。
② 黎光寿：《30 万吨铬渣不翼而飞 陆良化工贡献 23 年"黑色 GDP"》，《每日经济新闻》2011 年 8 月 25 日。
③ 谭君、杨亚：《有专项基金，涉事企业仍乱倒铬渣》，《潇湘晨报》2011 年 8 月 23 日。
④ 谢剑、李发生，《中国污染场地的修复与再开发的现状分析》，世界银行，2010 年 9 月。
⑤ 李发生等：《中国土壤环境保护政策》，《中国环境与发展国际合作委员会政策研究报告》，2010。

中，环保组织提出由污染企业支付 1000 万元至第三方专门设立的"铬渣污染环境生态恢复专项公益金"账户，在环保组织、法院和第三方的共同监管下，用于治理和恢复被损害的生态环境（包括受污染农田）。但本案例毕竟是以公益诉讼为背景的一个特例，且该"公益金"具体如何操作（如成立专门基金会或通过银行托管）目前也尚无定论。对于更广泛的土壤污染来说，采用何种财政、资金机制仍有待探索，现阶段存在的选项包括税收、清理补贴、专项拨款等。① 除此之外，云南曲靖铬渣污染事件也凸显出一些其他亟待解决的问题，例如在本案例中有大量受污染土地为农用地块。关于这部分污染土地如何处置，目前能看到当地政府的一些具体操作方式②：

（1）厂区南侧土坡土层剥离并运回厂内处理，严禁任何人在（厂区南侧）污染区内耕种、放牧和取水。

（2）及时对兴隆村的土壤、水体、农作物进行抽样检测，对受污染的水稻进行了统一收割和统一销毁，并按每亩 1400 元的标准进行了补偿。

（3）重点发展核桃、养殖、食用菌等特色优势产业。

可以看到这些操作方式包括污染土壤转移、修复、农作物销毁和种植作物的重新规划，代表了不同的风险管理策略。但在本案例中，这些操作方式多属于应急之举，至于它们是基于何种标准采取的（例如，何种污染程度的土壤采取第一种操作方式，何种污染程度的土壤采取第三种操作方式），采取了上述措施之后土壤中的污染物应达到何种水平，当地政府在通报中没有明确。另外，每亩 1400 元的补偿标准是如何制订的，由谁来负担这部分补贴费用，新的种植规划是否合理，如何在当地农民中推行，对于中国大量污染状况和用途各异的污染土壤来说，这些问题的解决是关键性的。

三 土壤污染：政策破局

早在 2008 年，环境保护部《关于加强土壤污染防治工作的意见》（以下

---

① 李发生等：《中国土壤环境保护政策》，《中国环境与发展国际合作委员会政策研究报告》，2010。
② 《云南曲靖通报铬渣处理情况将 24 小时监管》，云南网，2011 年 10 月 24 日。

简称《意见》），就已经为今后几年关于土壤污染防治的政策动向定了基调。《意见》明确了未来土壤污染防治的基本原则："预防为主，防治结合""统筹规划，重点突破""因地制宜，分类指导""政府主导，公众参与"。其中明确了"农村地区要以基本农田、重要农产品产地特别是'菜篮子'基地为监管重点；城市地区要根据城镇建设和土地利用的有关规划，以规划调整为非工业用途的工业遗留遗弃污染场地土壤为监管重点"。《意见》更是为未来数年中国土壤污染防治制度的顶层设计勾画了路线图，其中包括："到2010年，全面完成土壤污染状况调查，基本摸清全国土壤环境质量状况"；"到2015年，基本建立土壤污染防治监督管理体系，出台一批有关土壤污染防治的政策法律法规，土壤污染防治标准体系进一步完善。"

这一路线图提出两年之后的2010年初，就已有消息传出称《土壤污染防治法（专家意见稿）》已完成，并已提交有关部门征求意见。① 负责起草该"专家稿"的武汉大学法学院教授王树义对媒体记者表示该法"不久即将出台"。

2011年"两会"期间，关于为土壤污染防治立法的呼声更是达到高潮。全国人大代表赵林中②、全国政协委员贾康③等分别提交了与土壤污染防治有关的提案。其中，赵林中、徐景龙两位代表更是促成了由62位人大代表联名的两份议案，④ 建议制定《土壤污染防治法》。农工民主党中央也在当年6月赴江苏开展了关于土壤污染防治的专题调研，并在此基础上向"中共中央、国务院提出了关于建立健全土壤环境保护的法律和政策体系、尽快实施土壤污染防治战略、进一步加大农业面源污染防治力度等建议"。⑤

---

① 李雪、张晓燕：《土壤污染防治法正在酝酿》，《文汇报》2010年2月3日。
② 岳德亮、黄深钢：《赵林中代表：防治土壤污染需未雨绸缪》，中国网，2011年3月10日。
③ 张宇哲：《贾康：应加快土壤环境保护立法》，财新网，2011年3月5日。
④ 根据《全国人民代表大会组织法》和《全国人民代表大会议事规则》的规定，一个代表团或者30名以上的代表联名，可以向全国人民代表大会提出属于全国人大职权范围内的议案，由主席团决定是否列入会议议程，或者先交有关的专门委员会审议，提出是否列入会议议程的意见，再决定是否列入会议议程。而人大建议是由代表个人或联名提出，内容不限于人民代表大会的职权范围，意见提出的时间也不加限定，意见提出后由人大常委会的办事机构交有关单位根据情况研究办理。
⑤ 《农工党中央2011年参政议政、社会服务主要工作》，中国农工民主党网，2012年2月28日。

外围呼声虽高，但来自主管部门的不同意见还是给这个牵涉多部门多地区的复杂议题平添了几分变数。例如，针对上述人大议案，两个国务院部门的意见就出现了分歧。环境保护部认为应"抓紧研究制定土壤污染防治的专门立法"。但农业部则认为，"土壤是各类污染源的最终承受主体这一特性，决定了防治土壤污染的关键是抓好各类污染源管理，建议当前将工作重点放在严格执法监管和完善配套规定上来，暂不制定土壤污染防治法"。

权力部门之间的立法博弈恐怕是土壤污染防治法规"千呼万唤不出来"的主要原因，以至于一些行业网站专辟专栏呼吁该法早日出台，跟上"时代潮流"。① 不过到了2012年下半年，立法进程似乎又峰回路转，进入了快车道。在9月的一篇媒体报道②中，王树义教授透露《土壤污染防治法》从专家课题研究，正式进入国家立法阶段。他同时也向媒体公开了该法的专家草案，并表示草案集中在建立"污染土壤档案制度"和"污染土壤管制区和整治区"上。这一加速可能来自中央高层的直接推动，正如王树义教授在采访中透露的："现在确实有一个批示了，引起了政府高层的密切关注。"

果然，11月1日，温家宝总理主持的国务院常务会议为中国的土壤环境保护和综合治理工作作出了部署，并确定了中国土壤污染防治工作的主要任务：①严格保护耕地和集中式饮用水水源地土壤环境。②加强土壤污染物来源控制。③严格管控受污染土壤的环境风险。④开展土壤污染治理与修复。⑤提升土壤环境监管能力。

从2008年的环境保护部《意见》到2012年的国务院常务会议"部署"，中国土壤污染治理的总体思路有一条脉络清晰可辨，那就是"因地制宜 - 分区而治 - 风险管理"。对这一理念进行较为详细阐述的是2010年的国合会政策研究报告。在被称为"基于风险的土壤环境监管模式"中，国家首先确定土壤环境的优先保护目标（如人体健康），再依据地块用途（如住宅用地、农业

---

① 《千呼万唤的土壤污染防治法》，中国环境修复网，2012年3月19日。
② 周慧、石祖波：《土壤污染立法能尽快则尽快》，《21世纪经济报道》2012年9月29日。

用地、工业用地等）以及污染程度制定相应的土壤管理策略（如修复策略或制度控制策略）①。但这一治理思路如何转化为具体法律，为诸如上文提到的云南曲靖铬污染等实际情况提供解决方案？要回答这一问题，其他国家和地区的土壤污染防治法规可能具有一定的参考价值，因为有消息表明《土壤污染防治法》强调借鉴外部的经验与范例②。这些土壤污染防治法规往往有如下特点：

（1）以"治"为主：如规范的主要对象是政府行政机关，该机关依据一定的标准对土壤污染实行评估、划分区域，并规定不同区域上可从事的活动。换句话说，法律规定的主要是污染发生后行政主管机构如何"整治"污染，并使得这种整治有章可循。

（2）分区管理：将受污染土壤依照污染程度分为不同的管治区域，如"控制场址"和"整治场址"等③。受污染土地被公告为不同的管治区域后，主管机关将开展制订调查计划、控制计划、健康风险评估及验证等一系列步骤，并采取包括"命污染行为人停止作为""告知居民停止使用地下水或其他受污染之水源""竖立告示标志或设置围篱""对农渔产品进行管制或销毁"等一系列措施。④ 相对于轻污染区域而言，重污染区域所面临的法律约束更严格。例如禁止处分、停止拍卖、在土壤被整治恢复至相应标准以下之前，不允许擅自变更开发利用方式等。

（3）"集体负担"的财政机制：一些法规专门成立了"土壤污染整治基金"用于污染调查、治理涉及的各项支出。⑤ 基金的征收对象涉及"污染行为人、潜在污染责任人或污染土地关系人"。有论者认为这体现了一种"集体负担"原则，是"污染者付费"原则的延伸和补充，即当无法执行"污染者付费"时，转而由可能产生污染结果的团体集体负担污染责任。因为某些化学物质或产品在生产或再使用过程中极可能产生土壤、地下水污染，而且该物质

---

① 李发生等：《中国土壤环境保护政策》，《中国环境与发展国际合作委员会政策研究报告》，2010年。
② 《立法组专家王树义：土壤污染亟需专门立法》，《南方都市报》2012年10月20日。
③ 如台湾地区的"土壤及地下水污染整治法"。
④ 如台湾地区的"土壤及地下水污染整治法"。
⑤ 如美国《超级基金法》、台湾地区的"土壤及地下水污染整治法"等。

或产品的制造者及进口者于过去制造或进口贩卖过程中获利,所以依据"集体负担"原则向其收费。①

虽然其他国家及地区的法规思路及经验极具参考价值,但中国的土壤污染防治法规未来是否向其靠拢仍有待观察。一个明显的不确定性是其"以治为主"的立法理念是否会被采纳。因为目前看来,立法原则仍在"预防为主、防治结合"和"防治兼顾,以治为主"之间摇摆,有关专家也坦承"进入立法阶段后,思路可能会有大变化"。② 另外,公众所关注的土壤污染信息公开最后以何种形式在法规中体现,也是值得关注的重点。未来是否会通过《中国环境状况公报》等官方渠道定期公布全国土壤污染信息,将决定公众在这一议题上有多少知情和参与空间。

Soil Pollution: Paying Back China's Toxic Debt

Ma Tianjie

Abstract: In 2012, several important media outlets focused on China's soil pollution problem and initiated a series of investigations. Yet even under such intensive scrutiny, information about China's soil pollution situation remains opaque. It is against such a backdrop that top level policy making on soil pollution attracts much attention. From the rumored Soil Pollution Control Law to the State Council's arrangements for soil pollution remediation, everything is indicating that the policy process is accelerating. There is also a discernible tension among competing philosophies underlying different policy options. In this regard, efforts made by China's nascent civil society on this issue provides typical cases as references for policy makers.

Key Words: Soil Pollution; Heavy Metal Pollution; Soil Pollution Control Law

---

① 张尊国:《台湾地区土壤污染现况与整治政策分析》,《国政分析》2002 年 6 月 28 日, http://old.npf.org.tw/PUBLICATION/SD/091/SD – B – 091 – 021. htm。

② 周慧、石祖波,《土壤污染立法能尽快则尽快》,《21 世纪经济报道》2012 年 9 月 29 日。

G.8
从 20 年铅排放谈预警机制的建立

程红光　李　倩*

摘　要：

近年来，我国连续发生多起特大重金属污染事故，对公众的身体健康造成严重威胁。目前已发生的 30 起铅污染事件，多数是由于有色金属冶炼和铅蓄电池生产企业废气违规排放和卫生防护距离内人群未按规定搬迁所致。由于铅具有长期积累的特点，在人群不良反应和临床表现不明显时，血铅是诊断铅接触和铅中毒的主要指标。现阶段，燃煤和有色冶金是我国最主要的铅排放源。根据我国铅排放和铅的健康影响特点，笔者提出，建立基于生物标志物检测的环境健康风险预警机制，是我国的环境健康风险评价和管理机制的重点。

关键词：

铅污染事件　血铅　大气铅排放　预警机制

重金属污染具有长期性、累积性、隐蔽性、潜伏性和不可逆性，危害大、持续时间长、治理成本高。我国重金属污染是在长期的矿山开采、加工以及工业化进程中累积形成的，现阶段已经进入了环境与健康问题的高发期，对自然生态和群众健康构成了严重威胁，造成了严重的社会影响。自 2009 年以来，我国已连续发生了 30 多起特大重金属污染事件：湖南浏阳镉污染、中金岭南铊超标事件、四川内江铅污染事件、山东临沂砷污染、福建紫金矿业溃坝事件，等等，一系列重金属污染事件令人触目惊心。

---

* 程红光，北京师范大学环境学院副教授，博士生导师；李倩，北京师范大学环境学院环境科学博士。

一 我国铅污染环境健康事件及其爆发的主要原因

2012 年，广东韶关、清远和河南省灵宝市又发生了 3 起铅污染环境健康事件，这已经是继 2006 年重金属污染环境健康群体事件后的第 30 起事件。回顾 2006 ~ 2012 年的铅污染事件，这 7 年当中 2009 年（9 起事件）和 2010 年（8 起事件）是爆发高峰期，2012 年也已发生 3 起铅污染事件，这预示着血铅超标事件不但未离我们远去，而且呈现越发复杂、越发难以控制的趋势，其爆发频率之高令人震惊。从人群血铅超标事件发生地域来看，甘肃、福建、河南、陕西、湖南、广东、江西、云南、江苏、四川、山东、湖北和浙江这 13 个省份均有发生，覆盖范围之广令人担忧。

表 1 总结了我国 2006 ~ 2012 年发生的铅污染环境健康事件。纵观这些铅污染环境健康事件，多数是由于有色金属冶炼和铅蓄电池生产企业废气违规排放以及卫生防护距离内人群未按规定搬迁所致。2012 年广东清远铅污染事件又将燃煤发电厂这一污染源摆到了人们面前。除此之外，地方政府盲目追求地方经济发展、相关部门监管及应对不力、职工卫生防护意识薄弱等也是造成重金属污染事件频发的重要原因。

表 1　铅污染环境健康事件案例

序号	时间	地点	血铅超标人数	产生原因
1	2006	甘肃徽县水阳乡	368	徽县有色金属冶炼公司废气排放
2	2006	福建建阳茶布村、七里村	82	铅锌矿冶炼厂废气废水排放
3	2006	河南卢氏县	334	铅冶炼厂废气排放
4	2007	陕西蓝田县陈沟岸村	49	铅冶炼厂废气排放
5	2007	湖南株洲茶陵县	140	复兴冶炼厂铅污染
6	2007	湖南浏阳官桥乡	112	宏达有色金属公司铅污染
7	2009	湖南武冈市	708	精炼锰厂违规排放
8	2009	湖南省邵阳县九公桥镇	281	九鼎冶炼厂废气排放
9	2009	湖南省郴州市嘉禾县广发乡	64	腾达有色金属回收公司废气排放
10	2009	陕西宝鸡市凤翔县长青镇	615	陕西东岭冶炼厂废气排放（卫生防护范围内村民未搬迁）

续表

序号	时间	地点	血铅超标人数	产生原因
11	2009	江西永丰县	6 人	铅锌冶炼厂废气排放
12	2009	云南昆明东川区铜都镇	388	未查明原因
13	2009	福建上杭蛟洋乡	13	华强电池有限公司废气排放
14	2009	河南省济源市	326	豫光金铅冶炼厂废气排放
15	2009	广东清远	44	则良蓄电池厂违规废气排放
16	2010	江苏大丰市	51	盛翔电源有限公司(蓄电池生产)废气排放
17	2010	湖南郴州市嘉禾县、桂阳县	250	粗铅冶炼企业废气排放
18	2010	云南大理鹤庆县北衙村	84	村民土法炼金
19	2010	四川隆昌县渔箭镇	39	铅冶炼企业废气排放
20	2010	山东省泰安市宁阳县辛安店村	121	铅酸电池厂废气排放
21	2010	甘肃省酒泉市瓜州县	59	西脉冶金分公司铅冶炼废气排放
22	2010	湖北咸宁市崇阳县	30	湖北吉通蓄电池有限公司废气排放
23	2010	安徽泗县	57	铅蓄电池厂废气废水违规排放
24	2011	安徽省怀宁县对高河镇新山社区	228	铅蓄电池厂废气违规排放,卫生防护距离不符合标准
25	2011	浙江台州上陶村	168	台州市速起蓄电池有限公司卫生防护距离不符合标准
26	2011	浙江省德清县	332	德清海久电池股份有限公司卫生防护距离内居民未搬迁
27	2011	广东河源紫金县	241	三威电池有限公司违规排放
28	2012	广东韶关仁化县董塘镇	37	铅锌冶炼企业排放
29	2012	广东清远连州市星子镇	95	连州发电厂烟尘排放
30	2012	河南省灵宝市	329	铅锌冶炼企业违规排放,卫生防护距离不达标

二 血铅水平是评价铅污染环境健康状况的主要标准

目前医学研究证明,铅、汞、砷、镉、铬等重金属均可引起严重的中毒反应,突出表现为多系统、多器官的损伤。重金属污染带来的健康影响有三个特点:一是低浓度长期积累。重金属在环境中被稀释,但持续的时间较长,人群往往是低浓度、多途径、长时间的接触,甚至是终生的接触。重金属元素在人

体内积累，会导致神经系统、呼吸系统、血液系统、免疫系统和消化系统的损伤，对肾脏和心脏等器官造成损害，严重时会致畸与致癌。对成年人来说，从积累到癌症发病约为10年。重金属污染对儿童影响更大，在接触患儿致癌前，便可导致神经系统病变和智力发育不全。二是会造成不可逆转的终身伤害。如铅及其化合物可抑制血红蛋白合成，形成铁幼粒细胞性贫血，经过排铅治疗后可快速好转。但是，重金属污染造成的病变绝大部分是不可逆的，难以医治。如汞、铅、镉、铬、砷大剂量中毒时均可导致中毒性肝病，如肝坏死、急性肝功能衰竭，严重时可致中毒性肝昏迷、死亡，或者转变为慢性迁延性肝病、肝硬化。对铅进行生殖发育毒理学研究发现，母亲血铅转运到胎儿，对子代发育有影响，儿童接触铅对其智力发育有影响。三是影响范围广、接触人群多，特别是老弱病残幼及孕妇等敏感人群。

在我国，环境污染导致的健康损害大多停留在生理负荷增加阶段。具体来说，环境污染导致人体健康损害的程度受到污染物类别及其暴露强度等因素的综合影响，早期由于暴露剂量低，人群的不良反应和临床表现不明显，不易被察觉，并且由于个体年龄、营养状态、体质等状况不同而有所差异。由于作用机制复杂，根据特征疾病按因果关系寻找特征污染物一般是困难（只有水俣病等很少几种有明确因果关系）且滞后的。虽然亚临床变化以下的影响并未直接导致发病，但对大范围的人群已经产生了健康风险，不能只根据发病情况来确定风险。这时采用有效的生物标志物，对环境污染造成的人群健康效应及暴露—反应关系的确定有很大优越性。这是因为生物标志物直接反映了人体对环境污染物的实际暴露和体内吸收。另一方面，生物有效剂量标志可进一步提供对靶器官（细胞）的暴露剂量的估计值，从而为定量确定环境暴露与特异性的健康效应之间的暴露—反应关系提供了科学基础。

血铅是铅接触和铅中毒诊断的主要接触指标，可以反映近期铅接触情况，其浓度与中毒程度密切相关。1991年，美国疾控中心将血铅水平10ug/dL作为诊断儿童铅中毒的标准。最近的研究显示，即使是少量的铅摄入也会对人体产生负面的影响，因此不再设置铅的参考剂量，而将血铅水平作为评价铅暴露的健康风险的标准。

三 大气铅污染是铅暴露的主要形式

人体的铅暴露主要是通过消化道和呼吸道暴露两种途径，对于职业性暴露来说，还可能存在皮肤接触暴露。其中，消化道摄入是最主要的摄入途径，占总摄入水平的 99％。儿童由于有吮手习惯，呼吸速率和胃肠吸收率较成人高，更易受到铅的毒害。世界卫生组织（WHO）估计儿童铅暴露的主要途径为食物（47％）、尘土（45％）、饮水（6％），1％来源于空气。[①]由于大气的沉降作用，排放到空气中的铅沉降到土壤和水体，或附着在植物表面，最终通过食物链进入人体。因此，大气铅污染是造成人体铅暴露的主要因素。

我们的研究核算了 1990～2009 年这 20 年之间的大气铅排放量。20 年来，我国大气铅排放约 20 万吨。大气铅排放量经历了两次波动：一次发生在 1991 年，排放量比 1990 年减少了 3900 吨，这主要是由于汽油含铅量由 0.64g/L 下降到 0.35g/L；第二次发生在 2001 年，排放量比 2000 年骤减了 12000 吨，减少了 81％，这是由于无铅汽油取代了含铅汽油的使用，汽油铅含量下降到 0.005g/L。从图 1 中也可以看出，我国大气铅排放总量的增减主要是受到机动车汽油燃烧排放量的影响。随着能源需求增长和工业的发展，2000 年之后大气铅排放又呈现逐年递增的趋势。总体来说，受到节能减排等政策的影响，从

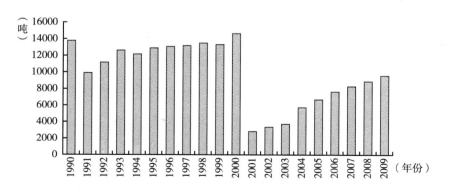

图 1　我国大气铅排放趋势

1990 年的 13700 吨到 2009 年的 9600 吨，我国大气铅的年排放量减少了 4100 吨。

图 2 描述了我国 1990～2009 年 20 年间大气铅排放源的排放结构变迁。机动车汽油燃烧是最主要的污染源，占到全部排放量的 60%，其次是燃煤和有

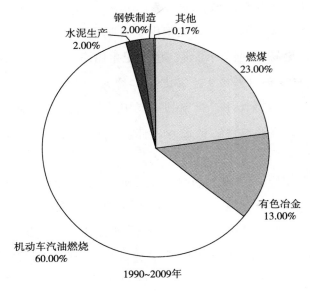

1990~2009年

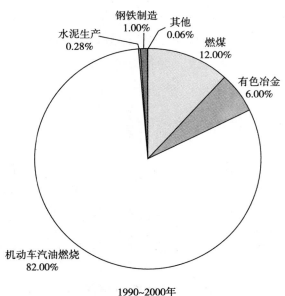

1990~2000年

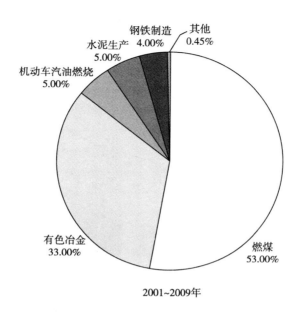

2001~2009年

图2 20 年大气铅排放源结构演变

色冶金。在我国使用含铅汽油时代（1990～2000 年），机动车汽油燃烧排放占主导地位（82%），排名第二的燃煤排放量是排名第三的有色冶金排放量的两倍。这三大排放源占到我国总排放量的 99%。2001～2009 年，由于城市化进程和现代化交通的迅速发展，大气铅排放又呈现递增的趋势。由机动车汽油燃烧排放的铅大幅减少（只占 5%），燃煤源开始成为我国最主要的排放源，半数以上的大气铅污染都来自燃煤排放。同时，有色金属冶炼业的铅排放量也超过了 1/3。另外还需注意到，水泥和钢铁生产等其他行业排放量所占比例出现大幅提升，占到总排放量的 1/10。

　　图 3 统计了 2005～2009 年的我国 31 个省、市、自治区的排放量。排放量最大的地区依次是山东、河北、山西、河南和江苏。全国铅排放主要集中在东部沿海，如山东、河北、江苏一带，一方面生活燃煤、工业用煤、机动车辆燃油排放量比较多；另一方面，这些地区燃煤电厂和电子拆解等涉铅企业数量较多，且产业规模较大。全国有 16 个省份燃煤源排放的铅占了全省铅排放总量的一半以上，这些省份主要集中在北方地区，这与北方地区冬季用煤取暖及大量工业生产用煤密切相关。西部地区特别是西南部，矿产资源采冶

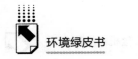

比较集中。江西、安徽、云南、甘肃和河南是有色金属冶炼铅排放量最大的省份。

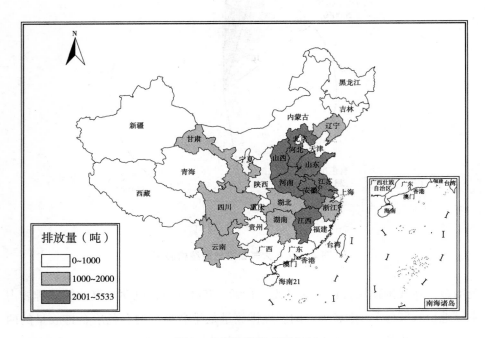

图3　大气铅排放空间分布

四　建立基于生物标志物检测的风险预警机制

我国大气铅排放量大，排放地区集中，对人体健康风险存在严重的威胁。血铅水平作为可以反映近期铅接触情况的生物标志物，是评价铅暴露风险的重要手段。基于生物标志物检测建立环境健康风险预警机制是我国的环境健康风险评价和管理机制的重中之重。我国建立重金属环境健康风险预警机制可以从以下几方面入手：

1. 结合生物标志物监测，建立重金属环境健康风险监测机制

我国目前的环境监测的对象主要是针对环境的质量，并未涉及环境健康风险的监测和防控。而对人体健康损害比较大的污染物，目前还没有完善的监测机制。单纯从重金属排放量的角度去做监测，而不把排放情况和人体健康联系起来，影响了监控的效果。目前，各种重金属的健康风险评价指标主要有血铅、尿镉、血铬、血砷、无机汞等，可以以县为单位建立长期的环境健康监测机制，为建立环境健康预警机制提供客观的、可靠的、稳定的数据支撑，争取在环境健康问题发生前，从源头上杜绝其发生。

2. 加强有关部门的密切合作，建立健全社会风险评价机制，从源头上预防突发事件

重金属污染治理是一个长期过程，在日常监管方面，当前环保部门定期监测和企业的定期排污申报等很多有效的监测并没有得到卫生部门的及时重视。重金属污染监管需要环保部门和卫生部门密切合作，共同协商和处理环境与健康管理工作中遇到的困难和问题，协调各部门之间的工作部署，督促各项任务的落实。

3. 加强推进信息公开，增强公民的环境健康风险意识，确立社会组织在环境健康监管中的监督地位

区别于一般的污染，重金属污染物对于环境和人体的危害可能要积累多年达到临界状态之后才可能爆发（但并不是说未达到临界值之前对人体没有危害）。普通公众，尤其是涉及重金属企业的职业人群，对重金属污染的隐蔽性、滞后性认识不充分，其利益往往被一些只重视眼前利益的企业所忽略。党的十八大期间环境保护部提出，已经把环境影响评价所涉及的信息（包括各级政府所做的承诺）全部公开，接受群众监督。另外，通过宣传和科普等手段强化公民的环境健康风险意识，同时增强企业污染信息的透明度，减少公众与企业之间信息的不对称。政府应尽快出台相关法规和政策，大力支持环境健康相关社会组织的发展，政府监管部门应积极地与社会组织进行合作，实现资源和信息的快速有效流动，有效预防潜在风险的产生。

总之，重金属环境健康管理应尽快转变过去的理念，由单一关注责任和结果的质量管理转变为综合考量过程和全局的风险管理，建立环境与健康的预防、预警和干预机制，从源头上尽早发现与控制环境健康风险。

The Establishment of Warning Mechanism According to the Lead Emissions for 20 Years in China

Cheng Hongguang   Li Qian

Abstract: In recent years, a series of terrible heavy metals pollution incidents have occurred in China, which threatening human health and causing widespread concern in society. Take Pb as the example, the 30 incidents happened in China are mainly caused by the illegal discharge of waste gases from non-ferrous metals smelters and lead battery plant, and the people didn't move into the Health Protection Zone. Due to the characteristics of low-concentration and long-term accumulation of lead, blood lead is the useful marker to diagnosis the lead exposure and lead poisoning when adverse reactions and clinical manifestations were not obvious. China has emitted about 20 tons of lead into the atmosphere in the 20 −year period from 1990 to 2009. Coal combustion and non-ferrous smelting are the largest two emission sources. Shandong, Hebei, Shanxi, Henan and Jiangsu province are the regions with largest emissions. Based on the feature of lead emission and health, this paper proposed that, to establish an biomarker-based warning mechanism of environmental health risk is the key point of environmental health risk assessment and management in our country.

Key Words: Lead Pollution Incidents; Blood Lead; Atmospheric Lead Emissions; Warning Mechanism

生 态 保 护

Ecological Protection

保护地是全社会公共的而非地方或部门的财富，是属于保护性和公益性而非开发性和经济利用性的资源。但在现实中，我们不断看到，这种全社会的公共财富和保护性、公益性资源，不断被地方政府和外来资本视为利益集团的摇钱树，它们置环境与法律法规于不管不顾，大肆圈地圈水，强行开发。

《三江源保护的希望》，系北京山水自然保护中心多年来在三江源牧民社区从事科学研究的成果，其尊重传统文化，引导民间组织参与协议保护是一种可贵的创新机制。《旅游开发乱象中的生态退化与文化缺失》，针对我国各类保护地盲目的、掠夺式的旅游开发，提出坚守保护地自然生态和人文生态原真性的全新旅游原则。《民间力量推动自然保护地立法》，是由解焱博士发起、100 多位专家学者成立的自然保护地立法研究组经一年多的研究提出的制定一部全面综合的《自然保护地法》的建议。这是为捍卫自然保护地这个我国生态安全底线，建立长效机制，由民间推动国家立法工作的开创性实践，意义深远。《小南海水电站：权力膨胀的典型样本》，是专家们对长江上游珍稀特有鱼类生存、国家级自然保护区面临强势推进的水电站开发威胁发出的最后呼喊。

G.9
三江源保护的新希望

北京山水自然保护中心三江源项目组*

摘 要：

在保护区生态底线被屡屡突破的开发狂潮中，长期保护好三江源，需要对该地区有扎实的科学研究和了解，尊重当地高原牧业社区的文化和传统资源利用方式，开展多种实践和实验。在此基础上的政策和管理机制设计，才可以突破现有的一刀切现象，避免大量投入却难以达到长期保护效果的窘境。2011年11月国务院通过的《青海三江源国家生态保护综合实验区》中提出了尊重文化、保护生态、保障民生的出发点，并遵循发挥农牧民生态保护主体作用、鼓励和引导民间组织参与、改革创新机制体制等原则；这些顶层政策设计，以及民间力量从2000年之后自下而上发动当地乡村社区的经验和成果，都为保护三江源带来了新的希望。

关键词：

三江源 生态底线 生态保护实验区 社区主导 机制体制创新
协议保护

一 背景

2011年11月16日，国务院常务会议决定建立青海三江源国家生态保护

---

* 北京山水自然保护中心三江源项目组成员包括：孙姗、尹杭、赵翔、马海元、何欣、何兵，以上人员为北京山水自然保护中心工作人员。吕植，北京山水自然保护中心主任，北京大学自然与社会中心执行主任，北京大学保护生物学教授。本报告主要执笔人为孙姗。

综合实验区。① 这是一个极其重要的转折点。三江源生态实验区强调保护优先，引导地方发展与支持高原牧区的民生与福祉，"先行先试"，"创新生态保护体制机制"。实验区的面积占青海省的54%。②

三江源是黄河、长江、澜沧江的源头地区，其生态价值对我国的生态安全具有重要意义，为流域的数亿居民提供了水源涵养、水土保持、生物多样性等不可替代的生态服务。2003年，这里升级为三江源自然保护区，总面积15.23万平方公里，其中核心区面积3.12万平方公里，分为六大片，共有18个保护分区，涵盖了最急需保护的生态区，包括三条江河的源头、珍贵的野生动植物和高原湿地等。在2011年三江源生态实验区中，又把包括三江源、可可西里、隆宝滩在内的三个自然保护区列为实验区的"重点保护区"，总面积19.74万平方公里，约占三江源实验区面积的50%。

在39.5万平方公里的三江源生态实验区内，2012年总人口达127.3万人，其中农牧民占80%，藏族人口占89%，7%是贫困人口。③ 在三江源实验区内有大约1200个村落。这些乡村社区的参与和支持，是三江源保护成功的关键。三江源"原住民"的福祉和未来，是三江源实验区方案中着重强调的。④

设立保护区后，2005～2012年，国家财政投入了75亿元，可能是中国单个自然保护区中最大的一笔。⑤ 然而这些投入是否在保护三江源尤其是遏制高原草原退化的目标上起到作用，还难以确认。

三江源作为中国和世界上最珍贵的自然地区之一，其真正的生态、文化、精神价值，还远未被系统地研究、记录和传播。对于真正生态价值的理解的局限，可能是三江源生态保护问题的根源。

2000年之后，民间机构在三江源开展了基于乡村牧民社区的保护行动

① 《温家宝主持召开国务院常务会议》，新华网，2011年11月16日。
② 包括玉树、果洛、黄南、海南4个藏族自治州21个县，以及格尔木市唐古拉山镇。
③ 国家发展改革委：《青海三江源国家生态保护综合实验区实验总体方案》。
④ 国家发展改革委：《青海三江源国家生态保护综合实验区实验总体方案》。
⑤ 2005年1月26日经国务院常务会议批准实施《青海三江源自然保护区生态保护和建设总体规划》，其主要建设内容为生态保护与建设项目、农牧民生产生活基础设施建设项目、生态保护支撑项目，总投资75亿元。实施期限为2005～2012年。

与实验。青海省三江源生态环境保护协会、保护国际基金会、山水自然保护中心和青海省林业厅、三江源自然保护区合作开展的协议保护项目,[1]尝试把国家生态保护的投入,与当地牧民社区的自主行动和资源利用结合起来。

(一)关于三江源的草场与牧民

科学界发表的学术论文,通常这样描述:

> 近几十年来,由于气候变化的影响,加之人类不合理地开发利用,如超载过牧、滥樵乱挖、滥采黄金等,造成源区草地退化严重。据统计,目前源区退化草场面积已占到可利用草场面积的26%～46%,严重影响了该地区的生态环境和草地畜牧业的可持续发展,并对其他相关地区的生态安全造成严重威胁。[2]

三江源地区,除了东南部有森林分布外,源区植被以草地为主,主要类型是高寒草甸、高寒草原、沼泽湿地。畜牧业对草原的利用(过牧)在"草原退化"的问题中往往被作为人为因素之首。然而,这些干旱半干旱的生态系统和千百年来在此生活的牧民,早已形成了高原畜牧与天然草原镶嵌的半自然草原牧场生态系统。[3]

事实上,占有全世界陆地面积40%的草原,承载超过地球上任何其他生物群落(如森林)的人口。草原生态系统因其承载大量聚集的野生动物,如北美野牛、非洲角马、欧亚赛加羚羊、青藏高原藏羚羊,成为生物多样性的重要地区。草地生态系统备受人类活动的威胁,如北美大草原自1830年消失了97%,撒哈拉以南的草场更甚。

---

[1] 李晟之:《协议保护——政府主导与社区参与的生态保护新模式》,《中国环境发展报告》2010,社会科学文献出版社,2010。

[2] 樊江文:《1988－2005年三江源草地产草量变化动态分析》,《草地学报》2010年第1期。

[3] Charles Curtin and David Western, "Pastizales, Genteelly Conservación: Intercambios De Aprendizaje Entre Pastores Africanos y Americanos", *Conservation Biology* 22, No. 4 (2008): 870－877.

草原牧区生态系统的管理在全世界都被认为是个"难缠的问题"①，事实上，很多人心目中的草原逻辑，也是往日水草丰美，现在干燥退化，而最多、最容易被指责的就是牧民由于各种外在和内在的原因而过度放牧。

然而，对于三江源这个新建立的保护地，加之高原草原牧区本身的复杂性，首先必须对草原和牧区的历史、生态、社会等问题有清晰的认知。在全世界，对于草原和畜牧社区的研究在过去30年中积累了不少成果。然而青藏高原由于山高水远、人迹稀少、环境艰苦，对草原的研究还非常少。而跨社会、文化、自然、经济的综合分析更加稀缺。

千百年来，当地社区依靠传统资源管理智慧和敬天悯人的高原生态文化，在土地生产力很贫瘠的高原草场上生活，积累了丰富的知识和经验，这些通常是家庭社区口口相传的知识系统，应该认真结合科学方法开展研究。②

（二）梳理三江源生态问题

长期在青藏高原开展工作的蒙大拿学者哈里斯博士，通过对170多篇国内外发表文献的系统分析，发现目前对青藏高原的草场退化的范围和程度所知甚少。③ 这是因为目前大尺度研究缺乏实地的监测，数据的准确度不够，而扎实深入的研究又不能代表整体的状况。此外，对于草场退化原因的分析不够深入和系统，很多都难以站得住脚。虽然过牧看上去对一些草场造成了损害，但是过牧必须在社会生态系统之下研究，才能得到真正解决问题的思路。

哈里斯博士等研究显示，目前被广泛引用和作为草场退化依据的，可以归结为12条原因。包括：①自然气候恶劣、土壤贫瘠，4条气候原因（②青藏高原降水减少导致干旱，③青藏高原气候升温造成草场生产力变化，④冰川退

---

① 王晓毅：《国家视角下的牧民生计与环境保护》，《绿叶》2012年第2期。

② 方冰：《环境正义视野中的藏族牧区生态环境研究》，中央民族大学硕士学位论文，2010。

③ R. B. Harris, "Rangeland degradation on the Qinghai – Tibetan plateau：A review of the evidence of its magnitude and causes", *Journal of Arid Environments* 74, No. 1 (2010)：1 – 12.

缩，⑤永久冻土带的深度和广度减少导致草原退化，⑥小型兽类如鼠兔鼢鼠等破坏草原，⑦过往的草原开发成为农耕地，⑧落后的畜牧业方式，⑨草场承包到户和牧民定居（包括草场围栏）带来的问题，以及 3 条过牧超载论，⑩牧民喜爱牲畜，不愿出栏因为它们是财富的象征，⑪牧区人口增加，⑫目前的社会经济激励导致过牧）。而这 12 条原因中，除了干旱在少数地区造成草场退化、冻土层的原因在一些地区有说服力、农耕在有限地区可以解释草原退化、承包和定居在一些地区的研究可信外，其他的 8 条原因或者逻辑不清，或者证据薄弱，或者无法验证，或者研究太少难以令人信服。

而在这样的研究基础不清楚的情况下，政策的制定更多是基于那些宣布草原破坏已经极为严重，建议禁牧减畜移民的"主流"研究。这些政策制定背后的一般假设是："草原退化是落后的结果"，必须通过现代化"重塑牧民生活"①，为草原生态恢复留出空间。然而，少数对于草原恢复措施实施之后的效果研究也发现，将牧民搬迁和禁牧，在短期内可能看到草场的恢复和绿色，然而曲线上升后很快跌落，因为没有适度放牧的牲畜，同样不利于草原的恢复。

相比起这些主流语言，有时被称为"游牧派"的非主流看法，由中国社科院的王晓毅教授总结为：

> 现代化的过程导致了草原的退化。……并非牲畜过载不会影响到草原环境，而是说当地人会适应草原环境的变化，自动地调节牲畜数量，这比来自外界的干预更有效。……草原的退化很大程度上来自传统知识被削弱。比如定居导致草场利用不均衡，承包和围封导致草场破碎化，农业和矿产业的开发导致草原沙漠化。……干旱半干旱地区的最大特点是气候变异很大，在不同的时间和不同的地点，变化很大，很少有规律可循，为了适应这种变异性，牧民采取了流动的放牧方式。所谓游牧并不是因为落后，而是因为适应自然。……对现在的政策……往往不是顺应自然。……靠技术解决草原环境问题的观点是将复杂问题简单化，其结果很可能是草

---

① 王晓毅：《国家视角下的牧民生计与环境保护》，《绿叶》2012 年第 2 期。

原被权力和资本所绑架。如果是这样，那么，不仅草原不能得到保护，而且与此相伴随的文化会消失。①

这些见解也受到世界上其他国家草原研究的影响，在提法上很有感召力，一些学者从"环境正义"的角度出发的研究，② 可以部分说明目前的草场政策的极大缺陷和牧民难以选择的困惑。然而落在草原生态的层面上，游牧派也需要在实践中拿出具体的证据和案例。

草原牧区的生活无论是由于外来的经济社会条件的变化，还是内在的动因，都在发生难以逆转的变化。有很多驱动的原因并不在于畜牧政策本身。比如在玉树县云塔村的调查显示：2008 年村小学撤销之后，孩子们必须到相距几个小时车程的乡里（小学）或者州里（中学）读书。这让牧民家庭的生活方式改变。通常由小孩子放牧的绵羊在三江源牧区已经很少见到，很多牧民考虑移民的原因是陪孩子上学或者寻求更便利的医疗条件。而这些综合性的研究还非常匮乏。在这样的情况下，如何在传统畜牧业和游牧习惯以及现代科学与管理之间找到一个新的平衡点，必须综合考虑环境、经济、社会、文化的多重原因。生态保护政策的实施效果与此直接相关。

（三）三江源保护的工程措施

保护三江源的政策设计，信息主要来自《青海三江源自然保护区生态保护和建设总体规划》。③ 这个综合项目的实施情况，其具体信息主要来自新闻稿。④

截至 2012 年，项目完成了退牧还草 5671 万亩、黑土滩治理 138.4 万亩、鼠害防治 8796.5 万亩、退耕还林 9.81 万亩、封山育林 292.01 万亩，还有沙化土地防治、湿地保护、水土保持、灌溉植草的阶梯建设、建设养畜。工程计

① 王晓毅：《国家视角下的牧民生计与环境保护》，《绿叶》2012 年第 2 期。
② 方冰：《环境正义视野中的藏族牧区生态环境研究》，中央民族大学硕士学位论文，2010。
③ 杨巴：《三江源自然保护区生态保护和建设综述》，《青海日报》2006 年 12 月 10 日。
④ 何伟：《青海探索建立三江源生态补偿长效机制》，新华网，2012 年 11 月 12 日。

划移民 10142 户 55774 人，减畜 459 万羊单位，已经基本完成。

2010 年青海省邀请中科院地理所进行项目成效评估，评估报告的结论是：

> 通过工程建设三江源区生态系统宏观结构局部改善，草地退化的趋势初步遏制，草畜矛盾趋缓，湿地生态功能逐步提高，湖泊水域的面积明显扩大，水土保持功能开始提升，严重的退化区生态开始恢复，重点治理区状况好转。[①]

然而，对于是否通过工程项目的实施抑制了草原的退化这个关键问题，由于缺乏准确的数据，也没有足够的监测站点，因此难以准确地回答。在治理的黑土滩区域，局部有明显的好转。而整个区域的变化，由北京大学自然与社会中心作出的"三江源保护区 2005～2011 植被指数变化"分析表明，三江源保护区的植被有 93.1% 没变化，5.0% 变好，1.9% 变差。青海省生态环境遥感监测中心的结论由于分析方法稍有不同，变好的是 3% 多一点，变差的是 0.8%。因此，该中心给出的保护成效的结论是：

> 生态系统退化趋势得到初步遏制，重点生态建设工程区生态状况好转，生态建设任务的长期性、艰巨性凸显。[②]

然而这些结论，仍然难以回答变好和变坏到底和工程项目实施有什么样的关系，局部问题的缓解与整体解决有什么样的关系。最关键的是，面对高原不同地区不同的气候、生态、社区畜牧管理方式等异质性，草原保护如何因地制宜，一刀切的草场政策是否可行。

分析起来，对于青海省这个 86% 的财政都来自中央投入的生态大省来说，一边建立扎实的保护体系，一边争取中央财政长期的投入都很重要。短期的项目难以评估真正的成效。因此，虽然青海省提出"生态立省"，也做了很多宣

---

① 刘纪远、邵全琴、樊江文：《自然保护区生态保护和工程建设建议——以三江源生态建设工程为例》，http：//www. cas. cn/xw/zjsd/201212/t20121210_ 3702250. shtml。

② 田俊量：《生态监测体系建设在实验区体制机制创新中的作用》，《攀登》2012 年第 3 期。

传工作，但是目前的生态状况转好还是转坏，尤其是草原的变化，还难以用工程措施的影响解释。评价保护成效必须有长期扎实的监测作为基础。监测的主体可以是真正了解草原的当地社区，这就需要很好的能力建设。后文中将再做阐述。

从长效机制上看，青海省 2010 年 10 月出台《关于探索建立三江源生态补偿机制的若干意见》① 和《三江源生态补偿机制试行办法》② 可能是个好消息。

（四）政策的空缺和"项目经济"的窘境

由于项目周期有限，项目的设计中又缺乏证据的支持，目前实施的一些项目措施已经出现了明显的弊病。

针对生态移民的现状研究表明，基层政府和牧民普遍反映，为促进草场的禁牧保护，牧民搬迁下来之后产生了极为复杂的问题。如后续产业发展困难，移民生活贫困。由于三江源区域生产结构单一，加之农牧民劳动力素质等方面的原因，发展后续产业难度较大，很多移民每年只能靠补偿金来生活，生活压力很大。移民社区的管理不到位，导致社区秩序混乱，公共设施缺乏维护。新移民由于户籍身份等极易被地方政府所忽视。移民的配套服务发展缓慢，造成就医、教育、养老等问题，基本生产生活得不到保障。而且，搬迁禁牧草场是否恢复，成效评估很难，因为禁牧后的草场监督不到位，禁牧执行难以保证，甚至有牧民反映牛羊出来之后，鼠兔开始进入，反而加速了草场退化。

对于退牧还草项目，调研中牧民代表普遍反映目前的禁牧实施补偿金额较低，远低于市场价格；玉树州也有牧民反映，在完全禁牧的区域，草场在补偿生长之后，难以达到预期的恢复效果。很多牧民提出可以根据草场恢复和生长的状况，每年分时间、分区域地进行规划放牧管理。

果洛州玛沁县一位不愿透露姓名的干部反映，目前三江源生态保护管理体

---

① 《青海省人民政府关于探索建立三江源生态补偿机制的若干意见》，百度百科。

② 卢海、吴忠：《青海省倾力建立长效稳定的三江源生态补偿机制》，《青海日报》2012 年 10 月 27 日。

制已经严重不适应三江源生态保护的需要，影响了生态保护和管理的工作。由于缺乏统一的协调和管理，很多项目建设资金都是分部门拨付，项目资金额度一般较小，导致基层政府监管成本增加，还需要地方财政配套，因此执行起来比较困难，达不到效果。县乡级的基层政府对于这样的"项目"也可能积极性不高。

这些都反映出，如果没有长期的目标和管理机制体制的支持，短期的项目设计可能花了钱却达不到效果。

无论草场研究的进展如何，长效机制可否短期内建立，从目前的项目实施效果可以看出：一刀切、自上而下的政策设计无法解决三江源草原问题，反而"上有政策、下有对策"，基层的真实情况和整体分配调拨的资金不符，上下信息不能通达。保护三江源，必须有体制机制的创新。新的"生态实验区"为这样的创新带来可能。

（五）必须制止破坏三江源的行为

在三江源，对于开矿的做法虽然还没有系统深入的全面调查，但是每当我们的生态研究小组深入三江源腹地，常有当地的村干部，有时还有乡县级退休干部和有知识的人士来反映开矿的危害。

署名"青海省玉树县小苏莽乡的牧民群众"于2010年3月17日发出一封上访信，信中说：

2003年，一家不愿透露实名的公司……来到玉树县小苏莽乡扎秋村境内。……打着勘察……的虚假旗帜，利用……部分公务员……打压老百姓……运进大量的炸药和机械，前后五年间进行了无节制的开矿挖掘。扎秋村境内的草甸和草山遭受了大面积的破坏，导致许多牧户无处放牧生存。此后，相继出现了当地人畜由于铅矿污染而造成死亡现象。……由于滥用用于开采的化学物质，使得村里出现了严重的母子健康问题。……近几年村里的年轻妇女们无法正常生育，90%多的婴儿或是畸形或是死于非命……开矿时炸药伤及村民……一位村名失去了左手的三个手指，生活完全失去自理能力，给他及他的家庭带来了一生的灾难。……

在玉树从东到西的 6 个县：玉树、囊谦、称多、杂多、治多、曲麻莱，各种矿产开发仍在进行。由于开发主体极其混乱，举证和调查受到诸多因素的影响，已知造成环境、社会危害和矛盾的矿产项目有 20 多处。这些矿点的项目主体从跨国公司到私人老板都有，法律证件大多不全。很多业主以探矿的名义开采。开采的过程没有和村民充分协商，甚至动用地方的官方关系压制村民的质疑和反对；环境管理极其薄弱，污水的排放破坏了牧场和饮用水源，直接影响村民健康；直接占据草场影响畜牧业，开矿过程粗暴，补偿不到位，对牧区社会稳定带来很多负面影响；开矿结束之后不予复坑，开矿地点涉及当地的神山圣湖。

在 2011 年北京大学召开的"三江源论坛"上，曲麻莱县措池村书记嘎玛面对台下几百名参会者说出他们心中的"未来和希望"：

牧民不要搬出草场

草场失去了主人，什么样破坏的人都可以进来

最怕的是开矿

牧民的保护权应该持续

这是来自三江源当地人的真实愿望。[①]

（六）从雪豹研究看三江源的野生动物保护实践

在中国的大部分地方，由于人类活动的干扰，尤其是捕猎等行为，让大型野生动物踪迹难寻。在《动物世界》里看到的大批动物迁徙集群的场景，似乎只有在非洲草原才会上演。然而，三江源却是少为人知的野生动物的天堂，

① 除了矿产开发外，水电也逐渐进入。2010～2011 年，14.23 万平方公里、18 个保护核心区的三江源自然保护区悄然调区。调区的计划和内容无从具体查证，但是从基层收集的信息表示，这样的调整和为水电矿产开发让路有直接关系。无论是"美丽中国"还是"生态立省"，在这样的情况下，如何守住生态底线，还有很长的路要走。

这里的野生动物有兽类 85 种、鸟类 238 种、两栖爬行类 15 种。

从 2009 年开始的雪豹野外研究工作①生动地呈现了三江源的生态价值。北京大学博士生李娟研究②发现,三江源的雪豹种群数量仍然相对稳定,2011年 365 天的 6 台红外相机捕获到 145 张雪豹影像,是全部 485 张食肉动物照片中比例最高的,和雪豹同领域分布的野生动物还有狼(106 张)、棕熊(14张)、赤狐(81 张)、藏狐(44 张)、兔狲(16 张)、石貂(6 张)、岩羊(891 张)。在中国,由于捕杀和栖息地丧失,很多森林和草原都丧失了生机,表面的绿色之下,兽类难寻其踪。食肉兽更为稀缺,因为它们需要健康的食草猎物种群维系。中国的 13 种猫科动物几乎都已濒危,大中型的虎豹、云豹、金猫等更是区域性灭绝。令人欣喜的是,在三江源的腹地,仍然有雪豹需要的大面积、连续的栖息地,其主要猎物岩羊(一只雪豹约需 200 只岩羊种群)的种群也较为稳定。雪豹作为生物链顶级的旗舰物种的存在,意味着生态系统的稳定。

雪豹目前面临的直接威胁,主要是开矿和修路对其栖息地的侵占。尤其是开矿的地点,和雪豹栖息地有很多重合。另外,由于还不清楚的原因带来的各种变化,在一些地区,雪豹开始捕食牛羊等家畜,当地的牧户损失很大。而2010 年 5 月在囊谦有一只雪豹连续吃了一户人家 3 头牛(在市场上卖几万元),后来一大两小 3 只雪豹在洞里被牧民用烟熏死。

此外,从宏观尺度看,雪豹是需要大面积连续栖息地的物种(最小存活种群需要 1900 平方公里)。经过李娟博士的分析,③ 这样的栖息地在中国有 34块,最大的一片就位于三江源西部,玉树的杂多、治多、囊谦等面积达 4.3 万平方公里。然而这些地区只有不到 1/3 在保护区的庇护下。三江源保护区的

① 北京大学自然与社会中心和山水自然保护中心主持,青海省林业厅、国际雪豹基金会、Panthera 大猫基金会等支持,在三江源区的玉树、果洛等地长期开展雪豹、棕熊等旗舰物种的生态学、保护生物学研究。

② Juan Li et al., "A Communal Sign Post of Snow Leopards (Panthera uncia) and Other Species on the Tibetan Plateau, China", *International Journal of Biodiversity* (2013): 1 – 8, doi: 10.1155/2013/370905.

③ 李娟:《青藏高原三江源地区雪豹(Panthera uncia)的生态学研究及保护》,北京大学博士论文,2012。

18 个保护分区覆盖了约 3.8 万平方公里的雪豹适宜栖息地，然而重要雪豹栖息地中还有 80% 没有被核心区覆盖。随着科研的深入，如何调整保护范围将成为重要的问题。

图1　在玉树治多县索加地区，红外相机捕获到的雪豹影像

其背后是典型的三江源高山草甸与雪豹栖息的裸岩地貌。（拍摄者：北京大学、山水，红外触发相机）

这些被称为"肇事野生动物"，包括雪豹、棕熊、狼等，对人畜都有威胁。而政府虽然制定了相关补偿办法，[①] 但是如何规避风险、取证、判定危害等仍然是个难题。2011 年，山水自然保护中心与玉树州囊谦县林业局合作，在三江源建立了第一个试点的人兽冲突补偿基金，并参与式地制定了详细的管理办法：

保险投资总额 4.1 万元。基金覆盖前多大队的牛日哇 1、2 社和地来

---

① 青海省人民政府 2011 年第 81 号令《青海省重点保护陆生野生动物造成人身财产损失补偿办法》。

可社。参加村民根据每家牦牛数投保，保额为每头牦牛 2 元钱，针对雪豹、狼等食肉类野生动物吃家牦牛的保险理赔。案件需经过囊谦县林业局、贡雅寺寺庙、村"冲突保护"委员会三方共同确认。项目开展前村里 39 户每年平均损失牦牛 3 ~ 4 头。2011 ~ 2012 年共赔付 66 头，总额 22160 元。在此过程中村民积极参与并且和林业局、寺庙的合作顺利，打破了原有的自上而下管理、自下而上躲避的局面。

这些基于实践的经验还很初级，也很稀缺。只有在不同地域开展多种实验并总结分析，对于探索三江源政策如何落实才有帮助。

二 共同创造三江源的新希望

（一）牧民社区的作用——增益而非抑损

最早开始三江源保护和呼吁的哈希·扎西多杰（扎多）[①]，在和几十个村子进行的深入访谈和调查中也发现牧民的逻辑与出发点，和外来的政策设计者的迥异：

> "经过讨论，牧民说'环保'不好，因为'环保'让我们和草原分开了。"
> "三江源是外界的说法。我们这里只有草场，没有三江源。"
> "藏野驴？那不是全世界都跑的动物吗，很稀罕吗？"
> "其实，整个世界从开始存在的时候就有狼，有棕熊，也有人，谁都不希望有天敌存在吧，但天敌确实存在了，狼吃羊对牧人生活是有影响的，但又是自然的，就像是一个圈圈一样，狼、羊、人、草原都在这个圈子里，都是里面的一部分，都是自然存在的东西，我们没道理把狼都杀掉。"
> "以前听活佛说，如果不好好做人、做善事的话就会有各种报应，现

---

① 哈希·扎西多杰是青海省三江源生态环境保护协会秘书长，20 世纪 90 年代野牦牛队成员。

在我常常会想起这些话。就像现在老鼠越来越多；是不是就是因为人放毒药灭鼠灭的？草越来越没营养是不是就是人杀野生动物的结果？草场越来越差是不是因为人变懒了，都不转场游牧了？"

通过对上百户牧户的访谈，扎多认为三江源是一个"非平衡的"、具备"整体生态观的"、有"独特社会文化体系"的高寒草原生态系统。把牧民、畜牧和鼠兔作为草原破坏者，而通过生态移民（人草分离、定居）、减畜（控制数量、草畜平衡、休牧禁牧、退牧还草等）、灭鼠（人工灭鼠工程）的措施，可能带来草原局部改善而整体文化—生态—社会环境恶化的局面，原有的传统牧区公共管理职能减弱，社会更加分散而"原子化"。

尤其需要注意的是，寺庙在自然保护中起到关键作用。[1] 很多高僧大德通过法会向群众讲解保护野生动物、爱护众生的观念。2010 ~ 2012 年，北京山水自然保护中心和北京大学的雪豹项目在囊谦县举办的万人法会上，看到当地活佛用很长时间讲解爱护自然的道理，并像要求大家戒烟戒酒一样，不伤害野生动物。青海省委党校的马洪波教授也在他的社区访谈中发现了寺庙在宣传教育中的作用[2]。

如何让社区优良的保护传统和爱护自然的文化有机地结合到三江源的保护中？三江源保护对于社区，应该"抑损"——防止破坏，还是可以"增益"（社区保护都受益）？在新出台的《三江源生态保护综合实验区》的方案中，明确了"尊重文化、保护生态、保障民生"三条基本原则，并且强调"设立生态管护公益岗位，发挥农牧民生态保护主体作用"，"鼓励和引导个人、民间组织、社会团体积极支持和参与三江源生态保护公益活动"。方案中鼓励创新"坚持生态保护、绿色发展与提高人民生活水平相结合，科学规划，改革创新，形成符合三江源地区功能定位的保护发展模式，建成生态文明的先行区，为全国同类地区积累经验、提供示范"。这些原则，都将矫正以往的保护政策对于牧民采取抑损的策略而走向增益，寻求新平衡的方向。

①　方冰：《环境正义视野中的藏族牧区生态环境研究》，中央民族大学硕士学位论文，2010。

②　马洪波：《协议保护能否承载中国的环保重任》，《学习时报》2009 年 10 月 12 日。

（二）综合实验区政策的解读

针对三江源生态保护综合实验区提出的令人鼓舞的原则，2012 年 4 月，在青海省行政学院召开了"三江源的新希望：走向绿色经济与治理"主题研讨会。① 这可能是对三江源政策最为跨界的一次研讨，请来了青海省内外 20 多家高校、科研机构和政府部门的专家学者和实践者对话。会上有一些令人印象深刻的讨论：

（1）三江源的保护不适合一刀切的草原政策。

（2）对于三江源必须建立长期的生态与综合学科的研究平台和监测体系，需要吸引在其他草地生态系统的管理方面有长期积累的科学家和实践者参与，补充目前研究人才的不足。

（3）三江源山高水远，从政府管理者的角度出发，有效地实施保护需要结合自上而下的政策与资金，和自下而上的全民参与方式；把政府引导与社区主体两种作用有机结合起来，使当地群众成为保护主体。

（4）连接保护资源和社区受益的桥梁，就是生态系统有偿服务；三江源为当地牧区和下游乃至全球提供的生态系统服务价值非凡，必须建立长效的生态补偿机制促进良性的正向循环：保护者成为服务的提供者得到认可和鼓励，享受服务者和资源利用者（如矿产等）提供长期的资金支持，政府作为公共管理者设定评估指标、管理标准并提供技术和能力建设等支持。

（5）保障三江源的长期生态安全，要避免项目经济的短期行为，对三江源的投入和支持应该至少以 30 年为单位，而非在 5 年的项目期内满足短期的指标；毒杀鼠兔、草场围栏、生态移民等干涉措施社会和文化影响深远，保护效果不明显的做法应该认真评估，避免为了达标而忽略项目设计初衷和效果的做法。

（6）将保护生态环境落到实处，首先要制止目前的破坏行为。如果三江源目前的矿产和水电不能真正遵守实验区和保护区的规定，上下结合的保护也

---

① 省三江源生态保护与建设办公室、省行政学院、省林业厅、北京大学自然保护与社会发展研究中心主办，省生态环境遥感监测中心、北京山水自然保护中心协办。

将难以建立长久的信心和取得预期效果。

（7）发展长期持续的"绿色经济"，需要在教育、医疗、基础设施的投入上，尤其是对在地的牧区人口，应该提供高质量的综合公共服务。对于生态旅游、生态产业应该加以长期的扶持。这些投入最终会保障牧区人心和人才的稳定。

（三）实践出真知

好的认知和政策，必须要在实践中检验。尤其是针对三江源这样地域广大、人口稀少、草原的稳定性和退化程度在不同地区情况不一样、当地的传统文化和宗教及自然资源管理的知识又息息相关的地区，只有从社区中来的实践总结，才能最终呈现"新希望"。值得提及的民间实践，包括民间和政府部门合作的实践活动，虽然开展的范围还很小，但是很有借鉴意义。

案例一：生物多样性本底调查

目前，在实地开展的对三江源生物多样性的研究和监测还非常少，三江源保护区的家底不清楚，直接影响保护行动设计的针对性。2012 年 8 月，第一次三江源生物多样性调查于 2012 年 8 月由阿拉善 SEE 基金会资助，青海省三江源国家级自然保护区管理局、北京大学自然保护和社会发展研究中心、IBE 影像生物多样性调查所和山水自然保护中心联合开展的三江源生物多样性快速调查（简称 RAP + ①调查）正式启动。这是三江源首次开展生物多样性的综合本底调查，预计为期 3 年，2012 年第一次调查在自然保护区的两片核心区——通天河沿核心区和索加－曲麻河核心区进行。

近 20 天的野外调查取得了一些初步成果：科学家们目击了 7 只次雪豹，其中有两只母雪豹各带了两只幼崽，极为难得；雪豹的主要食物岩羊的密度达到 20 只以上每平方公里，居世界岩羊种群密度的前茅；观察到兽类 20 种、鸟类 76 种；草地状况因地而异，退化与恢复的趋势并存，对

---

① RAP 是 Rapid Assessment Program 的缩写。RAP + 加入了影像、社区调查等方法，其结果更利于向当地和外界的公众传播。

地上和地下生物量的检测发现，以往的研究中对地下生物量的估计大大偏低，为草原碳汇的潜力评估提供了基础；对包括鼠兔的小型兽类的观察发现，鼠兔既是三江源所有食肉兽类和鸟类动物的食物组成，又为多种鸟类和昆虫提供居所，其洞穴周边的植物多样性丰富，鼠兔更有可能是草地退化的产物而非原因，因此毒杀鼠兔可能带来连锁的负面影响。无论是动物还是草原，目前急需开展大范围的定点实地监测。

案例二：研究社区资源管理方式，探索村民资源管理中心

玉树县哈秀乡云塔村，毗邻通天河。全村三个社共 123 户 465 人，以前全部为牧民。1984 年草畜承包时，根据承包有 46 个草原证。现有 50 户牧民已经脱离草原，仍然从事牧业生产的有 73 户，他们的草原证有共用、流转等多种方式。

云塔是玉树州最好的冬虫夏草产地之一，玉树的虫草收入已经占到生产总值的一半以上。[①] 虽然草原已经承包到户，但是虫草资源是全村所有——社内的村民可以在全社范围内挖虫草。而外来涌入的"虫草民"需要向村里缴纳草皮费，以购买采挖权。

在云塔，虫草季节之前的 4 月，全村的代表坐在一起协商确定草皮费的方案，以及采挖虫草的村规，包括不允许乱扔垃圾等环保的规定，监管外来人员等。草原是公共资源，全村都关心，都不希望破坏，乱采滥挖会影响第二年的产量。

在利益分享方面，所获得草皮费在全社内分配，分配标准为：先拿出全部草皮费的 20% 分配给拥有 1984 年草原证的 192 人，剩下的 80% 再在全社进行平均分配，即 1984 年有草原证的人可以多分到草皮费的 20%。社区有能力就复杂的产权和分配问题进行公开的讨论，并制定出合理可行的内部分配规则。如果草原保护和生态补偿经费也以此方式实施，那么在村中完全可以成立一个"社区资源中心"，通过公平议事，负责村中草场资源的管理，并相应分配财

---

① 2010 年虫草收入 16 亿元（按总产量 20 吨、每斤平均 4 万元估算），当年全州生产总值为 31.9 亿元。

政拨付的草场补偿经费。相比起一刀切的草畜平衡或禁牧还草等政策，这更可能在村中实现保护草原的初衷。

图2　2012年虫草季节之前，云塔居民讨论收费标准和村规（赵翔摄）

案例三：人才培养，青年研修生培训计划

由于撤村并校、定居移民等措施，基础教育在牧区推行，带来生活方式的改变。2004年面向西部偏远地区推行"两基工程"，即基本普及九年义务教育和基本扫除青壮年文盲。从那时起，牧区孩子们要去乡里上小学，中学则只能到县里或者州里。6～7岁的孩子原本承担放牧羊群的任务，现在劳动力不足，玉树已经少见绵羊。很多家人放弃放牧，为上学的孩子陪读。

然而，这些中学生甚至大学生毕业后，作为年轻人，除了考公务员或者教书，并无太多其他就业的选择。回去放牧已经不是年轻人的诉求，因而出现了图3中的情形。在每一个乡镇、县城、州府，都可以看到大批年轻人聚在街上打台球。三江源急需人才，生态保护、环境监测、生态产业发展、旅游、创业，都是青年人的就业机会。

图 3　在新建的人草分离的牧民定居安置区前，年轻人无所事事地
骑着摩托车的场景，已经成为三江源的一道"风景"

从 2011 年开始，北京自然山水保护中心、北京大学开展"三江源青年潜力研修生"项目，把三江源当地的藏族和外来的被三江源风景吸引的年轻人集合在一起，进行综合的生态、社会、历史、文化等多种实践技能的培训，加之一年的野外实习。为年轻人授课和指导的，包括专家学者、政府官员、当地乡镇和村中的热心人士。青年人们的经历和收获，在不少场合都进行过分享。①② 这个项目不仅为三江源提供了人才（很多青年人留下来工作），而且增进了三江源和外界的沟通和了解。

我们希望看到越来越多的能力建设的机会出现。

案例四：年保玉则生态保护协会——用本土方式保护藏鹀和生态环境

年保玉则生态协会　于 2007 年 12 月成立，目前有 15 个工作人员和 63 个协会会员，参与协会的是热爱自然关心家乡环境的牧民、僧人、教师、农民、公

---

① 杨广辰：《在藏区做研修生》，《青年环境评论》，2012 - 11 - 21，http：//www. greenyouther. org/page/？ id = 1104。

② LEAD 中国学员网络 2012 年夏季活动"LEAD China"，http：//www. lead. org. cn/？ p = 1282。

务员、学生。协会的主要工作是监测雪山、冰川、湖泊，以及动物、植物和物候变化。协会还通过建立保护小区等形式，保护濒危的野生动物，如藏鹀、黑颈鹤、水獭、雪豹、白马鸡等。他们还开展了创新的环境教育——结合传统文化＋佛教知识＋现代科学知识。

年保玉则协会长期观察、监测和保护的小型鸟类藏鹀，2012年"升级"成为当地的神鸟。通过协会挨家拜访解释，当地23座不同教派的寺院的活佛为画着藏鹀的唐卡签名，赋予它独特的保护地位，并成为当地为之

图4　年保玉则生态保护协会请23位活佛为藏鹀唐卡签字，藏鹀成为当地神鸟，巩固了其被保护的地位（年保玉则生态协会摄）

自豪的保护标志。三江源保护神山圣湖的基础,① 在年保玉则被继续深化和
演绎。

图5　公路边的藏鹀保护手绘宣传画和藏鹀保护小区的标志（年保玉则生态协会摄）

图6　三江源国家级自然保护区工作人员向牧民颁发巡护证后的集体合影

---

① 申小莉:《中国西部自然保护的新探索》,《中国环境与发展评论（第三卷）》,社会科学文献
出版社，2007。

案例五：协议保护，村民参与监测

在青海玉树州曲麻莱县曲麻河乡措池村的协议保护项目，[①] 通过民间机构的协调，社区和政府签署保护协议，政府保障社区保护的权利，并提供设备资金等进行支持。措池村最早从 2007 年开展的项目已经实施了 5 年多。这 5 年，措池村没有垃圾，没有盗猎野生动物的情况，赶走开矿和打猎的人，并获得了乡、县乃至国家的认可。协议保护作为政府授权、社区实施的模式，也被研究和推广。

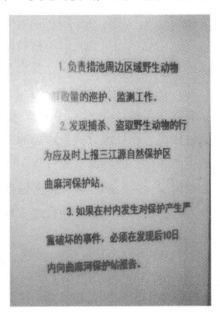

图7 三江源自然保护区管理局授予措池村的巡护证（宋瑞玲摄）

总结 5 年的成效，当地牧民容易做且能持续做的就是社区监测（包括野生动物和物候监测），社区通过监测自己家乡的环境和变化，自身也发生了一些变化。

（1）社区的保护意识得到了明显提高，通过长期的监测发现野牦牛的栖息环境较为恶劣、栖息地草场质量较差，当地社区通过协商在 3 年时间里逐渐

---

① 李晟之：《协议保护——政府主导与社区参与的生态保护新模式》，《中国环境发展报告（2010）》，社会科学文献出版社，2010。

为野牦牛让出 12 块草场，使得生活在这一地区的野牦牛栖息环境有了明显改善，野牦牛的活动范围也明显扩大。邻近措池的索加乡治多县之前没有野牦牛，通过栖息地的扩大，在治多县境内发现了野牦牛。

（2）通过长时间的监测工作，牧民对于当地野生动物资源的种类及分布有了进一步了解，能够清楚地掌握各个地区、不同季节所分布的野生动物的种类及部分种群数量；这也给牧民带来自豪感。

在实验区方案中，牧民的公益生态岗位将成为下一期工作的重点。这些岗位如何设立、牧民的草场和野生动物监测、如何与科学的生态监测结合、如何与社区的升级和草场管理结合，都将是需要深入探讨的。

目前，在三江源生态保护协会的帮助下，整个曲麻河乡（包括了措池、勒池、多秀和昂拉 4 个村）希望成为"生态文明示范乡"。生态文明将落实在：通过牧民合作社等方式发展当地畜牧产业，提高当地牧民经济收入，改善牧民的生活条件。曲麻河乡也计划在所辖的 4 个村子每个村先选出 200 个生态管护公益岗位，为后面方案的提前做准备，最终让家家户户通过参与社区保护提高收入。相信只要机制体制合理，基层的智慧就能发挥出来。

三 结语

三江源是中国和世界的瑰宝，这个地区仍然较为完整的生态系统和生物多样性，仍然少为外人所知。保护三江源是保护中国最后、最珍贵、最美的地方。新的希望需要跨界合作，借助好的政策原则，由三江源内的人民和外部的技术、科学、产业等力量配合，通过实践，共同创造。

New Hope for Protecting Sanjiangyuan

Sanjiangyuan Project of Beijing Shan Shui Conservation Center

Abstract：China's rapid economic development has been systematically encroaching on the country's ecological bottom-line. In order to safeguard

Sanjiangyuan—source water of Yangtze, Yellow and Mekong Rivers, also China's second largest National Nature Reserve, we need solid science, respect and understanding of the mosaic highland rangeland-pasturing system, as well as culture and endemic knowledge on natural resource management. Experiments and practices at all levels are needed to provide solutions to the existing one-size-fits-all rangeland management policies aiming at reversing the trend of degradation. Such policies and vast investments often result into illusive conservation. November 2011, the "Sanjiangyuan National Ecological Comprehensive Experiment Zone" was approved by the State Council. With such principles as "respecting culture", "protecting ecological environment", "ensuring local livelihood benefits", the Experiment Zone aims to encourage conservation rights and roles of the local nomads and villages, encouraging civil society participation, as well as innovating infrastructural changes. These top-down policy design, in combination with the various bottom-up community-based experiments on mobilizing and providing incentives for local people to act, are exhibiting new hope for Protecting Sanjiangyuan's ecological environment. This article introduces natural and social background to Sanjiangyuan's environment conservation, analyzes existing issues and previous policies and their ambiguous conservation outcomes. An outlook is provided on how to maximize the opportunity provided by the new Experiment Zone, in light of the many civil society-led local practices to convert local protectors into ecosystem service providers and payment beneficiaries.

Key Words: Sanjiangyuan (Source Water of Yangtze, Yellow and Mekong Rivers); Ecological Bottom-line; Ecological Experimental Zone; Community-led; Social Innovation and Infrastructural Change; Conservation Incentive Agreements

G.10
旅游开发乱象中的生态
退化与文化缺失

沈孝辉*

摘 要：

　　旅游产业被许多地方政府视为经济发展的新引擎而获得强烈推动。在黄金周长假我国各大旅游区游客爆满推动的"门票经济"背后，本属于公共资源和公益事业的各类保护地已经被利益部门据为自己的摇钱树。许多景区、景点已被现代古迹、人造山水、旅游地产以及奢华的基础设施所充斥。自然生态失去了原真，传统文化受到了破坏，原住民的权益遭受侵犯。笔者认为，当务之急是引入生态学的研究和生态旅游的成功经验，为我国旅游业的健康发展提供科学的基础。

关键词：

　　生态旅游　环境容量　破坏性建设　生态学思想

　　中国已经是世界上最大的国内旅游市场。以人均每年在国内旅游两次计算，中国至少创造2.85万亿元的消费大蛋糕，为GDP作出6.05%的贡献。①但中国的旅游存在很大的问题。地方政府用行政力量推动的掠夺式的旅游开发，不仅造成资金的浪费，而且导致人文生态与自然生态的真实性和完整性的双重破坏。在景区景点之中，那些仿造的古迹、人工的山水、奢华的饭店及低

---

* 沈孝辉，中国人与生物圈国家委员会委员，国家林业局高级工程师。长期从事保护地、森林、湿地、荒漠化和野生动物保护生物学的研究与环境保护活动。

① 《2012年中国休闲发展报告》，社会科学文献出版社，2012。

俗的表演，都违背了国际上通行的生态旅游、低碳旅游和可持续旅游的基本思想与原则。

当下，国际上不乏生态旅游、低碳旅游和可持续旅游的成熟经验和成功模式，而在我国尚处于基本概念的明确和宣传普及阶段，只有少数先行者勇敢地闯出了付诸实践的第一步。我们相信，这种全新的旅游思想与原则，不仅可以有效消除我国旅游开发与旅游市场的乱象，促进经济社会与环境保护的良性互动，而且是建设生态文明的美丽中国的重要标志。

一 弊病丛生的"门票经济"

2012 年，就在"中秋—国庆"长假期间，有网民在微博上如此描述全国各大景区爆满以至于纷纷告急的空前"盛况"：

> 华山栈道万人滞留，丽江游客一房难求；
> 大梅沙海滩人多得看不见沙子，西湖断桥见得人见不得桥；
> 故宫人山人海，满目人头，长城不分内外，全是人脚；
> 鼓浪屿遭人潮"沦陷"，三亚海滩被垃圾"填埋"；
> 九寨沟夜深沉路堵得纹丝不动，长白山大白天车上不去人下不来；
> 连续作战，月牙泉的骆驼活活累死，为拾垃圾黄山环卫工冒险探身悬崖……

全国纳入监测的 119 个直报景区在 8 天长假期间共接待游客 3424.56 万人次。这一数字反映出旅游拉动消费的超强力量。而人群的爆棚再次提出管理缺失问题：为何景区不能根据环境容量和服务承载力来限制人数？为何许多地方只顾着坐收门票？

从总体上看，我国风景名胜区、自然保护区、世界遗产地和国家公园（以下简称"保护地"）的门票价格偏高。近年来又不断上调，引发诸多的质疑和批评。正如住建部总规划师唐凯所言："有些风景名胜区存在的问题触目

惊心，在利益机制驱动下，风景名胜区成了'唐僧肉'。"①

许多保护地的票价已然步入"百元时代"：三峡大坝 105 元、天柱山 110 元、白帝城 120 元、纳木错 120 元、泰山 127 元、武夷山 140 元、神农架神龙顶 140 元、曲阜三孔 150 元、峨眉山 150 元、雁荡山 179 元、云台山 180 元、华山 180 元、普达措 190 元……

更有不少朝着 200 元时代"阔步"挺进：九华山 200 元、布达拉宫 200 元、黄龙 200 元、黄山 230 元、张家界 245 元、张家界天门山 250 元、九寨沟 260 元、雅鲁藏布江大峡谷 270 元……

在旅游局公布的国内 136 家 5A 级景区中，票价达到或超过百元的有 94 家，达到或超过 200 元的有 26 家。如果门票再加上观光车、索道车、游览船以及"园中园"的额外门票，我国保护地的旅游费用之高昂令人咋舌。据统计，仅门票水平占人均 GDP 的份额便高居世界第一。② 我国保护地门票价格超高，但管理和服务严重滞后，以至于韩国《先驱经济》刊文称，中国景点是"一流价格，三流服务"。③ 游人抱怨门票这么贵，但景区内连个椅子都找不到……

不可思议的是，一些佛门圣地打着旅游的牌子，披着保护的"袈裟"，也要收费。曾被住建部国家风景名胜区保护管理执法检查综合评分不及格的山西五台山，门票高达 235 元。更不可思议的是，我国四大佛教名山不仅坐收高额门票，而且争相上市，谋取利益的最大化。早在 1997 年，峨眉山旅游股份有限公司就已经在深圳主板挂牌上市，尝到资本市场的甜头。不久前，普陀山旅游发展股份有限公司举行了揭牌仪式，已经开展了从拟订上市方案到资本整合等大量的上市前的准备工作，并争取在两年内上市，预计募集资金达 7.5 亿元以上。④ 安徽九华山旅游发展股份有限公司曾于 2004 年及 2009 年两度上市未

① 文静：《住建部表示风景名胜区票价将回归公益性 长远看可免票》，《中国青年报》2012 年 12 月 5 日。

② 文静：《住建部表示风景名胜区票价将回归公益性 长远看可免票》，《中国青年报》2012 年 12 月 5 日。

③ 崔宪奎：《中国部分名胜古迹门票价格一流，服务三流》，韩国《先驱经济》2009 年 5 月 7 日。

④ 赵晓辉、陶俊洁：《佛教名山争相上市 清净之地引来是与非》，新华社，2012 年 7 月 3 日。

获得批准，但九华山越挫越勇，仍积极努力准备第三次闯关 A 股。至于五台山的上市工作，已被列为当地政府重要工作之一，正在"有序推进"。山西忻州市有关领导曾公开表示，有望两年内实现。

佛门即为净地，信仰不可买卖，市场本应到此止步。四大佛教名山或将齐聚资本市场的未来图景堪忧：我们很难想象佛门净地与金钱联姻后产生的怪胎是什么样子。对此，国家宗教局一司副司长刘威明确表示，寺庙道观是满足信教群众宗教活动需求的场所，是民间非营利组织。综观世界其他国家，从没有将宗教活动场所打包上市的先例。发展市场经济应当有边界，要符合社会的基本底线。①

相比之下，同为世界文化遗产的印度泰姬陵的门票仅 30 卢比（折合人民币 3 元多），美国著名的黄石公园门票 12 美元（折合人民币约 75 元），科罗拉多大峡谷折合人民币约 63 元，而且都是 7 日有效，还包括公园内的公共交通费。笔者也曾询问过一位法国朋友，他说，法国的自然公园和自然保护区进门均不收费，并免费发放地图、景区介绍和安全注意须知等材料。法国自然保护地的做法是门票不收费，只有服务项目收费，所以法国人将之视为"自己的公园"，倍感亲切、倍加爱惜。

我国也有成功的范例，如王朗国家级自然保护区门票仅 20 元，青海湖 30元，黄果树始终坚持不涨价，并设立了景区免费开放日。而杭州西湖免费开放已历 10 年。在申遗成功之后，仍坚持"还湖于民，免费开放西湖不改变"。须知，在"吃、住、行、游、娱、购"这六大旅游要素中，"游"即门票，只是其中一项。门票价格过高，进门即挨宰的第一印象和感觉，势必影响游客对其他五项的消费兴趣和消费的心理承受及物质承受能力。事实上，高门票留不住游客，也就留不住财源。西湖正是放弃了每年数以千万元计的局部门票收入，从而使杭州市在整体上获得了丰硕的回报。2002 年杭州市旅游总收入为 294 亿元，2011 年为 1191 亿元，约为 10 年前的 4 倍。西湖看似舍去一张门票，却激活了全方位旅游休闲消费，"人气账"的比较优势立刻显现。这种将门票经济转为旅游产业经济，恰恰是一种更高的境界。

---

① 赵晓辉、陶俊洁：《佛教名山争相上市 清净之地引来是与非》，新华社，2012 年 7 月 3 日。

尽管西湖免费开放的成功经验获得社会各界好评如潮，但迄今为止，国内景区只有南京玄武湖等少数几家风景名胜区效法；更多的保护地仍然"老方一帖"，我行我素，甚至不顾民怨，逐年提价。

二 没文化的文化名人开发与消费

2012年莫言获诺贝尔文学奖之后难免很忙，而更忙的却是忙于开发莫言文化的旅游产业。有媒体报道，莫言的旧居改造已被当地政府提上议事日程。在"文豪故居二日游"的招牌之下，"第一个被消费和踏平的是莫言老家的门槛"。在山东高密街头，从火烧到烧鸡都标上了莫言的简介。至于"莫言醉"的商标，可能以税后1000万元成交，身价较当年的1000元注册费飙升近万倍。①

福建省平和县也在做大文化大师林语堂这个品牌，拟投资30亿元将林语堂故里坂子镇"打造成世界级文学小镇"。规划中的林语堂生活体验馆被设计成一个巨大的烟斗造型，此乃源自林语堂写过的"饭后一支烟，赛过活神仙"这句俚语。专家认为，要想成为"文学小镇"，需要小镇拥有浓郁的作家氛围和文学气息，对此不知平和县如何"斥资打造"？

各地的旅游开发不但争先恐后地炒作现代名人，而且古代名人也在争抢之列。河南南阳、湖北襄樊和山东临沂三地卷入诸葛亮故里的争夺战由来已久。南阳打出的是"卧龙岗，智慧之岗"的口号，强化了以南阳山水和历史文化的文化旅游，推出卧龙岗文化旅游产业聚集区，是以诸葛亮武侯祠为中心，汇聚了娱乐、影视、餐饮、住宿、时尚消费等产业。襄樊则以隆中为龙头建设三国文化旅游区，其"旅游精品工程"——三国古城再造工程包括诸葛亮名人文化园、三国军事计谋殿、三国历史影视城主题园等工程，投资总额3亿元。

诸葛亮的"躬耕之地"之争抢尽了出生地的风头，但临沂的诸葛亮文化旅游区建设亦不甘示弱，包括卧龙山、北寨汉墓群、武侯双关、智慧桥、诸葛宗祠、诸葛茅庐等，总投资2亿元，预计8年即可回本。临沂举办诸葛亮文化

---

① 赵文君：《消费榨干"莫言"何太急》，《解放日报》2012年10月30日。

旅游节，仅 2007 年便吸引投资 24.6 亿元。利用诸葛亮捆绑机械、电子、纺织、化工、建材、农业、旅游等诸多产业，历史名人的吸金能力由此可见一斑。

最令人称奇的要数鲁皖两省三地的西门庆故里争夺战。古典小说《金瓶梅》中的西门庆，在当代竟华丽变身为文化产业的主角。山东阳谷县、临清县与安徽黄山市争认"西门庆故里"。在这里，西门庆一改"大淫贼、大恶霸、大奸商"的负面形象，转型为各地追捧的引领文化产业的英雄。

阳谷县的"西门庆故里"项目占地 25 亩，总投资 5600 万元。从西门庆和潘金莲初次幽会的"王婆茶坊"到西门庆风流丧命的狮子楼，都一路纷纷再现。2003 年，投资 3000 多万元，占地 30 亩的狮子楼旅游城开门营业，景区分为金瓶梅文化区、水浒文化区、宋代民俗文化区。在狮子楼旅游城内，风流倜傥的西门庆大摇大摆地走在"宋朝"的商业街上，被潘金莲不慎脱手的竹竿打个正着，是几乎每天都会上演的特色节目。潘金莲是旅游城公开招聘的"景区形象大使"，在王婆茶坊里，她与西门庆初次幽会的蜡像塑造得惟妙惟肖。

临清县将金瓶梅休闲文化旅游作为主要旅游开发项目，并将城市形象定位为"金瓶梅故乡和运河名城"。临清县的金瓶梅文化旅游区占地 120 亩，总投资更高达 3 亿元。景点包括按照《金瓶梅》书中描写建造的西门庆及其妻妾的大宅院，活生生打造了一个金瓶梅式的大观园。在"文化城内"，设计了《西门庆初会潘金莲》《武大郎捉奸》等热热闹闹的节目，邀请游客参与表演并拍摄成光碟。交纳一定的钱，任何人都可以出演坏蛋西门庆。

安徽省黄山市徽州区则在 2006 年投资 2000 万元开发"西门庆故里"、《金瓶梅》遗址公园等项目。这一切低俗的文化开发和文化消费现象引发了网民的抨击："世风日下，不以为耻，反以为荣！"

肮脏的男盗女娼可以妙手回春，大赚钞票，纯真的爱情故事更不妨借题发挥，圈地捞钱。仅仅凭着我国文学史上的一部《孔雀东南飞》和焦仲卿与刘兰芝的合葬墓，安徽省怀宁县便要投资 27 亿元建设孔雀东南飞文化产业基地，打造出一个"爱情之都"来。同样荒唐的还有重庆江津准备投资 26 亿元打造的"爱情天梯"旅游景点。"爱情天梯"的故事要从 20 世纪 50 年代说起，当

年20岁的江津中山古镇农家青年刘国江爱上了大他10岁的"俏寡妇"徐朝清，为了躲避世人的流言，他们私奔至深山老林。只因为徐朝清出行安全，刘国江一辈子都忙碌着在悬崖峭壁上打凿通往外界的石梯。而今随着徐朝清的过世，这座被称为"爱情天梯"的石梯已凿有6000多级。地方政府从这个凄美的爱情故事中发掘出"商机"，拟以"爱情天梯"为卖点，开发旅游产业。有媒体就此评论道：当人间最美好的一种情感——爱情也成了旅游资源，将公共资源变成了可以叫卖的商品，真不知是政绩被爱情感化了，还是爱情被功利异化了。

新华社记者赵文君在一篇文章里写道："历数近年来的名人文化消费行为，从云山雾罩的曹操墓到一头雾水的女娲头盖骨，从孙悟空老家扯皮到哄抢梁祝故里，往往是各地经济借名人开道，圈地运动，水泥沙石在炒作后先行。细数其固定套路，为了招商引资、增加财税收入，地方借着'文化搭台、经济唱戏'的名义，先炒作个名头，然后办个鸡毛蒜皮庆典，请个三教九流明星，靠谱与否不论，吸引眼球再说。一番大排场折腾下来，花费甚重，甚至负债倒贴，喜庆礼花烟消云散后只落一地悲鸿鸡毛。"①

无论是盲目而雷同地重复开发旅游资源，还是走"旁门左道"，出奇制胜地"打造"卖点，都无疑是对历史、对文化、对道德和情感的亵渎。附带说一句，赵文君上面提到的"梁祝故里"景区建设（发生地是河南驻马店汝南县），已经宣告投资失败，半途而废。不少地方大兴"名人经济"的旅游开发，只因不懂得也不尊重文化产业发展的客观规律，大多只落个花钱赚吆喝的"政绩烂尾工程"来收场。

三 违背生态旅游准则的生态区旅游开发

风景名胜区改个外国名就算是"走向世界"了吗？为了寻找"真实版"的"哈利路亚"悬浮山，引发了安徽黄山、陕西华山和湖南张家界的一场口水战。美国大片《阿凡达》在国内公映尚未下线，张家界市就引用片中的风

---

① 赵文君：《消费榨干"莫言"何太急》，《解放日报》2012年10月30日。

景为自家做足宣传尚可理解，不可理喻的是将张家界著名的景观"南天一柱"（又名乾坤柱）正式更名为《阿凡达》片中的虚空胜境"哈利路亚山"，并推出多条线路的"阿凡达之旅"，成立"阿凡达办公室"服务游客。黄山不甘示弱，打出"正版牌"，认为要感受现实版的《阿凡达》就应"到黄山，寻找真实的'哈利路亚山'"，"希望游客不要误入歧山"……

想起 10 年之前，云南省中甸县更名为"香格里拉县"那件往事，也许更令人感慨。"香格里拉"一词本是外来语，其出处源自 20 世纪上半叶英国作家希尔顿写的一本小说《消失的地平线》。其实中甸县的藏民自古以来都将自己脚下的这片宁静、祥和而壮丽的山川大地称作"香巴拉"，如果改名的话也应改作香巴拉才好。自己家乡的名字弃之不用，偏偏要起个外国名，究竟是出于何种心态？联想到横扫各个大小城市的新建楼盘和社区的大起洋名之风，一窝蜂似的崇洋媚外，恰恰体现了从政府、开发商到民众对传统文化的集体漠视和强烈自卑。其实，一个地方的价值跟起什么名字没有太大关系。像九寨沟、张家界这样的本来土得掉渣的名字，如今不也是享誉全球的旅游品牌吗？有学者尖锐地指出："香格里拉是西方理念与中国官僚嫁接的产物。"但愿这种不和谐的嫁接到此为止，不要把祖宗连同好山好水好传统一点一点都被西方文化嫁接掉。

将景区景点改个错名还容易挽回，而进行破坏性的开发建设，改变生态系统及山河原貌，则是无法弥补的损失。在中华民族心目中，世界自然与文化双遗产泰山是一座圣山，自古以来是"文官下轿、武官下马"之地，就是"九五之尊"也得拾级而上，在几千年历史上受到严格的保护。而今，这种对圣山的敬畏之心不仅荡然无存，而且在"要把自然的泰山改造成经济的泰山"这样的唯 GDP 思维的误导下，在泰山头上动土早已不是敢不敢的问题了。1983 年，为了建中天门索道，著名的月观峰被炸掉 1/3 的峰面。1987 年，国务院批准的总体规划指出："泰山索道是一项功不抵过的工程，为了挽回这项世界遗产的损失，建议等到索道承载使用期满后连同构筑物一起拆除。"① 谁知到了 2000 年，旧索道非但未拆，反而在一片反对声中进行了大规模的扩建。

<hr />

① 程晓非：《泰山索道再起争议》，《人民日报》2000 年 10 月 23 日。

为了此次扩建，炸掉了 1.5 万立方米的主观面山体，在泰山顶上建成一条店铺密集的商业街。北京大学世界遗产研究中心主任谢凝高教授将其称为"一场浩劫、一场噩梦"；著名建筑保护专家罗哲文教授批评说这是"对民族的历史表现出了极度的冷漠与无知"。[①]

既然有人敢在泰山顶上大兴土木，更会有人不怕在"震旦国中第一奇山"的黄山上做手脚。这又一个世界自然与文化的双遗产同样被建了三条索道。核心景区西海和北海内楼堂馆所数量众多，休闲中心、珠宝店、商城应有尽有。玉屏楼景点变成了水泥广场。北海景区风景如画的桃花溪，已成为管委会及职工的生活区，俨然成为一座"麻雀虽小，五脏俱全"的小城市。

较之泰山和黄山，张家界（后称武陵源）的旅游开发起步最晚，却大有后来居上之势。20 世纪 70 年代，张家界是湖南省大庸县的一个从事木材生产的国有林场，一直"养在深山人未识"。70 年代末被划为自然保护区，后又建立了国家森林公园，列入世界自然遗产名录。自此，张家界的旅游开发便显现出一股强劲的"后发优势"，如雨后春笋般地冒出无数宾馆、饭店和商业棚点，著名景点锣鼓塌容纳了一座"宾馆城"，"世界最美的峡谷"金鞭溪每天接纳 1500 吨污水……优美宁静而清纯的环境不断遭受蚕食和破坏，直到受到联合国教科文组织的批评"武陵源景区现在是一个旅游设施泛滥的世界遗产地区"，"城市化对自然界正产生难以估计的影响"。[②] 于是，张家界政府痛下决心"整改"，付出 10 亿元代价拆迁景区房屋约 20 万平方米。可是，就在大拆的同时，又有人投资 1.2 亿元在景区建起了号称"世界第一户外观光电梯"的"百龙天梯"，有人就此评论道："张家界怎么像小孩子一样，记吃不记打？"

道路作为生态系统中的一种人为干扰因子，随着硬质化、封闭化和网络化，对生态系统的功能、结构及生物的影响已日益加剧，尤其对陆生野生动物的迁移、取食和繁殖的影响最大。

在新疆准噶尔盆地，将卡拉麦里自然保护区一分为二的 216 国道，在

① 沈孝辉：《生态旅游，我们准备好了吗？》，《人与自然》2003 年第 7 期。

② 沈峰：《破坏资源发展旅游无异于饮鸩止渴》，《人民日报·海外版》2003 年 6 月 4 日。

2006 年升级改造为一级公路不到一年的时间里，就有 5 匹回归的野马命丧车轮下，另至少有 3~5 头野驴和 20 只鹅喉羚在穿越国道时被车撞死。

西双版纳的思小公路穿越亚洲象栖息地小勐养自然保护区，原路面宽 10 米，后改造成 22.5 米宽的路基，并设有两道护栏的全封闭公路，才通车 3 个月便发生了车象相撞事故，以后又发生多起，均造成车毁、人伤、象伤。

自从长白山自然保护区转型为"保护开发区"之后，为了将保护区"全力打造成世界级的旅游胜地"，长白山管委会搞了个"道路通达工程"，不仅新修了大量公路，而且对原有的公路进行全面升级改造，从而将动物栖息地分割成五大块和若干小块，大大降低了动物栖息地的连接度，野生动物生存空间进一步萎缩和破碎化，不仅造成种群之间的基因隔离、近亲繁殖，而且道路的畅通、车辆的提速大大提高了野生动物被车冲撞的致死率。

这一切问题，都集中说明了我国当前自然保护地的旅游开发是多么随意、混乱和无序，工程建设项目几乎没有环境影响评价；道路的规划、兴建和升级改造更缺少动物学和生态学的调查研究，因而乱象丛生。随着资本的圈地运动从城市地产向风景名胜区大举转移，原本自然化、生态化的保护地向商业化、经济化和人工化加速转变。

四　用生态学思想规划旅游业

旅游业并非像人们曾经褒奖的那样是"无烟工业"，事实上，丰厚的经济收益往往是以损害或牺牲自然生态、历史文化和原住民利益为代价的。为了保护生态系统的完整性和原真性，改善原住民的福祉，促进旅游业的可持续发展，30 年前，国外学者提出了生态旅游的概念，并逐渐在各国付诸实施。

生态旅游是生态学的思想应用到传统旅游中使之得以脱胎换骨的产物。在我国"生态旅游"被误读滥用得面目全非，几乎变成了破坏生态的代名词。有鉴于此，有必要追根溯源，重新找回它本来的含义。《国际生态旅游标准》将生态旅游定义为："着重通过体验大自然来培养人们对环境和文化的理解、

欣赏和保护，从而达到可持续发展的旅游。"国际生态旅游协会的定义是："以保护环境和改善当地民众福祉的方式，在自然界进行的负责任的旅行。"这两个定义均是用现代生态学的视角界定和规范旅游的，基本理念一致而具体内容互相充实，可以归纳总结为以下四项原则。

1. 简朴简约低碳环保的原则

生态旅游注重的是在旅游过程中体验自然。所谓"体验"是放慢脚步，静下心来，在旅游的过程中仔细观察、品味和思考，而要到达的景点反而不是最重要的。我国风景名胜区现行的旅游方式，多是将游客送上几乎不可滞留也不能逆转的"传送带"，人人行色匆匆、疲于奔命、走马灯似的从一个景点赶赴另一个景点，不求任何知识上和精神上的收获，只求留下在景点的照片以示"到此一游"而已。这种"过程可以省略，目的地就是一切"的旅游，是一种低层次的旅游，已令越来越多的游客厌弃。与此相反，生态旅游倡导徒步或部分徒步（也包括骑自行车、骑马等低碳和缓慢的形式）的方式来实现亲近自然的亲历过程。因此，不赞成在保护地内修筑硬质化的快速公路和缆车索道天梯等代步工具，也不赞成建造耗费资源与能源巨大，同时排放的废弃物和垃圾巨大的星级饭店、洗浴中心和休闲娱乐场所，拒绝挥霍与奢华，而主张适度、简单、实用，主张少建星级饭店，多建物美价廉的青年旅馆，且建筑的大小、造型、颜色与环境相协调。

2. 保护传统文化，维护原住民权益，促进社区发展的原则

生态旅游强调旅游要"改善当地民众福祉"和"对文化的理解、欣赏和保护"。人文也是一种景观，忽视了它，旅行无疑是欠缺的。传统文化或古老社区的民族文化，与当地的环境是唇齿相依的关系。我们常说"一方水土养一方人"，其实在传统社区，一方人的传统文化也在呵护这一方水土。因此，这种乡土文化和社区发展也是生态旅游关注的重点。在对传统文化的理解、欣赏和保护的同时，生态旅游也提醒旅游业和旅游者，要防止外来文化给传统社区带来负面影响和冲击。

目前，我国保护地的旅游开发面临的一大问题是，管理部门和投资商的垄断经营有余而社区民众参与和共享严重不足。旅游管理者没有根据旅游业的发展制定相应的社区发展项目，原住民难以从旅游业中脱贫致富。游人和旅游收入蒸蒸日上，而社区经济未获得同步增长。至于有的景区将原住民的房屋拆除或改造，让原住民搬出景区而让商铺进入，甚至吸引投机性资本，大搞旅游地产开发的做法，既铲除了传统社区，又用外来文化取代了传统文化并损害了原住民的权益，实在是我国旅游开发模式的一大败笔。生态旅游主张让社区民众作为主体参与到旅游规划、开发和管理中来，使之成为旅游业的利益共同体；主张建立以社区群众为主体的生态旅游服务网络和营销网络，使旅游业成为当地民众的主要收入来源。

3. 维护自然和历史文化原真性的原则

生态旅游要求"负责任的旅游"和"达到生态可持续发展的旅游"。欲实现"负责任"和"可持续"旅游的关键是正确解决好资源保护与旅游开发的矛盾，切实做到"保护第一""旅游服从保护"。当前，在旅游界流行着"包装遗产""打造山水"之类恶俗的口号，殊不知保护地的自然景观与生态系统因其具有独一无二、不可替代、不可再现的性质，是不可能被人为"打造"和"包装"出来的。人类远不具备大自然神奇的创造力，在大自然面前，人工杰作总是相形见绌。人们强加给自然的人工建筑和人工景观，非但不能使保护地增添任何"附加值"，反而画蛇添足、面目全非，直接降低了其作为自然资本的价值，恰是生态旅游的大忌。对于文化遗产也是一样，文化遗产虽然是人造的，却是历史遗存的，同样具有唯一性。我们应摒弃动辄便耗费巨资去复制古迹，刹住各地竞相仿古、造古的狗尾续貂式的盲动；而应像希腊人和意大利人一样，懂得保护和欣赏"废墟之美"，因为这才是真实的历史和真正的文化。

4. 坚持保护地公共资源和公益事业属性的原则

生态旅游主要在自然区域的公地中进行。无论是自然保护区、风景名胜区、国家公园还是世界遗产地，均属于国家的公共资源、全民享有的公有资产，从属于社会公益事业，其门票理应由政府定价，系行政事业性收费，而非商业性市场收费。一些地方政府将保护地视为地方财富，依靠"门票经济"提振地方经济，不仅有违保护地的公有性和公益性，而且是只顾眼前的短视行为；而放任地方政府擅自定价提价，也折射出我国保护地管理体制上的弊端。风景名胜区办公室副主任李如生表示："从长远看，风

景名胜区的门票价格要不断降低，甚至免费。"我国风景名胜区主管部门如能顺应世界潮流，主动降低门票价格，努力开拓门票之外的旅游产业，方为明智之举。①

旅游资源是全社会的公共财富，但旅游地产项目针对的通常是"高端市场"，力图将国家级的旅游景点变成"富人的后花园"。据报道，截至 2010 年底，全国已有超过 50 家房企涉足旅游地产，涉及金额超过 3000 亿元。而 2012 年一季度，全国旅游地产上亿元投资签约项目就有 70 个，总规模达 2600 多亿元。所有这些项目，尽管开发商都宣称是"多元化拓展战略"，但几乎无一例外地包含房地产开发，而且作为项目的主要盈利来源。"事实上中国的名山大川已经沦为开发商最后一轮疯狂圈地的战场。"②

发展生态旅游需要在实践中不断完善，不断提高科技含量，否则生态旅游也会破坏生态。国际上的生态旅游尽管比我们先行一步，却非尽善尽美。我们看到，在肯尼亚，自从"游猎"取代狩猎之后，蜂拥而至的游览车围堵观看猛兽，影响了它们正常的捕食活动；在加蓬，观龟取代捕龟之后，旅游团在午夜时分来到海滩，干扰了海龟正常下蛋；在冰岛等海域，观鲸取代捕鲸之后，快速行驶的观鲸船影响了鲸类的捕食和安全；在加拿大观看北极熊的生态游，也使进入冬眠状态的北极熊受到惊吓，只因要保持对游人的警惕而消耗大量的脂肪，从而无法安然过冬，甚至危及生命。为此，世界旅游组织和国际生态旅游协会发布了新的"绿色保障"计划，增加了对生态旅游的区域限制、时间限制和其他一些更为严格的行为规范。

总而言之，生态旅游要在旅游活动的全过程中完整地体现保护生态的行动，并落实在每一个步骤和细节之中。要充分发挥自然保护地环境教育与科学普及的基本功能。从宏观上看，我国当务之急是对生态旅游的认证、标准、规划等问题进行深入研究。诚如中国工程院院士李文华先生所言："创造更多的优秀的学术思想与成果，为旅游业的发展提供科学基础。"

---

① 文静：《住建部表示风景名胜区票价将回归公益性 长远看可免票》，《中国青年报》2012 年 12 月 5 日。

② 李越、张歆晨：《万达长白山超低价格圈地万亩 名山大川谁的后花园》，《第一财经日报》2012 年 6 月 1 日。

Ecological Degradation and Absence
of Cultural Elements in Tourism Development

Shen Xiaohui

Abstract: Tourism is regarded as a new engine to local economic development and thus has been vigorously promoted by local governments. While greatly stimulating consumption, especially during national holidays, tourism has been exploited for profits, with public resources becoming the cash cow for vested interests. Too many tourist attractions are now choked with "modern historical sites", man-made landscape, tourist property developments and luxurious facilities, with natural environment destroyed, traditional culture distorted and local residents' rights violated. This paper believes that the health of China's tourism industry relies on ecological studies and ecotourism.

Key Words: Ecotourism; Environmental Capacity; Destructive Construction; Ecological Awareness

Gr.11
民间力量推动自然保护地立法

解 焱*

摘 要:

在《自然遗产保护法》草案进入全国人大常委会审议的阶段,一些从事科研和保护的专家志愿组织起来,成立了自然保护立法研究组,提出了制定一部全面综合的《自然保护地法》的建议,包括建立合理的分类分区体系,科学规划自然保护地体系,建立有效的政府、学术界和社会监督机制,保障自然保护地保护管理经费,确保社区参与保护并从中持续受益等。研究组同时通过宣传、研讨、上层交流、提案等多种方法推动立法是民间力量推动国家立法的重要案例。

关键词:

自然保护立法研究组 自然遗产保护法 自然保护地法 民间力量

一 百名专家推动自然保护地立法研究

《自然保护区条例》(1994)经过近20年的实施,已经不能适应目前自然保护区保护的需求,亟须修订。《风景名胜区条例》(2006)中关于自然保护的内容远远不足,其他类型的自然保护地则只有管理办法或者没有相关管理规章制度。10年前我国就已经注意到加强自然保护地立法建设的急迫需求,全国人大环资委开始推动自然保护区相关立法工作。2004年,在专家推动下,起草了第一版《自然保护地法》草案,后更名为《自然保护区域法》,将所有

---

* 解焱,中国科学院动物研究所副研究员,国际动物学会秘书长。出版了《中国物种信息服务》(CSIS)和《中国物种红色名录》《中国兽类手册》《中国生物多样性地理图集》等重要著作。

自然保护地类型纳入该法之下，但是因为各种原因未能出台。最主要的原因在于这部法律无法从我国的自然保护总体需要和科学解决现有问题的角度出发，陷入了部门利益之争。

2008年，新的全国人大环资委领导上任，法案开始了新一轮起草工作。遗憾的是，这轮起草工作更加严重地脱离自然保护的需求，虽然专家提出了各种意见，但是重要的意见并未得到采纳。《自然遗产保护法》草案于2011年底提交给了国务院法制办，已被列入2012年立法计划。笔者作为参与相关立法工作10年、从事自然保护工作18年的研究人员，于2012年初利用网络公开对此草案提出了进行重大修改的建议，促成"两会"期间提交了两个人大议案和一个政协提案，并于4月份呼吁专家志愿成立了自然保护立法研究组。现在该研究组已经发展到100多人，有来自生态、法律、政策研究、管理、公民社会建设、新闻传播等领域的长期研究和关注中国生态和环境问题的专家。研究组的目标是，推动国家制定并颁布有效保护中国生物多样性和生态系统服务功能的《自然保护地法》和相关配套法律法规、标准、规范。

《自然遗产保护法》草案于2012年9月份递交给了全国人大常委会，计划在10月份上会。自然保护立法研究组组织了260多名专家联名上书成功阻止了该草案列入正式审议程序。专家联名书指出了草案在覆盖范围、运作机制、监督机制等方面存在以下严重不足。

（1）作为我国唯一一部关于保护地保护管理的法律，草案只覆盖了国家级风景名胜区和国家级自然保护区（约600处），占我国保护地总数不到10%，虽然面积占到70%，但是60%以上分布于西部和北部人烟稀少的地区，大量其他自然保护地不能得到有效保护。

图1显示：《中国生物多样性保护战略和行动计划》（2011～2030）确定的许多优先保护区域中，上述草案能够覆盖的区域比例非常小，而在这些区域已有的很多省级自然保护区和其他自然保护地又不受该法律的管理。这种状况将很难实现这些优先区域的保护目标。

（2）草案对"自然遗产"的定义含混不清，重点指生态系统的遗产保护和文化服务功能，忽视供给、调节和支持等生态服务功能。其体系的设置不能满足生态系统的核心——生物多样性保护的需求，不能有效延缓和阻止我国总

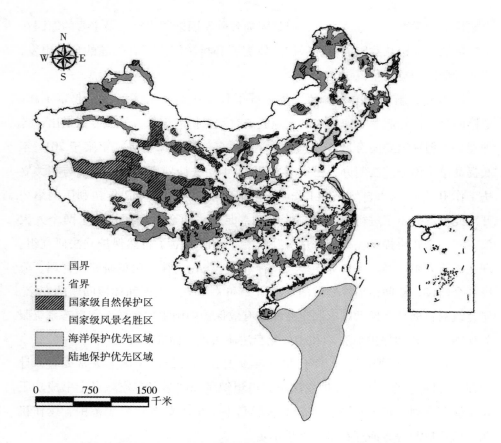

**图1　国家级自然保护区和国家级风景名胜区分布格局与2010年底
颁布的《中国生物多样性保护战略和行动计划》（2011～2030）
中的生物多样性保护优先区的比较**

体生态系统服务功能退化的趋势。

（3）草案虽然把国家级自然保护区和国家级风景名胜区划入国家自然遗产体系进行管理，但把"如何管理"这一问题返还给急需修订的《自然保护区条例》和《风景名胜区条例》，这样，既无法实现立法初衷，为需要保护的地区提供法律框架下的保护，又变相导致非国家级自然保护地的管理"无法可依"。

（4）草案不能解决目前自然保护地管理体制中存在的监督、管理、评估、资金来源等主要问题，反而会加剧部门的分割和冲突，不利于加强保护和维护生态安全。

（5）草案违背生态规律和生态系统综合管理的基本原理，其实施会人为加剧栖息地的破碎化程度，表面上提高了少数自然保护地的保护级别，实际上在更大层面上影响了就地保护的整体效果。

基于这些理由，联名专家建议对《自然遗产保护法》草案进行重大修改和补充，加快对我国自然保护地进行全面立法的进程。

自然保护立法研究组并未停留在提出《自然遗产保护法》草案存在的问题，还从我国需要一部怎样的法律来有效保护我国的生物多样性及其生态系统服务功能的角度，进行了广泛深入的研究。

二 中国自然保护地的现状和问题

自然保护地是指对有代表性的自然生态系统、有重要生态系统服务功能的自然区域，珍稀濒危野生动植物物种和重要遗传资源的天然集中分布地及重要走廊地带，有特殊意义的自然遗迹和自然景观等保护对象所在的陆地、陆地水体或者海域，依法划定一定面积予以特殊保护和管理的区域。目前可以算作自然保护地的包括自然保护区、风景名胜区、森林公园、湿地公园、水源保护地、地质公园、水利风景区、自然保护小区等国内类型，世界自然及混合遗产地、国际重要湿地、世界地质公园、国际生物圈保护区等国际类型，以及未来可能有的新的类型。它们分属十几个部门管理，主要涉及国家林业局、国家环保部、城乡和住房建设部、农业部、国土资源部、海洋局等。我国的自然保护区已经约占国土面积的15%，其他类型目前没有完整统计，估计超过5%。但是，据欧阳学军不完全统计，有64个国家级的风景名胜区、55个国家级的地质公园、14个湿地公园和152个国家森林公园与自然保护区重叠，另有很多省级及以下的风景名胜区、地质公园、湿地公园和森林公园与自然保护区重叠，目前我国的自然保护地总体数量和面积无法统计，估计低于国土面积的20%。[1]

---

① 张焱：《应加快自然保护地立法》，《中国经济时报》2013年1月25日。

虽然我国已经建立了大量的自然保护地，但是保护管理水平一直较低，保护地内各种人类活动无法得到有效控制，甚至修路、筑坝等大型破坏性活动在国家级自然保护区等保护地的核心区也时有发生，在这些本应得到严格保护的区域，放牧、采集、旅游、偷猎等活动更是司空见惯，保护地内生物多样性持续丧失严重。

导致这些问题的根本原因主要包括以下四个方面。

1. 分属不同部门的自然保护地体系的保护目标各异

各部门对自然保护重视程度不一，缺乏统一管理标准和监督机制，缺乏有效的跨部门共享和交流机制，各个部门内部制定规划，不能统一制定国家/地区的自然保护地发展规划，导致自然保护地分布格局严重失衡，保护地之间缺乏连通性，无法实现生物多样性及其生态系统服务功能的保护目标。

2. 保护管理机构严重缺乏日常保护管理经费

大部分保护管理机构人事管理权在当地政府，保护管理工作容易受制于地方利益。保护管理机构本身没有执法权，无法直接打击非法活动，而同时协调执法机构执法存在一定难度，加上现有执法条例缺乏可操作性，例如《自然保护区条例》中缺乏具体的惩罚措施，或者惩罚措施标准过低（20 世纪 90 年代的标准），违法成本很低，导致大多数保护地保护管理薄弱，执法工作严重滞后。

3. 监督权和管理权没有完全分开

自然保护区体系有综合管理部门，但是该综合管理部门同时在管理具体的自然保护地，导致监督力度不够。其他自然保护地体系从建立和管理到监督都由一个部门负责，既是运动员又是裁判员。由于信息不公开，社会对自然保护地的管理很难实施有效监督。由于缺乏对保护管理机构工作的自然保护成效方面的评估机制和奖惩制度，许多保护地保护管理机构的管理工作是否科学、是否有实际保护成效没有得到及时、客观的评估和奖惩。

4. 影响社区民众的参与

社区民众对生态系统的利用方式多种多样，而外部主导下的保护和发展项目往往比较单一，保护相关信息的公开程度低，社区难以快速有效地获得相关信息并参与其中。社区民众参与保护管理和维权意识薄弱，利益分享机制不健全，当地民众未能公平地分享到自然保护地保护所产生的利益。

三　中国需要一部什么样的立法

针对这些问题，自然保护立法研究组提出了相应的对策建议，并根据这些建议起草了《自然保护地法》草案，将在 2013 年的两会期间向国家提交新的人大议案和政协提案。以下列出了自然保护立法研究组提出的立法目标以及四项主要建议。

国家立法首先需要的是明白立法目的是什么。是不是保护我们的自然遗产？是不是保护现在已经建立的自然保护区？都是，但是这些并未全面地概括我们的立法目标。

所以，自然保护地立法目标不仅是落实现有的自然保护地的有效保护，更是为捍卫中国的生态安全底线建立长效机制。

中国的生态安全底线必须能够为全国人民提供足够水源、可持续资源并能净化排出的废气和污水，令人们能够欣赏到大自然美景，并使传统文化得以传承，生态安全底线必须能够保障足够大的地方，以保障生物多样性来实现最基本的生态服务功能。只有充分了解区域生物多样性的重要性及生物的基本需要，才能建立起相应的自然保护地体系并实施有效管理，从而令中国人民生存的最基本保障和生态安全底线得到有效保护。

为此，特提出以下立法建议。

（一）建立自然保护地分类体系

我国很多重要的生物多样性保护优先区域内的自然保护地的覆盖面非常小，且呈割裂孤立状态。从布局上看，面积大于 2000 平方公里的自然保护区基本上都分布于西部和北部人烟稀少的地方。19 个大于 10000 平方公里的自然保护区占了所有自然保护区的 66%。而大量大于 5 平方公里，小于 20 平方公里的自然保护区位于中部、东部和南部。形成这种格局的主要原因是自然保护区都是严格保护类，但是在人口较多的地方，要做到严格保护是非常困难

的。非严格保护类的风景名胜区、森林公园、湿地公园以及水源保护地等，在被人类利用的同时，也发挥了重要的保护作用。自然保护立法研究组建议我国应该将所有自然保护地（包括自然保护区、风景名胜区、森林公园、湿地公园、地质公园、水利风景区、水源保护区、自然保护小区等）都纳入一个框架体系下，根据保护的严格程度和主要利用方式建立起管理类别及其管理标准，从而建立起良好的监督机制，确保各个类型的保护地做到各自的管理要求。

表1　建议的我国自然保护地管理类别体系

代码	建议名称	保护目标和准允的活动	保护严格程度	绝大部分区域的利用方式
Ⅰ类	严格保护类	完整的生态系统和生物多样性得到严格保护，杜绝除无产生消极影响的科研以外的任何人为活动因素干扰	不允许人类干扰	无利用
Ⅱ类	栖息地物种保护类	为保护特定物种和栖息地，需要采取适当的人工干预措施来保护物种，但其干预措施在严格保护类中是禁绝的	允许采取人为干扰措施的严格保护	无利用
Ⅲ类	自然展示类	在保护地生态系统功能和生物多样性得到基本维持，且不偏离其他保护目标的前提下，适度允许公众进入参观、游憩和体验自然环境	有人类干扰，无直接利用资源	仅限观赏游憩
Ⅳ类	限制利用类	保证生态系统功能和生物多样性得到维持的前提下，允许有限的采集、捕捞、种植、开挖等生产生活活动。但是，禁止挖沙、取土、葬坟、采矿	有人类干扰以及直接资源利用	直接利用自然资源

为了满足当地多种土地利用需要，解决当地社区发展和保护之间的冲突，以上每一类自然保护地根据实际情况应进行分区。建议我国的自然保护地分区体制为：①核心区：没有人类干扰（或者干扰极小）的区域，保护核心的生物多样性及其他保护目标；②缓冲区：在自然保护地范围内的其他分区，可以是多个分区。在确保"核心区"得到严格保护的前提下，允许一些区域开展生态旅游、自然资源的直接利用的活动。考虑到每个地方都有自己的特点，在缓冲区分区上应给予当地更多灵活度，根据当地多种土地利用需要定义分区，比如旅游区、毛竹利用区、资源利用区，等等，但是建议细化分区，明确各区

中允许的活动，以便开展相应管理和监督。被列入"Ⅰ类：严格保护类"的，必须达到"核心区"的面积超过总保护地面积80%的要求。其他管理类别的自然保护地也都有至少20%的核心区。根据每个自然保护地最大分区的利用方式，可以很容易地将各个自然保护地分配到具体的管理类别中。

表2　功能分区与管理类别结合使用的相关性

单位：%

功能分区＼管理类别	Ⅰ类：严格保护类	Ⅱ类：栖息地/物种管理类	Ⅲ类：自然展示类	Ⅳ类：限制利用类
核心区	＞80%	＞80%（允许人为干预改善栖息地质量）	＞20%	＞20%
其他所有分区统称为缓冲区			主要用于人类旅游、休闲	主要用于自然资源的可持续利用

一旦我国有了这样统一的分类分区体系，我国就能够实现更加合理的自然保护地规划，在我国最重要的生物多样性区域、生态功能重点区域、美景、地质遗迹、文化景观等区域中，利用这四类自然保护地建立起网络，实现真正的保护。首先在最核心的范围建立"Ⅰ类：严格保护类"的保护地，用Ⅱ类自然保护地通过人工干预加强管理来补充Ⅰ类保护地的不足。其他可以供人观赏和旅游的区域建立"Ⅲ类：自然展示类"，以及建立允许可持续利用的Ⅳ类，这四类合理地组合，链接形成相互连通的网络，只有这样我们才能够实现这些重要区域真正的保护目标。任何孤岛似的严格保护最后的结果都只能是衰退。

（二）保障自然保护地保护管理的人员、经费和执法权

自然保护地保护管理水平低下的根本原因在于自然保护地管理机构职责不清，管理机构的保护和经营职责混在一起，导致管理机构工作重点放在经营上，保护工作被严重弱化。自然保护地管理机构人事管理权往往在地方，许多国家级自然保护区的人事管理权以及人员工资等都由地方政府负责，导致自然保护地管理受制于当地政府的发展压力。保护管理经费也严重缺乏，主要原因

是保护管理机构职责不清，国家很多的资金投入被用于经营发展，而同时经营带来的盈利则更少返回用在保护上了。

以下框架是自然保护立法研究组建议的自然保护地管理体制框架，从这个框架中可以看到，对"经营"唯一的制约机制是自然保护地管理机构。自然保护地管理机构肩负着监督和制约人类活动对自然生态造成破坏的重要责任，确保这个机制发挥作用是制定《自然保护地法》的最重要内容。

首先，需要将自然保护地管理机构的保护管理职责从经营管理中剥离出来，并确保其从事保护管理的人事、财力和执法权，确保中国有足够的专业保护人士，有知识、有热情、有前途、有权力和资源地活跃在自然保护地管理的第一线，这是提高自然保护地保护管理水平的最重要机制保障。

我们通过详尽的估算，政府只需要投入 GDP 的 0.065%（其中约 240 亿元用于自然保护地的常规保护管理工作，36 亿元用于综合管理，30 亿元用于非常规管理工作），即可以使我国 17% 的陆地和 10% 的海洋得到有效保护，保留不受人类任何干扰的陆地区域至少达到 6.46%，海洋至少达到 3.8%。相比 2012 年全国教育预算达到 GDP 的 4%，国家"十二五"规划投入全社会研发经费达到 GDP 的 2.2%，这样微不足道的投入就可以保障我国的生态安全底线：既可以建立起布局合理的自然保护地网络，实施有效保护管理，保护我国的重要生物多样性和生态系统服务功能；也可以为大众娱乐休闲服务，为当地社区和老百姓可持续发展作贡献，减少自然灾害，确保清洁水源；还将为偏远落后地区提供 20 万人次以上的工作机会，对解决民族矛盾、增加社会稳定、缓解贫困、保护边境、巩固国防都将发挥极为重要的作用。

其次，我国自然保护地的有效管理需要整合各类执法权，而这些执法权分属不同的部门管理。任何一个部门都无法独立完成对任何一个自然保护地的全面执法工作，因为任何一个自然保护地的执法工作都涉及复杂多样的部门和五花八门的执法权限。《自然保护地法》应赋予保护管理机构相匹配的执法权：建立自然保护地及保护管理机构后，所在地人民政府应授予相关保护管理机构综合执法权，让管理机构拥有在自然保护地内及其周边开展保护管理工作所需的各项执法权力，并在当地相关执法单位的支持和配合下，顺利完成各项执法工作。

（三）建立政府、学界和社会的全方位监督体系

建议将监督权、管理权及评估权分开（见图2）。自然保护地综合管理部门应负责各级自然保护地的规划、指导、协调、检查、评估与监督，不应管理具体的自然保护地，以确保其监督工作的独立、客观与公正。自然保护立法研究组建议由国家环保部来履行综合管理监督的职责。其自然保护生态司从中央到地方的体系，可以承担各级自然保护地的监督工作，负责组织制定相关管理、监测等技术标准。而独立第三方对保护管理机构和监督部门的独立评估，方能保证运动员及裁判员各司其职、尽忠职守。这样的管理体制，将确保监督权、管理权及评估权分开，加大监督力度。同时需要加强信息公开。自然保护地的边界、分区、管理规定、年审报告、财务、评估报告等信息都应公开，建立听证会、咨询、辩论会等制度，这样才能有效实施法律、舆论、社会监督。

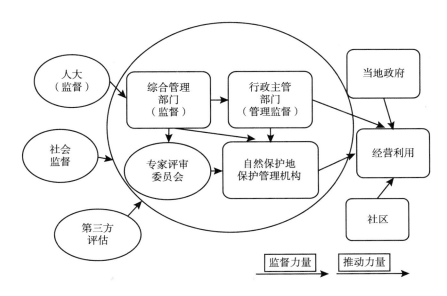

图2　自然保护地保护管理机制示意

（四）确保社区参与并从保护中持续受益

对于社区而言，最大的问题就在于社区老百姓的利益没有得到很好的考

虑，社区人民祖祖辈辈生活在那里，依赖于自然资源而生存，建立保护地之后，一定程度上限制了他们对各种资源的利用，却没有反馈给他们足够的利益。往往从自然资源获利是少数人，大多是外来的开发公司。

　　自然保护地的管理曾经和社区割裂，现在需要建立起它们之间的联系。这种联系可以从四个方面来实现（见图3），①通过自然保护地分区分类体制来实现，在分类当中有一些类别是老百姓可以利用的，即使是严格类的保护地，仍然有当地老百姓可以利用的分区。分区制度可以在很大程度上保证当地老百姓从资源保护和可持续利用中受益。②自然保护地管理局需要和社区签订的保护协议，要对它们的活动实施监督。这是一个制约当地社区破坏环境行为的办法。③建议由当地政府、社区、NGO或者是其他组织一起建立自然保护地共管委员会，该委员会参与自然保护地管理和利用重大事宜的决定，例如在建立保护地时，申请书需要有共管委员会同意的支持意见；共管委员会应当参与商议保护地分区的方式和管理方式等重要管理内容，确保社区参与到相关重要决策过程中。④老百姓如果确实因为建立保护地受到了损失，应当进行生态补偿，以确保社区的利益不因为建立保护地而受到损失。

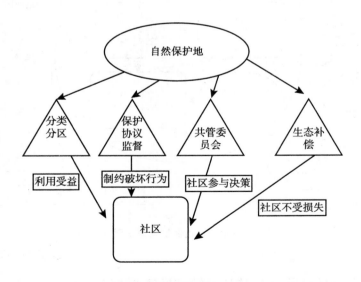

图3　自然保护地管理与社区关系

四 结语

中国环境问题的严峻性和普遍性大家都有目共睹，环境问题在威胁到中国人民的生存质量和健康。合理规划的自然保护地体系作为生态安全的底线，保护着中国极为重要的生物多样性及其生态服务功能。这些自然保护地对保障我国的国土安全、生态安全、食品安全、缓解贫困、自然灾害控制、社会安定、经济可持续发展、人民健康以及文化和精神享受具有十分重要的作用。如果这些生态安全底线遭到破坏，中国人的居住环境和生存质量会受到直接损害。所以，全国自然保护地是否得到有效保护将成为普通人生命底线是否得到维持的标志，保护自然保护地不受破坏就是保障国民最基本的生存条件。

Protected Area Legislation Research by Civil Society

Xie Yan

Abstract: During the period of the draft "Natural Heritage Protection Law" has been sent to the Standing Committee of National People's Congress of China for review, a group of experts from research and conservation fields organized themselves voluntarily as the "Natural Conservation Legislation Research Group" and provided the recommendations of developing a comprehensive law of "Protected Area Law", including recommendations of establishing rational management category system and functional zonation system, developing scientific-based planning of Protected Area System, establishing supervision system of government, scientific community and civil society, guaranteeing funding for conservation management of protected areas and engaging in local communities on conservation and getting benefit from it sustainably. The group also has been trying hard to promote legislation by education,

workshops, high level communication and recommendations to the government. This is an important case of civil society heavily involved in promoting national legislation development process.

Key Words: Natural Conservation Legislation Research Group; Natural Heritage Protection Law; Protected Area Law; Management Category System

Ⓖ.12
小南海水电站：
权力膨胀的典型样本

刘伊曼　丁舟洋*

摘　要：

　　长江的水生生物在各种人为因素的影响下已经遭受了巨大的损害，而中上游的水电开发在利益集团的推动下紧锣密鼓地进行，到了小南海水利枢纽项目，已经呈现"赶尽杀绝"的态势。笔者基于实地考察和对相关单位/专家的采访，还原了小南海水利枢纽工程的项目背景和决策过程：重庆市出于地方利益和政绩的考虑强势推进该项目，主导了长江上游珍稀特有鱼类国家级自然保护区的边界修改，并成功使相关国家部委妥协和三峡集团勉强合作。这是为追逐利益和政绩"竭泽而渔"的典型样本。

关键词：

　　小南海　水电开发　长江　鱼类　重庆

一　背景：长江鱼类遭受人为侵害

　　长江是我国淡水渔业最重要的产区，鱼产量约占全国淡水鱼产量的56%。长江流域11省市2011年养殖产量约1376万吨，捕捞产量约129万吨。

　　在我国主要的35种淡水鱼养殖对象中，长江自然分布的有26种，其中四大家鱼的种类品质被认为是我国所有水系中最优的。过去人工饲养的"家鱼"鱼苗、现在人工繁殖用的"家鱼"亲鱼，都取自长江。

---

* 刘伊曼：《瞭望东方周刊》记者，曾发表多篇西南水电开发和环境类报道；丁舟洋：《瞭望东方周刊》实习生，四川大学文学与新闻学院新闻学硕士。

长江不仅是四大家鱼最大的野生种群保持地和基因库，还盛产鲤鱼、鲫鱼等数十种经济鱼类和胭脂鱼、鳜鱼等珍贵鱼类，也是白鲟、江豚等濒临灭绝水生生物最后的庇护所，因此也被称为我国淡水渔业的种质资源库。①

长江鱼类保护的重要意义不仅关乎中国人的餐桌，而且关系到我们的后代有没有鱼吃。鱼类是生物链的关键环节之一，没有鱼类，以鱼类为生的其他动物将无法存活；没有鱼来吃掉水体里的浮游生物，水体也将失去一项重要自净功能。如果鱼类灭绝，整个长江流域的物种多样性和水生生态系统将面临崩溃。

在20世纪60年代，长江干流四大家鱼鱼苗径流量在1000亿尾左右，而现在宜昌产卵场每年的家鱼产卵量仅有数千万粒。长江著名的"三鲜"中，鲥鱼绝迹；刀鲚在2012年的上海市场上炒到8000元一斤；暗纹东方鲀形不成鱼汛……这三种典型的溯河洄游性鱼类自然资源已经濒危。

中科院院士、中科院水生生物所鱼类学家曹文宣认为，长江要休渔10年，滥捕导致减少的鱼，休渔之后还能长回来，但是大坝对生态的影响是不可逆的。"好比说三峡，修建起来后，水变深了，水温的变化滞后了。四大家鱼在修坝之前产卵的时间一般是4月末5月初，但三峡修了过后，就延后到5月下旬去了。因为它产卵要求水温升到18度，三峡修起来以后升到18度的时间推后了。更受上游大坝的叠加影响，水温就变低了。1983年我专门作了报告《水力资源对鱼类的影响》，到现在为止他们环评依据，就依据我那个报告的。"

珍稀鱼类也是如此。曹文宣说，中华鲟是10月末11月初开始产卵，现在又滞后了，滞后的原因是反过来的，中华鲟是要等水温降到19度以下才产卵。现在水温降到19度的时间也滞后了。

根据中科院的观测记录，长江葛洲坝枢纽兴建前，上游重庆、万县、秭归等产卵场繁殖的卵苗主要是草鱼苗，都漂流到中游生长。葛洲坝是一座低水头径流式电站，从泄水闸下泄的卵、苗多数能存活。

三峡工程于2003年6月开始蓄水至139米，通过泄水闸下泄的鱼苗受氮

---

① 刘伊曼、丁舟洋：《水电站密集叠加使长江成为鱼类坟墓》，《中外对话》2013年1月8日。

气过饱和影响，多数死亡。2007 年蓄水至 156 米，通过泄水闸下泄的鱼苗 3.16 亿尾，但 98% 死亡。2008 年从三峡下泄的家鱼苗 9.12 亿尾，同样大量死亡。

曹文宣用"已受到严重损害""保护刻不容缓"等措辞来描述长江水生生物当前面临的危险。他将损害长江渔业资源的因素归为 6 类：①酷渔滥捕；②围湖造田；③工矿废水；④江湖阻隔；⑤水利水电工程；⑥农业面源污染。① 由此可见，长江面临的所有这些危险，全都是人为因素。

二 小南海前传：关于三峡等水利工程的利弊之争

在三峡工程的论证阶段，中科院的结论是"弊大于利"，而水利部的结论是"利大于弊"。水资源保护专家、前长江水资源保护局局长翁立达说："我们为什么认为是利大于弊呢？是因为三峡的防洪功能。建三峡首先考虑的是它的防洪功能，如果把防洪这一块拿掉，就肯定是弊大于利，肯定上不了。现在很多人一说三峡就拿它的发电效益说事，这是本末倒置的，这一点很明确：如果一开始说修三峡就是为了发电，那它绝对上不了。"

据翁立达说，并不是 2007 年才"首次承认"三峡有问题，朱镕基在 2001 年的时候就意识到了，并下了大决心防治。他们在宜昌开会，主要目的是三件事：第一是水污染防治；第二是库区的地质灾害防治；第三是加大移民外迁力度，以减少库区的生态压力。但是迄今为止库区的水污染治理效果很不好，这也是事实。有管理问题，也有技术问题。消落带的问题，也是以前没有考虑到的，现在问题很严重。赞三峡也好，骂三峡也好，这些都为时过早。今后长江上游所有水电站造成的叠加效应，说不定都会算到三峡头上。但是有一点，三峡的防洪作用不可否认，他在武汉待了这么多年，湖北人最清楚，三峡修好以后他们受益最大，洪水的隐患基本都消除了。

但是，即便是防洪功能，曹文宣也并不完全认同："三峡的防洪功能定位

① 俞俭：《曹文宣院士：建议长江休渔十年让渔业资源休养生息》，新华网，2012 年 10 月 4 日，www. hb. xinhuanet. com/2012 - 10/04/c_ 113277283. htm。

是防长江上游来的洪水，如果是 1998 年那种上游涨水是可以起到作用，但如果是 1954 年那种情况——湘江、汉江同时涨水，它对长江中下游的洪水就起不到什么作用了。而现在，长江上游干流和支流梯级开发了很多水电站，几个国有公司已经像分蛋糕一样将长江的断面瓜分完了，长江水被一座座大坝层层拦截，将来三峡还可能面临'无洪可防'的尴尬。"

曹文宣认为，现在很多人一遇到对水电的问题就说是在"妖魔化"水电，就拿水电和火电比，对比发同样的电火电要产生多少排量和污染，最后得出结论：水电至少比火电好，然后这样计算出生态影响利大于弊。同时他认为，火电现在有很多污控技术，也是在改进，而水电开发对整个流域生态的长期影响有些甚至是不可知的。

水电也并不是不产生污染——水的自然流动、涨落被改变了之后，尤其是深水水库形成之后，不仅占用大量土地、制造大批移民、影响区域气候、降低河流自净能力，而且大量有害物质也会生成。"如新安江水库、丹江口水库，多年调节的深水水库，在低温水的条件下面，很多重金属在那甲基化，变成有机的东西，有机的东西会通过浮游生物传递，通过食物链传递到人，对人是有害的。葛洲坝的水流动尚可，三峡就比较差，溪洛渡、白鹤滩更差。不光是甲基化，还有很多植物沉积在下面以后变成沼气，也是一种还原状态。沼气也是温室气体，属于温室气体排放的范畴。"

在拉美的巴西和非洲的一些国家，也都有过土地被淹没建成水库后不断产生大量温室气体的案例。那种断言水电相对火电是清洁的和绿色的能源，对环境无影响的说法是武断的、不负责任的。至少我国在这一方面，还缺乏严谨深入的研究。

三 小南海的决策内幕

如果说在三峡的利弊问题上，曹文宣和翁立达还有不同的意见，那么在小南海水电工程的问题上，两位专家的态度、观点则相当一致。

"重庆市长江小南海水利枢纽"（以下简称小南海水电工程）选址于"长江上游珍稀特有鱼类国家级自然保护区"缓冲区与试验区的连接处附近，水库建成后库区将覆盖淹没缓冲区 70 公里的江段，占自然保护区干流段的 1/5。

在 2012 年 4～5 月对金沙江流域的调查中，笔者从多重渠道获悉印证：从 2005 年开始，重庆市就出于地方利益考虑将小南海水电工程列入议事日程。薄熙来到重庆任书记后，更强势推进小南海水电工程的各项前期工作。在这一过程中，国家相关部委甚至三峡集团公司均处于被动地位。三峡公司迄今为止对于小南海工程仍"不宣传、不报道"。

四川地质局地调队总工程师范晓认为，如果说"水电至少比火电好""国家发展的能源刚需""中国的减排压力"是建设水电站天经地义的理由，那么根据他的考察，至少在小南海，这些理由不能站住脚了。甚至从经济角度讲也并不合算：低水头电站，单位千瓦时造价过高，淹没成本大，移民也多，三峡集团公司很难有利润可图。

那为什么三峡公司又要建呢？原因是三峡大坝蓄水以后，作为库尾的重庆受到了较大影响。朝天门的航运由于水库卵石的淤积而丧失了功能。重庆小气候也受到影响。三峡集团公司为了弥补重庆的损失，并且也不愿意看见在向家坝和三峡之间插入由别的公司开发的水电站，这样不利于这段水资源的统一管理和调度，所以答应了开发小南海，与重庆合资建设。

对于范晓的说法，三峡集团公司一位官员亦表示认可。该官员向笔者透露："小南海，我们一直不想建的，但是重庆想建。重庆是三峡的库尾，做出了牺牲，你要对他有所弥补。小南海不是以发电为主，用中性一点的话说，是为了'综合效益'，为了地方经济发展的需要。"

曹文宣指出，根据《中华人民共和国自然保护区条例》（以下简称《保护区条例》）第三十二条，在自然保护区的核心区和缓冲区内，不得建设任何生产设施。在自然保护区的试验区内，不得建设污染环境、破坏资源或者景观的生产设施。"因此，在自然保护区内兴建显著改变水域生态的水利枢纽工程，是违法的行为。"

更令他感痛心疾首的是，这个国家级的自然保护区，是 2005 年才刚刚获得调整通过的。而之所以调整，也正是基于三峡之后，金沙江上的溪洛渡、向家坝两座巨型水库的兴建进一步改变了水域环境，压缩了水生生物的生存空间。所以，当时的中国国家环保总局在〔2005〕第 315 号环评报告复函中，

特别强调："在规划修编与建设中应明确调整后的保护区内不得再进行水利水电开发活动。"

在这样的背景下，2006 年左右，重庆市召开小南海工程对自然保护区影响的讨论会，邀请曹文宣参加，被曹文宣拒绝。他认为重庆市无权开这个会。"你要在自然保护区里建，那当然就是有影响，还有什么可讨论的？"

曹文宣认为："调整的自然保护区的筹建工作才刚刚起步，有关部门就迫不及待地要在调整后的保护区内进行水利水电开发活动，视国家级自然保护区为可有可无，这是不能接受的。只要是法律规定的，不管是涉及人，或是涉及鱼，一律都应当遵守。"

他告诉笔者，三峡公司也是很不情愿，因为成本和效益确实太不成比例。有一次在关于小南海的会议上，薄熙来希望争取三峡公司的支持，他的理由是重庆缺电，说重庆市缺乏能源，虽然天然气很多，但中央不允许重庆用天然气发电，所以"有气无力"，因此希望修小南海，多发点电。当时三峡老总曹广晶的回答是："等三峡汛期水位调整高了，多发的电都给你们……"。

翁立达也很清楚这个决策过程。2007 年，薄熙来和钱正英在渝州宾馆座谈，翁立达也在场。饭桌上，薄熙来说："我们想修小南海，可以缓解三峡的泥沙问题。"钱正英当时就顶了他一句："三峡不担心泥沙问题。"

从上述决策的内幕我们可以知道，仅仅是为了地方和局部的利益以及 GDP 政绩的需要，有的地方领导干部不讲科学、不顾生态，找种种借口在国家划定的自然保护区中进行强制开发。在他们眼里，国家制定的法律法规并不是用来遵守和执行的，而是要千方百计"绕过去"的"障碍"。我国的环境和生态，正是这样左一点右一块地被牺牲掉了。

四　相关部委及相关专家的妥协过程

2008 年，国家发改委向各部委发出征求小南海开展前期工作和项目建设意见的函，国家环保部办公厅在〔2008〕第 54 号复函文件里第一段意见的第一句话就说："小南海水电站拟在长江上游珍稀特有鱼类国家级自然保护区内建设，与有关背景不符"，并再一次提到："原国家环境保护总局 2005 年在金沙江向家坝水电站环境影响报告书批复文件中，已明确不得在调整后的保护区内再进行水利水电开发建设。"

环保部的该文件中，又用了"最后的避难所""优先保护意义重大""其地位无可替代"等措辞来描述这个保护区，并直指"长江流域综合流域规划难以适应保护需要，建议进行修订"。最后，环保部认为建小南海水电站应持"极其慎重"的态度，原则上同意开展鱼类自然保护区环境影响等前期论证工作。

虽然环保部回复发改委的文件态度十分审慎，但在此之前的 3 月 8 日，当环保部还是"环保总局"的时候，一份它们和重庆市委、市政府的《会谈纪要》已经将曹文宣院士激怒了。这份《会谈纪要》记录着："对于小南海水电项目，国家环保总局将以积极促成的态度认真研究，近期组织鱼类保护论证，为最后的决策扫除障碍。"

曹文宣对此的解读是："扫除障碍？那意思就是，要把我们当作障碍给扫除了。我当时就气得要命。"

翁立达说，农业部一开始也不赞成这个工程，但是后来被重庆施加了压力，也屈服了，于 2009 年 10 月通过了《保护区重庆段调整方案》。以修改保护区的方式，让这个工程"不在保护区里"。2010 年 11 月，环保部也通过了这个调整方案。

翁立达说："重庆方面也来找过我'公关'过，我告诉他们，对你们重庆在三峡上作出的牺牲和贡献我是充分理解的，包括开县要建生态坝，我都是支持的，唯独小南海，我不能支持。这个态度我始终没变。"

曹文宣这样"顽固"的学术权威，也开始接受各种"软磨硬泡"。有相关的领导来找他谈话，一步一步把他给"绕"进去。他的名字也出现在各种调研报告和专家成员名单里，成为增加这个工程"科学性"的一个论据。他自己则无奈地面对现实，只求在尽可能的范围内努力把好关，将损害降到最小。

曹文宣解释说："小南海工程为鱼类设计的生态通道是仿自然通道。在水库外另外挖一条小河。仿自然通道理论上应该有用，外国也这么搞的。但小南海的不是在旁边，是在中间的岛子上，那就困难了，流程很短。看他们怎么搞嘛，反正我只负责研究哪些鱼需要过。至于鱼儿有没有那么聪明知道从那里

过，那我就不知道了。主观愿望是希望它们能通过，但过不过得了谁也不敢保证。反正把鱼道修了，'环保任务'就算完成了。"

2012年3月29日，重庆小南海水电站奠基暨"三通一平"工程开工仪式在小南海坝址上进行。市长黄奇帆、三峡集团董事长曹广晶，还有水利部、三峡办等单位的相关人员出席了仪式，曹文宣也在场。

科学家被"攻关"，妥协于权力和强势利益集团的高压，是最可悲的。因为它将导致作为我国生态底线的自然保护区，从科学上失守的这样一个必然结果。

至此，重庆市出于地方利益和政绩的考虑强势推进该项目，主导了长江上游珍稀特有鱼类国家级自然保护区的边界和功能区划修改，并成功使得相关国家部委妥协与让路，使三峡集团勉强合作。这是为追逐利益和政绩"竭泽而渔"的典型样本。

五 关于保护长江上游鱼类保护区的建言

长江上游的特有鱼类中，有一部分是产漂流性卵的鱼类，如圆口铜鱼、长鳍吻鮈等。这些鱼类产出的卵和初孵仔鱼，需要漂流400～500公里才能发育到主动游泳的仔鱼。长江上游珍稀特有鱼类国家级自然保护区干流江段，流程不够，卵苗必须通过小南海江段进入三峡水库。由于三峡水库在6～9月水位降至145米运行，水库内相当长的一段水域流速不小于0.2米每秒，可以保持卵、苗继续漂流。水库内丰富的浮游动物可以为仔、幼鱼提供较充足的食物。其他产沉性卵或黏性卵鱼类的仔、幼鱼，包括白鲟和胭脂鱼仔、幼鱼，也可以到水库的回水变动区内觅食。因此，三峡水库是上游珍稀、特有鱼类早期生活史阶段的重要栖息地之一，其与长江上游珍稀特有鱼类国家级自然保护区之间必须畅通无阻，以保持水域生态的完整性。

同时，三峡水库可在静水中生活的鱼类，如草鱼、鲢、鳙、鳡、鳊、赤眼鳟等，也要溯游到江河的流水中产漂流性卵，小南海水利枢纽将阻隔这些鱼类上溯到产卵场的通路，使三峡水库渔业资源的增殖受到不利影响。

有鉴于此，曹文宣院士在分析小南海水电工程长江上游鱼类保护区影响的报告中，逐条阐述了他反对小南海水电工程的意见，现综述如下。

1. 修建小南海水电工程属于违法行为

"重庆市长江小南海水利枢纽"坝址，位于"长江上游珍稀特有鱼类国家级自然保护区"缓冲区与实验区的连接处附近，建成后将淹没缓冲区约 70 公里的江段，占自然保护区干流段的 1/5。按照《中华人民共和国自然保护区条例》第三十二条："在自然保护区的核心区和缓冲区内，不得建设任何生产设施。"因此，在自然保护区内兴建显著改变水域生态的水利工程，是违法行为。

在原国家环境保护总局环审〔2005〕315 号《关于金沙江溪洛渡水电站环境影响报告书审查意见的复函》中，原则同意该项目建设，并指出"原长江雷波—合江珍稀鱼类国家级自然保护区因金沙江一期工程建设的需要调整为长江上游珍稀特有鱼类自然保护区，调整方案按国务院的审批意见执行。在规划修编与建设中应明确调整后的保护区内不得再进行水利水电开发活动"。现在金沙江一期工程的溪洛渡、向家坝两个枢纽已动工兴建，由于修建这两个水电项目而调整的自然保护区的筹建工作才刚刚起步，有关部门便迫不及待地要在调整后的保护区内进行水利水电开发活动，视国家级自然保护区为可有可无，这是不能接受的。只要是法律规定的，不管是涉及人还是涉及鱼，一律都应当遵守，不遵守保护鱼类的法律，同样是违法行为。

2. 水利水电工程对长江鱼类栖息地的负面影响是科学事实，不容置疑

国家决定建立长江上游珍稀特有鱼类国家级自然保护区，就是由于兴建了三峡水利枢纽，使长江上游约 600 公里江段的水域生态显著改变，使上游的白鲟、达氏鲟、胭脂鱼等珍稀鱼类和岩原鲤、厚颌鲂、圆口铜鱼等 40 余种特有鱼类的栖息生境减少，繁殖条件恶化。金沙江一期工程更加剧了这些不利影响。在过去，这些珍稀、特有鱼类自由生活在金沙江虎跳峡以下至宜昌间约 2400 公里的江段内，圆口铜鱼还是上游干流最重要的经济鱼类。而在现在，除了白鲟和胭脂鱼在长江中、下游偶有发现外，在长江上游干流能够为珍稀、特有鱼类提供适宜生境的江段，仅剩下调整后的国家级自然保护区这 353.16 公里的一小段了。现在水利部门又提出建设小南海枢纽工程，将这一小段再切去 1/5，这对于长江上游珍稀特有鱼类的艰难处境无疑是雪上加霜，对自然保

护区的不利影响是明明白白的，已经不需要作什么"专题研究"。

3. 修建"鱼道"解决不了鱼类的洄游和繁殖问题

不要指望修建一两座过鱼设施就能减缓对鱼类的不利影响。过鱼设施如果能起作用，也只能为需要上溯的鱼类提供一个通道，但需要上溯繁殖的鱼形体大小悬殊，克服水流的能力差异很大，不可能修建一个兼容多种鱼类通过的过鱼设施。像小南海枢纽这样的一座低水头水利工程，对鱼类资源的不利影响主要表现在漂流性鱼卵和仔、幼鱼通过枢纽的泄水闸或电厂下坝时遭受机械损伤或气体过饱和伤害。我国还没有建成功一座为四大家鱼或其他产漂流性卵的鲤科鱼类上溯繁殖的过鱼设施，但是从富春江七里垄电站和长江葛洲坝电站下游捞到了大量的产自坝上游的死育苗和卵膜破裂的鱼卵。指望修建过鱼设施解决小南海枢纽鱼类资源保护的问题，仅仅是主观的"善良愿望"而已。

总而言之，我们认为像小南海水电工程这样的对长江水生态和水环境负面影响甚大而经济效益较差的工程项目，应当依照自然保护区的法律法规予以撤销。在经济大开发的热潮中，我们的头脑更应保持冷静和清醒：中国只有一条长江，长江只有一个珍稀特有鱼类国家级自然保护区。在这里，我们再也没有为图一时的经济利益可供牺牲的自然资本了。

Xiaonanhai Hydropower Station:
A Typical Case of Power Expansion

Liu Yiman   Ding Zhouyang

Abstract: For various reasons, human activities have been killing the aquatic life of the Yangtze River, a plight further exacerbated by hydropower development projects in the upper middle stream of the river. Among all its peers, the Xiaonanhai Hydro-junction has proven most deadly. With field research and in-depth interviews, the author attempts to recreate the background and decision making of the project. The Chongqing Municipal Government, for the sake of local interest and government work performance, actively promoted the project, which requires the trimming of the National Natural Reserve of Rare and Endemic Fish in the upper stream of the Yangtze River. In response to local appeals, relevant departments and commissions conceded and the Three Gorges Group reluctantly agreed to cooperate. The whole case highlights the reckless profit-orientation of administrative power.

Key Words：Xiaonanhai; hydropower development; Yangtze River; fish; Chongqing

政策与治理

Policies and Governance

　　2013 年的政策与治理板块收集了 4 篇文章,《应对环境挑战需强化政府环境责任》《饮用水"新国标"与污染物排放控制政策改革》《〈环境保护法〉修改饱受争议》《公众环境检测的兴起与困境》。

　　《应对环境挑战需强化政府环境责任》从当今中国环境问题的利益冲突特征以及环境质量及环境服务的公民基本权利特点出发,提出保存和提升环境资产与服务是现代政府的当然责任这样一个全新论点。在中国,政府环境责任的履行和落实,应进一步强调:还权于民、信息公开、阳光行政以及有效率和公平的政策手段的制定与实施。

　　《饮用水"新国标"与污染物排放控制政策改革》通过分析饮用水"新国标"的修订给我国的污染物排放控制政策带来的挑战,指出了我国排放控制政策存在的问题,进而提出了污染物排放控制政策的改革建议。

　　2012 年,《环境保护法》的修改可以说是震动环保界的一件大事,实施了 24 年后的首次修改却因政策环评、环境公益诉讼、按日计罚等未写入法律的修正案而备受恶评,形成对照的是,新修订的《民事诉讼法》则首次将环境公益诉讼写进了法律,并获得一片赞扬。《〈环境保护法〉修改饱受争议》全面介绍了两部法律的修改及利弊,并对《环境保护法》修改是否导致环保法律倒退提出思考。

　　《公众环境检测的兴起与困境》通过近年来公众自行检测水、空气、土壤等环境要素的实践,特别是引起灰霾天气的重要污染因子 PM2.5 的监测,阐述了公众监测的积极意义以及面临的政策及法律困境与障碍,呼吁从法律上肯定公众监测的合法性和积极作用,使得公众监测更好地成为政策监督手段的一种行政权参考。

G.13
应对环境挑战须强化政府环境责任

张世秋 *

摘　要：

　　本文从当今中国环境问题的利益冲突特征、环境质量及环境服务的公民基本权利特点出发，分析了保存和提升环境资产与服务是现代政府的当然责任，分析现代的环境治理必须强调善治（Good Governance），必须将行政管理、市场激励、社会制衡这三种调整机制相结合。对中国而言，政府环境责任的履行和落实，更应进一步强调：还权于民、信息公开、阳光行政、有效率和公平的政策手段的制定与实施。

关键词：

　　环境　政府　环境责任

当今中国，环境污染问题依然严重、健康风险突出、因环境问题引发的纠纷及各类公共事件加剧，特别是伴随公民环境意识的提高，维权意识加强，公民对公共问题倍加关注，政府在提供良好环境质量、控制污染损害、防范环境健康风险以及保障公民基本环境权益等方面的作为和行政有效性受到越来越多的质疑。政府在环境保护方面负有何种责任、如何履行这种责任，成为当前中国环境治理急需厘清的关键问题。环境管理/治理成了中国社会转型中政府责任担当的一个重要方面。

2011 年底，一场首发于网络的关于空气质量的争论，使得 PM2.5 似乎一夜之间就从学术圈变成了公众"常识"术语，并在初期阶段，它俨然成了环境问题的代名词。从争论和质疑数据的准确性到淘宝网口罩热卖、从各大

＊ 张世秋，北京大学环境科学与工程学院教授，长期从事环境经济学与政策的教学与研究工作。

主要实名微博博主的大声呼吁和每天的信息发布再到各类空气污染随身测的个体行动，这场由公民个体引发的公共事件争论很快得到政府的回应，并最终促成各地监测方案、数据公开方案的出台和新的大气环境质量标准的公布。到2012年，各类环境问题引发的公共事件更为激烈、影响范围更大，什邡、启东、宁波等地发生的水源地污染、饮用水安全及企业非法排污等，无不凸显出公众对政府履行环境责任缺位的质疑和对政府有效履行环境责任的期待。

这种期待、辩论乃至批评，不仅集中在加速爆发的一系列公共环境事件的起因、后果、责任追究以及权益保障等方面，更是对政府处理环境事务的能力、效率和效果以及公平和公正性的质疑。这些都折射出社会对政府急需改进环境公共管理/治理与环境公共服务提出的合理期待与要求，也表明对政府环境责任承担和管理/治理能力的不满，且认为政府在环境保护方面的管理缺位、执法不力和决策失误是环境恶化的主要根源和制约中国环境保护的严重障碍。①

政府作为公共事务管理和公共服务提供的主体，必然需要承担其应有的公共事务管理责任、分析和鉴别由环境问题引发的社会冲突的根源以及后果，并据此进行有效的遏制和预防，同时，要保护环境资产的不贬值甚至增值并推动社会—经济—环境的协调和可持续发展。

一 保存和提升环境资产与服务是
现代政府的当然责任

公民享有在安全、良好的环境中生存的权利，政府有保障公民权利实现的义务，应当对环境负责。环境是一种公共物品，政府作为公共物品的管理者和公共服务的提供者，对环境负责是其职能之一。良好的环境在现代社会是公众所应该享有的一种普遍福利，政府有提供这种公共福利的义务和责任。完善政

---

① 牛晓波、杨磊：《环保总局第三张牌：修法问责污染保护伞》，《21世纪经济报道》2007年2月27日。

府环境责任既是环境法治的基本要求，也是环境公共需求变化和环境基本权利发展的客观要求。

首先，环境质量以及环境资源是重要的公共物品，且具有典型的稀缺性和竞争性特征。环境以及环境资源作为诸多生态和环境服务功能的载体以及具体提供者，兼具公益品和公害品特征。一方面，当它能够满足人们需要的时候，体现为公益品特性；另一方面，环境资源受到破坏或影响，导致其数量或质量下降则会导致人类福利下降，甚或造成不可挽回的生命和财产损失，从这个意义上，它会体现出公害品的特征。与民众生活和企业生产对良好环境质量以及充足的环境资源供给的需求相比，环境质量和环境资源的数量和质量具有稀缺性特点，且在使用和消费过程中具有影响他人的外部性特征，使得在如何利用环境资源以及环境质量变化的情况下，都会导致对环境资源的竞争性使用并发生利益冲突。

其次，环境的稀缺性公共物品/服务特征对政府提出了干预和配置的要求。稀缺性意味着，由于需求的无限性，任何一种资源、物品或服务，都不可能满足所有用途和所有人的要求，必然在使用者之间和使用方式和途径方面，存在着竞争性的使用关系，社会必须依据某种规则、原则以及制度对具有稀缺性和竞争性的资源进行配置，以实现经济效率和社会公平。一般而言，可实现这种配置功能的包括两个主要的主体：一个是市场，一个是政府。在环境问题上，政府和市场二者缺一不可。由于环境资源的公共物品属性以及外部性特征的存在，在没有恰当的政府或者公共干预的情况下，必然会出现市场失效的现象，也有可能导致资源的过度使用和环境的破坏。由此提出了恰当的政府干预的必要性，但政府的恰当干预并不等于环境治理方面的全面的政府行政干预，在市场经济条件下，政府的干预可以概括为：通过法律明确社会配置环境公共物品/服务的原则和规则；提出和实施相应的公共管理制度安排；制定和执行有效的干预政策以便纠正市场失灵的现象；通过相应的制度安排提供必要的公共物品和服务。

再次，环境资源具有公众性和基本公共服务特征，且因其竞争性特征决定了公平配置具有重要意义。良好的环境质量是公民的基本权利，同时，公民也有免受不良环境质量影响的权利。环境保护与人们的生产、生活息息相关，作

为一项基本权利，每个国民，不论地位高低与贫富，享受的基本公共环境服务应该是相同的和均等的。因此，环境保护和管理与民众福祉和福利关系密切，涉及人民的根本利益。如前所述，环境资源/环境服务具有竞争性特征，这种竞争性，不仅体现在不同的用途间，还体现在区域间、国家间和不同的代际，也体现在不同的利益集团之间。正是这种竞争性的存在，使得环境资源通常具有很高的使用成本，并由于其外部效果的溢出特征，出现了"可持续性"和"不可持续性"的跨边界贸易问题，这些特征和现实的存在，表明环境资源具有重要的社会公平意义。因此，在环境管理方面，必然要求政府对环境公平、环境公正与环境正义给予充分的重视。

从这个意义上说，环境保护工作应真正体现代表广大人民群众的最根本利益这一要求，因为保护生态环境是事关国家利益和安全、保障当代人民和子孙后代生命安全和生存福利、支持社会经济长期可持续发展的根本大计，环境保护因此也成为现代政府实施公共管理的基本职责之一。

需要说明的是，环境问题伴随社会经济活动产生，也必然通过社会经济的发展进程得以解决。中国正处于急速的制度变迁时代，环境问题的解决，一方面要通过提高环境资源利用的技术效率和经济效率进而改善人类对自然的利用方式，即通过技术创新来实现；另一方面，更需要通过调整人和人之间的利益关系，即进行制度创新的方式，实现环境资源的有效利用和公平配置。这就要求：一方面，确保环境保护服务于全社会福利改善的需求；另一方面，避免环境资源的不恰当管理加剧社会贫富差距，特别是避免在利益集团和社会阶层结构已经客观形成的今天，不至于因为环境资源问题引发激烈的社会矛盾和冲突。①

二 环境管理模式变迁：政府环境责任演变与现状

20 世纪 80 年代以来，世界各国政府一直在不遗余力地推进和建立现代政

---

① 张世秋：《中国环境管理制度变革之道：从部门管理向公共管理转变》，《中国人口、资源与环境》总第 81 期，2005 年第 15 卷第 4 期。

府公共管理体制。公共管理强调政府利用其行政授权以及各种行政和管理资源以及政策手段，对公共资源进行有效配置和管理，并通过基于相关利益群体的有效参与和民主决策过程实现公共管理的相关目标。①②③ 现代公共治理同时还必须强调和关注如何在有限的财政资源下以灵活的手段回应社会的公共需求，特别是强调政府需要进行管理方式变革以便以较小的代价实现相应的管理目标。④

经过 20 多年的快速发展，公共治理理论日益丰富、观点众多，其核心要点可以概括：为公共治理体系包括治理的主体，如政府、公共组织、非营利组织、私人组织、社会个人等；治理的对象或客体，当前已应用到各个领域；治理的方式，强调各种机构、团体之间的自愿、平等合作。在公共治理研究中，非常关注不同治理主体针对某一治理对象采取的治理方式所产生的绩效。⑤ 简言之，公共治理是公共权力部门整合全社会力量，管理公共事务、解决公共问题、提供公共服务、实现公共利益的过程。⑥

李妍辉总结了在从"管理"到"治理"的公共管理模式转变过程中政府环境责任的转变与趋势，⑦ 包括：治理规则的多元性、多层次性和动态性。

由于环境治理涉及众多的具有不同利益诉求的行为主体，特别是行为人与结果承担者分离的特征，环境治理的过程从本质上以及从实践上必然是一个多元参与的过程，由此才能充分体现不同利益主体的利益诉求并通过多元主体的多样性的参与方式，形成各类不同主体之间的有效交流和沟通，并形成有效的政府、市场、各类不同社会经济特征乃至不同利益诉求的公众主体的制衡关

① Hood C. , "A Public Management for All Sectors", *Public Administration*, Vol. 69, 1991: 3 - 19.

② Flynn N. , *Public Sector Management*, Hemel Hempstead: Prentic - Hall, 1997.

③ 简·莱恩著《新公共管理》，赵成根等译，中国青年出版社，2001. Lane, Jan-Erik. *New Public Management*, 2000.

④ 陈振明、薛澜：《中国公共管理理论研究的重点领域和主题》，《中国社会科学》2007 年第 3 期。

⑤ Gerry Stoker, "Governance as theory: five propositions", *International Social Science Journal*, 1998, 50.

⑥ 张成福、李丹婷：《公共利益与公共治理》，《中国人民大学学报》2012 年第 2 期。

⑦ 李妍辉：《从"管理"到"治理"：政府环境责任的新趋势》，《社会科学家》总第 174 期，2011 年第 10 期。

系，进而达成多方认可的环境保护目标和环境保护战略，乃至环境保护规则和政策，从这个意义上说，政府责任从无所不包的管制者转化成权能有限的服务者和管理者，从而达到公共环境事务处理的最佳状态。

由于参与主体的增多以及参与范围的扩大，要求建立多层次的组织结构并进行有效的组织协调以实现环境管理和治理制度的有效运作，这种多重的组织结构和注重利益协调的制度安排，有别于传统管理的单一结构，它可以有效避免传统的单一中心和自上而下的管理模式中的决策片面、主观和信息单一等劣势。同时，任何的治理模式均是特定的社会经济和制度条件的产物，也必然需要随外部条件的变化等进行动态调整，从而反映不断变化的社会需求和公众要求。

三　政府环境责任：基本界定与现实情况

所谓政府环境责任，是指以公众环境利益为指向，法律规定的政府在环境保护方面的义务和权力，以及因违反上述义务和权力的法律规定而应承担的否定性后果。

政府环境责任包含如下几个主要方面：政府在环境管理和环境公共服务提供方面的基本职责、职权以及履行相应权责的行政资源，也包括政府因违反有关其环境职权、职责的法律规定而需依法承担的否定性责任。[①]　其中，政府环境职责和职权统称为政府第一性环境责任，否定性后果属于政府的第二性环境责任。

近年来，有很多研究分析和识别了政府环境责任的缺陷和问题，概括起来包括：重政府经济责任轻政府环境责任、重企业环境义务和追究企业环境责任、轻政府环境义务和追究政府环境责任、重政府第一性环境责任轻政府第二性环境责任、重政府环境权力轻政府环境义务、重地方政府的环境责任轻中央政府的环境责任、重政府环境保护行政主管部门的环境责任轻政府负责人的环

---

① 阳东辰：《公共性控制：政府环境责任的省察与实现路径》，《现代法学》2011 年 3 月第 33 卷第 2 期。

境责任等。①

上述的各类政府环境责任的不健全以及政府环境责任的不履行，不仅影响环境管理工作开展，更重要的是，导致政府环境公信力的降低和决策失误，具体体现在：民众持续性地质疑政府所公布数据的准确性、质疑政府的管理政策的利益倾向、质疑重大环境影响评价结果的客观性等。这种质疑在特定情况下，就会引发群众抗议行动，进而导致政府危机。同时，政府的某些环境与发展决策失误以及处理环境冲突问题的失误，则会导致更大的社会资源浪费。

2012 年召开的党的十八大明确提出要建设生态文明的长远大计，生态文明理念应渗透和统领物质文明、政治文明、精神文明建设，特别是融入政治文明的建设中。如此，中国必须也必将通过环境善治来推进生态文明的演进历程。

四　明确和落实政府环境责任，推进环境保护工作

近年来关于"善治"有很多的研究、讨论和实践，比较重要的有亚洲开发银行提出的善治的四个基本要素，即问责、参与、可预测性和透明，以及联合国亚太经济和社会委员会提出的参与、法治、透明、回应性、以达成一致为导向、公平与包容、有效性与效率、问责，这些要点和要素都是现代治理模式中核心的和重要的内容。

如上所述，环境是一种公共物品和基本公共服务，良好的环境在现代社会是公众所应该享有的一种普遍福利，公民享有在安全、良好的环境中生存的权利，政府有保障公民权利实现的义务。政府因此应该是公民环境权益的保护者，提供良好环境物品的义务主体和不履行法定义务的责任承担者。完善政府环境责任既是环境法治的基本要求，也是环境公共需求变化和环境基本权利发展的客观要求。

在完善政府责任方面需要强调：环境保护涉及众多部门、学科、领域、利益主体，政府环境责任是由一系列相互补充、相互制约的责任所组成的责任体

---

① 蔡守秋：《论政府环境责任的缺陷与健全》，《河北法学》2008 年 3 月第 26 卷第 3 期。

系。健全政府环境责任的重点和方向，是不断提高政府环境责任的可操作性，实现政府环境责任的制度化、规范化和程序化。① 在此基础上，很多法律专家提出了完善政府环境责任的主要方面，包括建立健全环境与发展综合决策制度、政府环境目标责任制度、战略（规划）、环境影响评价（特别是战略环评）、排污总量控制制度、综合环境许可制度、生态区划与环境功能区划制度、生态行政补偿制度、政府环境信息公开制度、政府支持公众参与制度、政府环境应急制度、环境政绩考核制度、政府问责（政府环境责任追究）制度等。

除法学界以及公共管理研究领域关于政府环境责任的各类建议外，从环境善治的角度，政府环境责任的有效履行必须在如下方面进行突破和改进：

1. 现代的环境治理必须强调善治，体现多方参与、法治完善、决策和管理透明、有效性－效率－公平以及问责等要义，特别是必须推进行政管理、市场激励、社会制衡这三种调整机制的有机结合，其中最关键的是要在对政府的管理责任、管理方式、管理理念和原则方面进行深入反思的基础上，对政府管理进行变革和改进

应不断强调和落实政府作为全社会委托的环境和自然资产管理者的自然资本保育和增值的责任；对政府公权力的有效应用及边界进行明确和规制，强调依法行政，提高行政效率；强调并推动基于科学认知的决策过程的民主化及透明度；通过多方利益相关者以及公众的广泛参与，确保利益协调机制的有效运作，并确保社会的环境公平和环境正义底线；强化政府与公民的互动，强化公民对公共管理的监督。唯有如此，才能真正体现和落实政府的环境责任。

2. 通过"赋权于民""还权于民"的过程实现环境管理制度的根本转变

应在承认环境资源是一种重要的资产及资本的基础上，明确界定有效的环境权益及权益结构，包括公民的基本环境权益，以及破坏这种环境权益的责任承担方式，促进保护环境的责任与享有环境服务的权利的统一。公众的环境权益，不仅包括享有良好的环境质量等方面的权利，也包括由环境信息知情权、受到环境损害时的索赔权、对政府和企业的环境监督权等一系列的权利构成的

---

① 蔡守秋：《论政府环境责任的缺陷与健全》，《河北法学》2008 年 3 月第 26 卷第 3 期。

权利束。

3. 通过制定有效政策，纠正市场失灵，有效发挥市场的资源配置功能，体现政府有义务以费用—有效的方式实现政策和管理目标

环境经济政策的制定和有效实施，是非常关键的一个重要环节，环境经济政策是指运用价格、税收、财政、信贷、保险等经济手段影响市场主体的行为，以实现经济建设与环境保护协调发展的政策手段。环境经济政策变革的核心内容是基于污染者、使用者、受益者负担原则，形成有益于环境质量改善、生态系统功能提升的适宜的价格信号，这个价格信号中，不仅应包括企业的生产成本，还要反映生产和服务提供过程中带来的资源和环境的成本。建立环境资源就是资产的概念，并把这一概念体现到政策制定、社会经济运行的过程中，创建一个有利于环境友好的企业和技术的市场竞争环境。因此，中国应尽快在"税收中性"的原则下制定和实施环境和资源税收政策（亦即不增加整体税负水平，增收环境税但降低其他税收水平）。同时，还应充分发挥政府公共财政的转移支付功能，保证那些为了保护全民环境资产而放弃了经济总量和发展速度的地区及群体的利益，进而从实质上提高环境资源的配置效率，缩小收入差距，改善社会福利。

4. 通过阳光行政、信息公开确保公众参与环境事务的权利，并构建政府—企业—公众的联合与制衡关系

如前所述，环境善治要求构建政府—企业—公众的联合与制衡关系，并借此积累中国长期发展的社会资本。践行生态文明、实现社会—经济—环境—生态共赢，需要发挥政府、企业和公众三方相互制衡、相互激励的正向促进作用。其中，政府做好角色定位，致力于建设良好的制度环境、进行政策引导尤为重要。对于中国政府来说，如何善用公共权力，致力于构建一个高效的、公平竞争的市场环境，是一项长期而艰巨的任务。阳光行政和信息公开，是确保公民对环境行政过程和决策过程的合法性、合理性进行监督的基本前提，也是现代政府的基本义务，更是重建社会信任和提高政府可信度的必要措施。同时，保障公民环境权益，推动公民社会发育是生态文明推进的必要环节。公众权利的保障和有效行使不仅是现代社会治理的基本要义，同时，也是降低政府监管成本的最好方式。要让公众的环境责任得到落实，政府应该也必须"还

权于民"，包括环境信息知情权、受到环境损害时的索赔权、对政府和企业的环境监督权等。

上述的变革过程，不仅有助于确保公民的环境权益实现，同时，也是最重要的，有可能通过环境保护这个公共问题和公共事务，尝试和推进中国社会的社会治理模式变革，为中国向和谐社会的平稳过渡积累必要的社会资本。

Enhancing the Government Environmental Responsibility to Meet the Environmental Challenges Facing

Zhang Shiqiu

Abstract：Accompanied with the progress of Chinese environmental legislation and regulatory reform, the significance of the governmental environmental responsibility becomes more and more noticeable Among the various, the fundamental problem is the failure of the government's environmental responsibility and accountability based on the analysis that the good environmental quality and sound environmental services is one of the basic rights of the public, and the features and trends of interests conflicts due to environmental problems in current China, this paper emphasize that preserving and improving the environmental assets and eco-services is the basic environmental responsibility for Government. By examining the historical changes of environmental regulation, management and environmental governance, this paper further addresses that the government should improve the good governance, which combine the administrative management, command and control approach, market based instruments, and civil society involvement. It should give specific emphasis for China is that：to return/endow the basic environmental rights and interests to its citizen, information disclosure, transparency of administration, as well as the careful selection of the public policies balancing the efficiency and equity.

Key Words：Environment；Government；Environmental Responsibility

G.14
饮用水 "新国标" 与污染物排放控制政策改革

宋国君　张 震*

摘 要：

　　饮用水"新国标"的修订给我国的污染物排放控制政策带来了新挑战。我国工业点源、城市污水处理厂、医疗机构和危险废物管理存在政策设计的漏洞；生活垃圾填埋场、规模化畜禽养殖、城市雨水地面径流、农村生活面源污染、农业面源的控制管理还有缺位。

　　本文提出以下建议：明确排污许可证作为水污染防治的核心手段，针对每个污染源制定基于技术和水质的排放限值标准；制定水污染物排放标准制定导则，区分基于技术和基于水质的排放标准；建立城市污水处理厂预处理制度；制定农村生活源的管理政策；严格限制农业生产使用潜在威胁水质安全的农药、化肥和杀虫剂；严格危险废物管理。

关键词：

　　饮用水新国标　排放控制政策改革

　　制定生活饮用水卫生标准是从保护人群健康和保证生活质量出发，以法律形式对饮用水的各种因素（物理、化学和生物）作出定量限值的规定。

　　从江河湖泊等天然水体中的水到家庭生活饮用水是一个包括原水、取水、水厂净化和输水的过程。饮用水的水质与这几部分都有关系。

* 宋国君，经济学博士，中国人民大学环境学院环境经济与管理系，教授，博士生导师，环境政策与环境规划研究所所长；张震，中国人民大学环境学院，人口、资源与环境经济学博士研究生。

本文主要讨论水源地的水质安全，这是保障饮用水安全的基础。而保持饮用水源水质达标主要还是依据污染源的排放控制。从这个角度讲，饮用水"新国标"给我国的排放控制提出了更高的要求。

一 饮用水"新国标"的变化

《生活饮用水卫生标准》（GB 5749 – 2006）（下称"新国标"）于 2006 年 12 月 29 日正式颁布，2007 年 7 月 1 日起实施。新国标规定了生活饮用水水质卫生要求、生活饮用水水源水质卫生要求、集中式供水单位卫生要求、二次供水卫生要求、涉及生活饮用水卫生安全产品卫生要求、水质监测和水质检验方法。水质指标由原标准的 35 项增加至 106 项，还对原标准 35 项指标中的 8 项进行了修订。

"新国标"对指标标准进行了细分，包括水质常规指标、饮用水中消毒剂及常规指标、水质非常规指标。常规指标是指反映生活饮用水水质基本状况的水质指标，包括微生物指标、毒理指标、感官性状和一般化学指标、放射性物质等。常规污染物中，微生物指标包括总大肠菌群、大肠埃希氏菌、耐热大肠菌群、菌落总数四个指标；毒理指标包括砷、镉、六价铬、铅、汞、氰化物、硝酸盐等。对于毒理指标，"新国标"变更了砷、铅、镉、硝酸盐、四氯化碳等限值。感官性状和一般化学指标包括色度、肉眼可见物、溶解性总固体、pH、COD、挥发酚类等，新标准修订了浑浊度的限值。放射性物质包括总 α 放射性和总 β 放射性两种。另外，饮用水中消毒剂及常规指标主要涉及处理过程，此次修订的指标包括氯气及游离氯制剂、氯胺、臭氧、二氧化氯。

而非常规指标是指根据地区、时间或特殊情况需要实施的生活饮用水水质指标，分为微生物指标、毒理指标、感官性状和一般化学指标三个部分，未包括放射性物质。非常规指标是"新国标"变化的主要内容，除去常规指标比旧标准增加了微生物指标 2 项；毒理指标无机化合物由 10 项增至 21 项，有机化合物由 5 项增至 53 项；感官性状和一般理化指标增加了 3 项。可见，"新国标"的毒理指标是修订的关键。

二　对污染物排放控制政策的挑战

从"新国标"的指标变化来看，主要集中在微生物指标、毒理指标两个方面，影响这些指标的污染源有哪些？我国现有的环境保护政策是否有效地控制了这些污染物的排放？这是下文需要探讨的问题。

（一）威胁饮用水安全的污染源

1. 工业点源

工业生产对饮用水的影响来自生产过程中未经处理或者处理不彻底的污水。工业企业是天然水体最主要的污染源之一，工业废水中的污染物种类繁多、排放量大、组成复杂，其毒性和污染危害较为严重，且在水中不容易净化，难以处理。

"新国标"中的水质常规指标中的毒理指标（砷、铅、镉、硝酸盐、四氯化碳）较为严格；非常规指标中增加的重金属物质包括锑、钡、铍、硼、钼、镍、银、铊；有机污染物，如一氯二溴甲烷、二氯甲烷、环氧氯丙烷、氯乙烯、三氯乙烯、氯苯等均来自工业点源的污水排放。

最为关键的是水源水中存在的有毒有害污染物质，通过常规的水处理，这些污染物在水中的浓度前后对比差异无显著性。也就是说，水源水中一旦存在某些有毒的微量物质，其出厂水和管网末梢水中浓度基本没有变化，[1][2] 即净水厂对此没有净化效果。

2. 市政污水处理厂

市政污水处理厂主要是处理城市及周边村镇居民在日常生活活动中所产生的废水，以及部分企业的污水或者预处理后的污水。经过污水处理厂排出的废水成分比较稳定，反映在感官指标中主要是有恶臭、偏碱性，含有大量的碳水

---

① 梁炜、陆颂文、吕建中：《苏州市饮用水中微量有害物质含量检测与分析》，《微量元素与健康研究》2010 年第 5 期，第 25～27 页。

② 郑浩、于洋、丁震、陈晓东：《江苏省饮用水重金属污染物健康风险评价》，《江苏预防医学》2012 年第 4 期，第 5～7 页。

化合物和氮、磷、硫等营养元素的有机物；一般不含有毒物质；但污水处理厂出水适宜于各种微生物繁殖，即微生物指标较高。没有得到有效控制的居民生活污水会通过各种途径导致或加快疾病的发生或传播。[①]

3. 其他点源

除工业点源和市政污水处理厂之外，对饮用水源地造成污染的还包括垃圾填埋厂、规模化畜禽养殖场、医疗机构等污染源。垃圾填埋场对水产生的污染主要来自垃圾渗滤液。渗滤液成分复杂，其中含有难以生物降解的"新国标"新增感官性状指标硫酸盐、毒理指标甲醛、氯苯、氯酚等。渗滤液对地下水也会造成严重污染，主要表现在使地下水水质浑浊、有臭味、COD 污染严重、大肠菌群超标等。并且，渗滤液对地面水的影响将长期存在，即使填埋场封闭后一段时期内仍有影响。

规模化畜禽养殖场的问题主要是畜禽养殖产生的粪水、冲洗水对地表水的污染；医疗机构污水是指医疗机构门诊、病房、手术室、各类检验室、病理解剖室、洗衣房、太平间等处排出的诊疗、生活及粪便污水。"新国标"中新增的耐热大肠菌群，常随粪便散布在周围环境中的大肠埃希氏菌，绝大多数家畜肠道内的原虫贾第鞭毛虫，病人和带虫者的粪便中的隐孢子虫都有可能在养殖废水和医疗废水中产生。

4. 面源

面源水污染主要包括城市雨水地面径流、农业面源（种植、畜牧散养、渔业）、农村生活面源。城市雨水地面径流主要是指雨水对城市硬化地表的冲刷，附着在地面的尘土、落地烟粉尘、城市绿化使用药剂、油类、垃圾产生的污染物等对地表水的污染；农业生活面源则是农村居民所排放的生活污水，其污染特征和城市生活污水类似，由于缺乏管理，造成的污染也更加严重。

面源污染管理的挑战主要来自农业面源污染。随着农药和化肥的大量使用，农田径流排水已经成为天然水体的主要污染源之一，施用于农田的农药和化肥部分会残留在土壤或者飘浮在大气中，这些农药残留和有机污染物会

---

① 张玉凤、曾纪梅、李鹏勘：《洞口县农村饮用水与环境卫生现状调查》，《实用预防医学》2010年第 2 期，第 288～290 页。

通过农田灌溉排水、降雨地表径流和渗流进入天然水体中，造成水体的富营养化。

"新国标"在非常规指标中增加的大量毒理指标均来自农业面源污染，包括除草剂、草甘膦、苗后除草剂灭草松、杀菌剂百菌清、杀虫剂滴滴涕、溴氰菊酯、六六六、农药残留乐果、甲基对硫磷、呋喃丹、毒死蜱、敌敌畏等，可见，"新国标"的施行给我国农业面源污染控制提出了更加严格的要求。

综合来看，工业点源、城市污水处理厂、生活垃圾填埋场等市政点源，城市地表无序径流、农业面源和农村生活源等面源污染均对饮用水源地造成威胁。"新国标"的修订和达标关键还在水污染物排放控制政策，而目前我国水污染防治政策还存在若干问题，这也是饮用水达标的真正挑战。

（二）我国排放控制政策存在的问题

1. 工业点源

就各污染源控制政策而言，工业点源控制是目前最为成熟的领域，《水污染防治法》和相关法规、规章规定了工业点源控制的各项措施，规定了工业污染源的监管程序，辅之以各行业的排放标准和清洁生产标准，形成了较完备的政策体系。并且，工业点源有明确的监管部门，环保部门负责工业点源的各项监管工作。但是仍然存在关键政策的缺失和不规范。

（1）缺乏有效的排污许可证制度，难以保障污染源连续达标排放。

点源水污染物控制依靠许可证制度的有效执行，[1] 目前我国工业点源排污许可证的监督和颁发存在较大漏洞，没有实施细则，颁发和执法随意性大。[2] 而排污许可证制度在美国被作为水污染物排放控制的重要管理手段，而且取得巨大成效，其排污许可证中明确点源需要执行的排放标准类别，以及相应的监测方案，并通过排放许可证制度的实施，保证点源实施以技术为基础的排放标

---

① 宋国君、韩冬梅、王军霞：《中国水排污许可证制度的定位及改革建议》，《环境科学研究》2012 年第 9 期，第 1071～1075 页。

② 宋国君、沈玉欢：《美国水污染物排放许可体系研究》，《环境与可持续发展》2006 年第 1 期，第 20～23 页。

准和以保护水质为目标的排放标准，实现对点源的排放监督，确保污染源连续达标排放。

另外，我国实施许可证制度的管理能力不足。目前我国环境管理领域缺乏大量的专业人才，不仅企业需要配备环境专业人才，而且政府部门也需要。

（2）排放标准存在制定机制缺陷和管理执行漏洞。

排放标准是点源排放"内部化"的边界，是对其所有对环境有影响因素划定的红线。而目前，我国水污染物排放标准大部分为单一限值规定，且在实践中普遍使用"最大容许""最高允许""不得大于"等禁止性用语，缺乏时间尺度、使用条件的规定。[①] 同时，水污染物排放标准没有区分基于技术和基于水质的排放限值设定；排放标准限值的制定程序技术依据不充分，且缺乏更新机制；达标判据和监测方案缺乏针对性和可操作性。而美国的排放限值导则针对不同工业行业、设施、污染物等因素规定不同的达标判定要求，时间尺度包括日最大值和月均值等，准确反映了污水处理设施水污染物排放的统计规律，值得我国借鉴。

2. 市政污水处理厂

（1）城市污水处理厂排放也没有实施排污许可证制度。

《水污染防治法》规定城镇污水集中处理设施的运营单位对集中处理设施的出水水质负责，环保部门对城市生活污水集中处理设施负监管责任，环保部也发布了城镇污水处理厂的排放标准《城镇污水处理厂污水排放标准》，但是目前对城市污水处理厂的排放缺乏排污许可证制度。

（2）对排入城市污水处理厂的排污者缺乏预处理制度。

污水处理厂的出水水质与其入水水质、入水水量及处理设施运行情况等因素密切相关。在污水处理厂进水缺乏有效监管的条件下，污水处理厂运营单位难以保障出水水质达标，由运营单位承担超标责任也是不合理的。对排入城市污水处理厂的排污者也要实施排污许可证制度，可以由城市政府负责

---

① 聂蕊、宁平、曾向东：《美国污染物排放标准对制定我国锡工业污染物排放标准的启示》，《环境科学导刊》2010 年第 2 期，第 16 ~ 18 页。

实施。

3. 其他点源

点源污染控制政策的另一个薄弱点是生活垃圾处置场的污染控制。垃圾处理厂点源管理由《水污染防治法》《固体废弃物污染防治法》规定。《固体废弃物污染防治法》规定建设生活垃圾处置的设施、场所，必须符合环境保护和环境卫生标准。但是目前我国生活垃圾填埋场缺乏监测，尚未建立起监测网络。同样，规模化畜禽养殖和医疗机构污水排放也主要是通过水污染物排放标准进行控制，缺乏明确的监管部门和监测手段。

4. 面源

美国 1972 年实施的《清洁水资源法案》中制订了日最大负荷管理计划 TMDL（Total Maximum Daily Load），目的主要是控制非点源污染，其主要针对已经污染、尚未满足水质标准的水体制定单独的控制战略，降低点源和非点源污水中的污染物，以期达到水质标准。目前控制的污染物有沉积物、垃圾、细菌、重金属等。

（1）城市雨水地面径流污染和农村生活面源污染控制管理缺位。

在城市雨水地面径流方面，目前我国的城市地面径流直接进入污水系统，或直接排入天然水体，未有进一步处理，管理缺位。随着农村社区的建设，农村居住集聚度提高，生活污水、垃圾急需处理。

（2）农业面源污染控制政策缺乏。

农业面源污染方面，尽管《水污染防治法》规定了农业部门指导农业生产者科学、合理地施用化肥和农药，控制化肥和农药的过量使用的责任，目前部分地区也实施了测土施肥、开展农业技术培训等措施，但是以上措施基本属于劝说鼓励性质，农户对低肥、低农药耕种缺乏经济刺激，政策效果不明显。同时，对于农村散户养殖的废弃物处理，法律法规中并没有作出要求。

5. 危险废物管理

危险废物是指列入国家危险废物名录或者根据国家规定的危险废物鉴别标准和鉴别方法认定的具有腐蚀性、毒性、易燃性、反应性和感染性等一种或一种以上危险特性，以及不排除具有以上危险特性的固体废物。污染源主要是医

疗废弃物和工业固体废物堆积，目前我国的危险物质管理主要是通过污染物排放标准进行管理，主要包括《一般工业固体废物贮存、处置场污染控制标准》《医疗废物集中处置技术规范》《危险废物填埋污染控制标准》《含多氯联苯废物污染控制标准》等。可是目前所执行的标准多是技术规范性质，多数标准缺乏明确的污染物质排放限值，也没有明确的某种污染物质不允许泄漏的规定，以及污染物质在附近水体不允许被检出的要求和监测规范；缺乏危险废物进入特殊危险废物处置厂或设施的明确规定；且部分地区由于历史原因，危险废物长期堆放缺乏责任人，导致危险物质进入水源地的风险陡增，部分地区已经威胁流域内的饮用水安全。

三 污染物排放控制政策的改革建议

（一）明确排污许可证作为水污染防治的核心手段，针对每个污染源制定基于技术和水质的排放限值标准

现有点源排放控制政策无法独立保障点源的"连续达标排放"。综合国外经验，排污许可证制度是融合了现有点源排放控制政策的系统体系，是控制点源排放的综合性管理手段。

排污许可证应当包含污染源应该遵循的所有要求（包括排污申报、执行的排放标准、排放监测方案、达标的判别标准、排污口设置管理、环保设施监管和限期治理等各项制度要求以及违法处罚等方面）。

颁发工业点源排污许可证时，对每个工业点源都需要根据水污染物排放标准和受纳水体的水环境质量标准制定针对具体点源特殊情况的基于技术和基于水质的排放限值，以及相应的监测核查和问责处罚机制等。

（二）制定水污染物排放标准制定导则，区分基于技术和基于水质的排放标准

在国家层面基于水污染物排放控制技术制定水污染物排放标准制定导则，对不同设施产生的不同污染物根据设备长期平均性能确定适当的定量限值，然

后在制定导则的基础上根据水质标准再制定基于水质的排放标准。并且，建立严格的更新审核机制，确定限值的审核年限和计划，例如每两年需要重新审核、每五年需要重新制定导则或者更新计划等，给企业投产和改善设施的预期和机会，促进环保产业技术进步。

（三）建立城市污水处理厂预处理制度

严格监测和控制污水处理厂的进水，保障进水中的工业废水达到预处理标准，防止高浓度废水扰乱污水处理厂的处理过程。需要完善针对城市污水处理厂的监督管理体系。制定和实施针对进入城市污水处理厂的排污许可证制度。

（四）制定农村生活源的管理政策

针对农村生活源污染控制政策缺位的问题，需要尽快制定农村生活污水、垃圾和散户畜禽养殖粪便处理的法规，探索可行的管理体制、技术模式和监管程序，规范农村生活污染源的管理，保障农村居民的饮用水安全。

（五）严格限制农业生产使用潜在威胁水质安全的农药、化肥和杀虫剂

制定农业生产化肥和药剂标准，严格生产企业市场准入机制；出台和执行严禁使用的催肥、药剂清单；推广生态绿色农业，减少农药、化肥和杀虫剂的使用。

（六）严格危险废物管理

在现有的危险废物管理标准的基础上，制定详细的危险废物清单，确定每种危险废物的处理程序和消除程度；需要建立专门的危险废物处理机制，危险废物需要进入相应处理设施进行特殊处置，确保没有任何危害人群健康的污染物质泄漏；还需要建立完善危险废物储存、运输、处理等一系列安全处理转移联单制度，尤其包括工业废渣、医疗废弃物等，确保从危险废物产生到处置过程无泄漏。

环境绿皮书

Standard for Drinking Water Quality (2006) and Pollutant Emission Control Policy Reformation

Song Guojun   Zhang Zhen

Abstract: Source water quality is the basis of drinking water's security, and source water quality relies on pollutant emission control policy, so the amendment of standard for drinking water quality brought about a new challenge for our pollutant emission control policy. In this paper, according to the index change and amendment in standard for drinking water quality (2006) and source water threaten, found that: Industrial point source, urban sewage treatment plant, medical institutions and hazardous waste management have different kinds of policy flaw; Control and management in landfill, large-scale livestock and poultry breeding, city surface runoff, rural non-point source, agricultural non-point source are absent. Suggestion: Water pollutant discharge permit must be the core of the water quality protection policy system; the Ministry of Environmental Protection should promulgate the water pollutant limitation guideline, and distinguish Technology-Based Effluent Limitations and Water Quality-Based Effluent Limitations when the authorities design and promulgate the water pollutant discharge permit; establish pretreatment system for urban sewage treatment plant; improve rural non-point source management policy; restrict the usage of pesticides, fertilizers and pesticides in agriculture; and implement strict hazardous waste management policy.

Key Words: Standard for Drinking Water Quality (2006); Pollutant Emission Control Policy; Reformation

Gr.15
《环境保护法》修改饱受争议

郄建荣*

摘 要：

    2012 年，《环境保护法》和《民事诉讼法》的修改引起了高度关注。2013 年 1 月 1 日起已经开始实施的《民事诉讼法》首次将环境公益诉讼写入法律，因此，它被认为是为环境公益诉讼开启了一扇大门。而有着"环境保护母法"之称的《环境保护法》的修改则饱受争议，甚至引发人们"倒退几十年"的恶评。为了阻止这部法律"上会"，国内著名的环境法学家专门致信吴邦国委员长和全国人大常委会法制工作委员会，指出《环境保护法》修改"征求意见稿"存在硬伤，建议全国人大常委会暂缓审议。

关键词：

    《环境保护法》修改 《民事诉讼法》修改 环境公益诉讼入法

一 修改后的《民事诉讼法》首次将
环境公益诉讼写入法律

2012 年 8 月 31 日，十一届全国人大常委会第二十八次会议通过了全国人大常委会关于修改《民事诉讼法》的决定。修改后的《民事诉讼法》已于 2013 年 1 月 1 日起实施。新《民事诉讼法》规定，对污染环境、侵害众多消费者合法权益等损害社会公共利益的行为，法律规定的机关和有关组织可以向人民法院提起诉讼。《民事诉讼法》的这一规定是环境公益诉讼的制度性突破。

---

* 郄建荣，《法制日报》资深环境记者。

从"环境公益诉讼首次写入法律""环境公益诉讼开始制度破冰"等可知，人们对新《民事诉讼法》充满了期待。

事实上，早在新的《民事诉讼法》获得通过之前，无论是民间环保组织还是有着政府背景的环境组织已经开始尝试进行环境公益诉讼。比如，2009年环保部下属机构中华环保联合会就江苏江阴港集装箱有限公司环境污染侵权问题，提出了环境公益诉讼；此后，中华环保联合会又在贵州等地提起多起环境公益诉讼。民间环保组织自然之友等也在2011年开始尝试提起环境公益诉讼。

2011年9月20日，自然之友和重庆市绿色志愿者联合会就向曲靖市中级人民法院提起公益诉讼，要求被告赔偿因铬渣污染造成环境损失1000万元人民币。环境法学家及业内人士认为，此次由国内民间环保组织发起的首起环境公益诉讼，是我国无利益相关者提起公益诉讼的一个良好开端，具有里程碑式的意义，并被看作是具有真正意义上的环境公益诉讼。

但是，这些环境公益诉讼的提起并不是源于法律的直接规定，它的依据是国务院《关于落实科学发展观加强环境保护的决定》等一些政策文件的规定，比如，国务院的决定中就明确"发挥社会团体的作用，鼓励检举和揭发各种环境违法行为，推动环境公益诉讼"。

受理环境公益诉讼的法院也并非随意一家法院都可以。无论是中华环保联合会还是自然之友等组织，大多选择建立了环保法庭的法院。

环境公益诉讼虽然已经开始破冰之旅，但它仍旧遭遇法律上的障碍。

2012年8月31日通过的《民事诉讼法》修正案，明确规定了环境保护、消费者权益保护两类公益诉讼。

2013年1月1日，新的《民事诉讼法》实施后，环保组织开展环境公益诉讼有了法律依据，因此，一些环保组织开展更加大胆、更加积极地尝试环境公益诉讼。仅2013年1月，中华环保联合会就向山西、内蒙古发出三份律师函，其中，就山西省原平市住房保障与城乡建设管理局修建公路导致大面积污染问题，要求原平市住建局在限定的期限内消除环境污染，否则将提出环境诉讼；2013年1月15日，中华环保联合会委托公益律师赵京慰再次发出两份律师信，一份发给在香港上市的联邦制药（内蒙古）有限公司，限其就超标排污问题进行整改，否则将提起环境公益诉讼；另一份律师函件针对巴彦淖尔市临河东城区污水处理厂超标排污，也敦促其在 15 日内进行整改，否则亦将提起环境公益诉讼。

不难看出，环境公益诉讼完成法律制度破冰之后，有关组织提起环境公益诉讼的数量将会成倍增长。

（一）人大法工委认为《民事诉讼法》将团体改为组织扩大公益诉讼主体范围

修改后的《民事诉讼法》获得通过后，全国人大常委会法制工作委员会副主任王胜明在有关会议上对修改后的《民事诉讼法》的一些规定做了专门解释。

他认为，有关社会团体改为有关组织是将提起环境公益诉讼的主体范围扩大了。王胜明为此解释说，社会团体的概念是一个窄概念。他表示，我国民政部门登记的社会团体只是社会组织的一部分。

而据此前公开的我国环境组织的现状显示，2011 年，在我国民政部门登记的社会组织达到 46 万多个，其中，约 25 万个都被称作社会团体，另 20 多万家则被称作民办非企业单位，另有 2000 多个是按基金会注册的。

按照这样的事实，目前我国社会上大量存在的非政府组织并不都是社会团体，其中更大部分是非社会团体。按照王胜明的解释，将社会团体改为社会组织确实是扩大了公益诉讼的主体范围。①

另外，修改后的《民事诉讼法》没有规定公民个人可以作为环境公益诉讼的主体。对其中原因，全国人大常委会法工委的解释是，环境公益诉讼大多数涉及的是公民个人利益。按照修改前的《民事诉讼法》，公民个人都可以提起诉讼，不需要按照新增加的公益诉讼条款解决。

（二）新的《民事诉讼法》仍然没有确定哪些组织可以提起环境公益诉讼问题

虽然新的《民事诉讼法》赋予了环保组织提起环境公益诉讼的权利，但

---

① 《法工委副主任解读哪些组织可提出公益诉讼》，人民网，2012 年 8 月 31 日。

是，哪些环保组织可以提出环境公益诉讼，法律并没有确定。对此，王胜明也表示，这个问题需要在制定相关法律时进一步明确。

而新的《民事诉讼法》中关于侵害消费者权益的公益诉讼问题，就有相应的实体法律正在修改当中。目前，全国人大常委会法工委民法室就已经在修改《消费者权益保护法》。这部法律已经考虑和研究允许哪些社会组织可以提起公益诉讼，即当消费者权益受到侵害时，哪些组织有权提起或适宜提起公益诉讼。

二 《环境保护法》实施24年首次 修改却引发强烈质疑

我国现行的《环境保护法》于1989年开始实施，至今已近24年。近24年来的首次大修改引发了全社会的高度关注。

2012年9月14日，环保部在官网上转发了全国人大常委会法工委就《环境保护法》修正案草案所进行的为期半个月的公开征求意见稿。

此征求意见稿一公开举国哗然。"倒退""令人失望""退回重新起草"等呼声此起彼伏。

征求意见稿之所以引发如此大的不满，关键在于，《环境保护法》颁布实施近24年来，最能体现理论与思想的政策环评、环境权益、公益诉讼等内容在环保法征求意见稿中只字未提。[①]

（一）环保部官员称环保组织是环境公益诉讼的主力军

2012年10月12日，环保部政策法规司副司长别涛在《中国环境报》上发表《环保组织：环境公益诉讼的主力军》的署名文章。别涛在文章中公开表示希望借《环境保护法》修改的大好机会完善环境公益诉讼制度。别涛提出，应借鉴消费者权益保护法修改的经验，在《环境保护法修正案》中加入环境公益诉讼条款，即在《环境保护法》修正案中明确环保部门和环保社会

---

① 郄建荣：《环保法修正案草案 只字未提公益诉讼》，《法制日报》2012年10月26日。

组织可以作为环境公益诉讼的主体。

别涛在文章中提出，如果没有法律明确规定，无论是公民个人还是行政部门通常都不可以直接提起公益诉讼。如果公民个人受到环境侵害，他可以就他自己所受到的直接侵害提起私益性质的民事诉讼，但不能提起公益诉讼。行政部门也是一样，如果没有法律的特殊授权，行政部门一般也不能作为直接受害人向法院提起民事诉讼。司法机关按照"民不告、官不理"的原则，对民事案件通常也不会主动干预。

别涛认为，我国现行的《民事诉讼法》的规定中欠缺的是，公民个人想以自己的名义，代表污染受害者提起民事诉讼，也就是说，现行的《民事诉讼法》缺乏对公民个人提起公益诉讼的规定。

正因为如此，别涛呼吁，为了保障社会公共环境权益，国家应该通过立法解决一些行政机关、社会组织提起环境公益诉讼的主体资格欠缺问题。

（二）环保部指出《环境保护法》征求意见稿存在四大问题

2012 年 10 月 31 日，环保部罕见地在其官网上公开了向全国人大常委会法制工作委员会提交的关于《环境保护法修正案（草案)》的主要意见。

在这份函件中，环保部公开表态，认为《环境保护法》征求意见稿存在四大问题。这四大问题是：在科学处理经济发展与环境保护的关系上，缺乏切实有力的措施保障；在合理界定《环境保护法》与专项法的关系上，基本定位不够清晰；在配置环保监管职能上，会对现行体制造成冲击；在对待各地各部门的环保实践上，草案没有充分吸取成功经验。

环保部提出，目前草案没有将那些应当用法律规范来调整、立法条件比较成熟、各方面意见比较一致、现实中又迫切需要、修改后对环境保护工作能产生显著成效的实践成果和国际经验纳入修改后的《环境保护法》中。

环保部透露，这些制度包括可持续发展、市场手段、排污许可、战略环评、公众参与、环境权益、公益诉讼等。而且，目前草案的一些修改内容又与其他法律冲突。环保部的函件中称，《环境保护法修正案（草案)》中对环境影响评价、"三同时"、排污收费、限期治理等制度措施的有关修改内容，与《水污染防治法》《大气污染防治法》等单项环保法律的规定

并不一致。

为此，环保部正式建议全国人大常委会法工委在《环境保护法修正案（草案）》中补充 10 项环境管理制度和措施，完善 14 项环境管理制度和措施及相关规定。

环保部建议，在法律责任部分补充 10 个方面的通用性处罚规则，其中包括按日计罚、公益诉讼等制度。

这 10 个方面的通用性处罚规则是：①"双罚制"，即不仅处罚违法企业，而且处罚企业负责人和其他责任人员；②按日计罚，即针对连续性环境违法行为的"按日计罚"规则；③生态损害，即明确将生态损害纳入环境污染损害的赔偿范围；④民事责任形式，需要补充环境污染损害的民事责任承担方式，明确恢复原状、生态修复、环境功能替代等责任形式；⑤举证规则，需要明确环境污染损害诉讼中的举证责任倒置规则；⑥损害评估鉴定中增加环境污染损害的评估鉴定机制；⑦环境公益诉讼，即根据新修订的《民事诉讼法》关于公益诉讼的授权性条款，明确规定有关环保机关和社会组织针对损害环境公共利益的行为，提起环境公益诉讼的资格；⑧行政强制措施，根据行政强制法的有关规定和环境执法监管的实际需要，增加对某些重大环境违法行为实施查封、扣押等强制措施；⑨治安处罚，环保部建议，根据《治安管理处罚法》有关破坏环境行为的条款，作出衔接性的规定；⑩环保部建议，增加环境犯罪规定，根据《刑法修正案（八）》关于严重污染环境犯罪行为的条款，作出衔接性的规划。

（三）14 位环境法学家上书吴邦国，请求暂缓审议"征求意见稿"

2012 年 9 月 25 日，由中国环境资源法学研究会的 14 位环境法学家草拟的非公开信被寄给吴邦国委员长以及全国人大常委会法工委。

这些最著名的环境法学者包括：曾参与 1979 年《环境保护法（试行）》起草工作、1989 年《环境保护法》修改工作以及本次《环境保护法修正案（草案）》前期研讨活动的中国社会科学院法学研究所研究员马骧聪、蔡守秋、汪劲、吕忠梅、王灿发、周珂、王树义、李艳芳、张梓太、王曦、李启家、李挚萍、陈德敏、徐祥民等。

这 14 位环境法学家指出，《环境保护法》征求意见稿无论是在指导思想、篇章结构上，还是在具体内容与文字表述上，都存在明显问题，甚至有很多错误，与学界与社会的普遍预期、环保工作的现实需要有较大差距，远没有达到继续审议并提交二审的基本要求，也很难作为短期内继续修改审议的基础。同时，他们认为"征求意见稿"存在七大硬伤，没有体现新时期我国的环境保护理念与指导思想的变革。

　　14 位环境法学家认为，自 1989 年《环境保护法》颁布实施以来，我国的经济、社会和环境条件发生了巨大变化。与之相应，我国的环境保护理念与指导思想也发生了重大变革，可持续发展、科学发展观、以人为本、生态文明等已经成为新时期环境保护的基本共识。但是，"征求意见稿"并未反映这种重大变革，最能体现理论与思想变革的政策环评、环境权益、公益诉讼等内容在"征求意见稿"中只字未提。此外，"征求意见稿"没有反映《宪法》尊重和保障人权的基本要求。

　　非公开信表示，我国《宪法》已经明确规定"国家尊重和保障人权"。环境权作为一种经济、社会和文化权利已经被列入了国家人权行动计划之中。但是"征求意见稿"对环境权没有任何回应。

　　14 位环境法学家还提出，"征求意见稿"关于《环境保护法》的定位不清，"征求意见稿"没有反映新时期我国环境保护的实践需求，"征求意见稿"对科学规律的尊重也远远不够，"征求意见稿"逻辑混乱、语言表述极不专业与严谨，"征求意见稿"也没有注意吸收最近的立法成果。

　　14 位环境法学家说，新修改的《民事诉讼法》已经规定了环境民事公益诉讼制度，并授权实体法对原告资格进行规定。《环境保护法》作为环境保护领域的综合性立法，理应在这个问题上作出详细规定，但是，"征求意见稿"对此完全没有涉及。

　　14 位环境法学家严厉指出，"征求意见稿"与 1989 年《环境保护法》相比没有实质性进步，而且在有关环境保护的法律原则和法律制度方面存在重大错误，立法说明中有关修法的"强化政府环境责任""保护公民环境权益"以及"提高企业违法成本"等目标并未体现在修正案草案之中，几乎所有修改之处均不具有可操作性。"甚至可以说，'征求意见稿'是自改革开放以来各

类环保法律草案中最不成熟、最糟糕、最令人失望的一部草案。"显然，《环境保护法》征求意见稿激起了环境法学家的强烈不满。

（四）新《民事诉讼法》环境公益诉讼规定在实体法中是否会落空？

按照法律分类，《民事诉讼法》属于程序法，因此，它的一些法律规定还需要实体法给予确立。新的《民事诉讼法》确立的公益诉讼制度也是如此。

在 2012 年 8 月，《民事诉讼法修正案》获得全国人大常委会通过后，全国人大常委会法工委副主任王胜明曾公开表示，修改后的《民事诉讼法》中关于公益诉讼的规定需要在制定相关法律时进一步明确规定哪些组织适宜提起公益诉讼。

有关侵害消费者权益的公益诉讼中，哪些组织可以提起公益诉讼将会在正在修改的《消费者权益保护法》中予以明确。因此，有一种观点就提出，正在修改的《环境保护法》也应该将哪些环保组织可以提起环境公益诉讼写入法律，但是，令人遗憾的是，公开的《环境保护法修正案（草案）》中对此并没有涉及。

正因为如此，"很难设想，在综合性的《环境保护法》之外，还有哪部其他单项环保法律更适合规定环境公益诉讼。"别涛曾这样公开表示。

就《环境保护法修正案（草案）》公开征求意见情况，环保部官员曾向笔者透露，环保部对《环境保护法》的修改高度重视，曾先后召开省、市县级环保部门、企业代表、环保专家、环保组织代表等各种类型的座谈会，并通过环保部门户网站和《中国环境报》等平台，组织过专题讨论，全面征求系统内外各方意见。

这位官员说，《环境保护法修正案（草案）》也引起各界人士的高度关注，从 2012 年 9 月 1 日至 30 日 1 个月时间内，环保部共收到了全国各地提交的12000 多条高质量的意见。这位官员说，在对这 12000 多条高质量意见反复推敲的基础上，最终形成了报送全国人大常委会法工委的建议稿。①

---

① 郄建荣：《从环保法修改看民主立法的生动实践》，《法制日报》2012 年 11 月 2 日。

显然，环保部提出增加环境公益诉讼等的建议也是民意的一种反映。

实施了近 24 年的《环境保护法》最终将被修改成怎样的一部法律，环境法学家以及作为具体执法部门的环保部的建议是否会被采纳，仍充满悬念；正在修改中的《环境保护法》是继续我行我素，还是能从大局出发，积极吸取各方的建议，着实令人费解与担忧。

Controversial Argument on Revision
of the Law of Environmental Protection

Qie Jianrong

Abstract：In 2012, the revision of the Law of Environmental Protection and the Civil Procedure Law proved sensational. The new Civil Procedure Law has been enforced since January 1, 2012 is the first to expand its jurisdiction to environmental public interest litigation, ushering in a new era in China. However, the revision of the Environmental Protection Law has been proven very controversial, with many crying-out setbacks. In order to prevent the revision proposal from formal deliberation at the National People's Congress, leading environmental legalists appealed to Chairman WU Bangguo of the Standing Committee of the National People's Congress (NPC) and the NPC Standing Committee Legal Work Committee, pointing out the big hitches in the exposure draft and successfully convinced the NPC Standing Committee to postpone deliberation.

Key Words：Revision of the Civil Procedure Law; Environmental Public Interest Litigation; Revision of the Law of Environmental Protection

G.16
公众环境检测的兴起与困境

霍伟亚*

摘　要：

公众参与是环境保护的重要方式之一，其参与方法多种多样，近年来公众通过便携设备检测环境成为一种新兴方法，在水、空气、土壤等方面有积极应用。这种方式提升了公众参与环境保护的专业性，但也遭到质疑和法律困境。同时作为一种新方法，实施的公民个体或者环保组织，也面临资金和专业化程度的难题。本文根据 2012 年公众的环保行动和媒体报道，对民间环境检测方法的兴起和面临的困境做了一个系统的梳理。

关键词：

环境检测　公众参与　环保组织　法律　政策建议

回顾 2012 年环保公众参与的热点事件，PM 2.5 是一个绕不过去的词。

2011 年 10 月开始的灰霾天气，让美国驻华大使馆自测的 PM 2.5 数值风靡于互联网，PM 2.5 迅速从一个冷僻的环境术语变成家喻户晓的流行词。和 PM 2.5 一起变得流行的，还有公众参与环境保护的一种新方式：环境检测。

一　环境检测民间版

当时 PM 2.5 尚未被纳入监测体系，美国驻华大使馆自测的 PM 2.5 数值被指没有代表性，公众无处获取身边的 PM 2.5 信息。

环保组织"达尔问自然求知社"成立时即设立环境质量检测中心，推动

---

* 霍伟亚，民间杂志《青年环境评论》主编。

民间的环境质量检测。2011 年 12 月，PM 2.5 处于舆论中心，该组织发起人之一冯永锋在微博上发布信息，向网友募集资金，随后募集到 5 万元，购买了两台型号为"LD 6S"的便携式激光粉尘检测仪，一台交送自然之友上海小组负责运营，另一台由"拜客广州"负责运营。这是民间自发检测 PM 2.5 运动的开始，名为"我为祖国测空气"，此后全国各地环保组织纷纷购买便携式检测仪器，在本地检测空气质量，一些组织还在微博上实时播报检测结果。

这种自发的民间环境检测行为并非现在才有。在实际工作中，各地环保组织以及一些积极参与环境保护的公民个人，早已不是只凭感官判断。

2003 年自然之友、地球村等多家民间环保组织发起"26℃ 空调节能行动"，号召公众在夏季将办公楼、饭店、商场等公共场所空调温度调至 26℃，以减少能源消耗。2007 年 6 月，《国务院办公厅关于严格执行公共建筑空调温度控制标准的通知》明确要求，所有公共建筑内的单位，除医院等特殊单位以及在生产工艺上对温度有特定要求并经批准的用户之外，夏季室内空调温度设置不得低于 26℃。

"26℃ 空调节能行动"是公众比较成功的一次环保倡导工作，而 26℃ 正是最简单的一种环境检测，每个人都可以做，不需要专家指导，也不需要政府批准，没有人会质疑其设备的专业性和操作的可靠性。

2012 年 7 月，北京、上海、武汉、郑州、杭州、襄樊、郴州等 9 个城市的环保志愿者，分别走进机场、酒店、地铁、银行等公共场所，实地检测室内温度，倡导、监督各地"空调26℃"实践。[①] 这也是一种民间检测行为。

另外，从事水污染治理的草根环保组织也开始摆脱早期的感官式环境检测：污水气味如何、颜色如何等，它们也有一些简易设备，可以快速测试污水的酸碱度、COD 等。如果需要有权威的数据作为支撑，它们也会取样送到专业检测机构进行检测，如重庆的环保组织"重庆两江志愿服务发展中心"常常这样做。

据 2011 年 10 月《南方周末》报道，早在几年前，远大集团老总张跃已经开始自测所到城市的空气质量，常年随身携带一个 10 斤重的小包，里面装

---

① 章轲：《"我为城市测体温"26℃ 执行仍有偏差》，《第一财经日报》2012 年 7 月 25 日。

着检测颗粒物、甲醛等污染物的五六种仪器。远大集团旗下的空气品质科技有限公司副总经理彭继在采访时还说将上市能测空气质量的"远大生命手机"，但这个事情暂时还没有下文。①

2012 年 4 月 10 日，达尔问自然求知社和国际消除持久性有机污染物网络，联合国内多家环保组织发布报告，称市面汞含量超标美白祛斑化妆品占抽查总数的 23%，另有近 10% 的产品砷或铅含量超过国家标准。这份调查针对市场上随机购买的 477 件美白、祛斑化妆品，环保组织用手持 X 射线荧光分析仪针对产品中的汞、砷和铅含量进行快速检测。②

继"我为祖国测空气"之后，冯永锋又发起"我为祖国测重金属"活动，他在微博上说："一台便携式重金属检测仪，软件加上硬件，可能需要 40 万元左右。我将这 40 万元，分成 10000 份，每人只需要出 40 元，或者 40 元的倍数来参与。"如今一台有点像吹风机的手持 X 射线荧光分析仪已经购买下来，并专门组织过活动，让参与者体验该仪器的使用。

二 检测而非监测

媒体报道或者公众描述这些公众或环保组织自发的行为时常混用"检测"和"监测"这两个概念。"检测"偏向一次性或者临时性的测量，而"监测"偏向长期性的测量，且有监管、监察之意。

而目前公众尤其是环保组织的行为多属"检测"行为。无论是测室内温度，还是 PM 2.5、污水指标、电磁辐射，都非长期行为，不是为取得某一项指标的长期性数据，多是为了知道当下某种指标的数值。

三 检测的价值

公众自发检测环境，一方面是因为客观条件的限制，比如在政府部门开始

① 冯洁、吕宗恕:《我为祖国测空气》,《南方周末》2011 年 10 月 28 日。
② 范领:《民间自测:在争议中前行》,《半月谈》2012 年 9 月 17 日。

公布 PM 2.5 数据前，公众无从知晓身边的空气 PM 2.5 数值。某些数据或者包含关键数据的报告，但即使有，公众也未必能够拿得到。

2012 年 7 月 20 日，达尔问自然求知社陈立雯以公民身份向广州市环保局申请广州市李坑垃圾焚烧厂信息公开，但未能拿到，后来她状告了广州市环保局的不作为。同年 7 月，环保组织"中国红树林保育联盟"广西志愿者发现广西防城港市渔洲坪地区的红树林正在被大规模破坏，向防城港市环保局申请公开相关环评文件，得到的回复也是"不予公开"。

普通公众获取数据会更困难，他们甚至不知道用什么途径取得这些数据或信息。当前政府部门在环境信息提供上的服务做得远远不够，进而导致公众在环境数据获取上的困难。而公众在环境数据和信息上的需求却是越来越高，近年一些环境群体事件的发生，正是因为前期的公众知情工作没有做好。

另外，公众检测身边环境的状况，也是一种生活行为。作为普通公民，身边环境中的温度、空气质量、饮水质量信息等都是基本的生活服务信息，有利于提高生活质量。当类似信息提供不足或者数据公信力不足时，利用简便设备自测是一种无可厚非的选择，甚至可以说是一种"自救"。

对于环保组织，便携式设备相当于一种工作道具。这些检测设备获取的数据，环保组织并不求其权威性和专业性，只是作为环境教育工作提醒公众关注环境质量的一种辅助手段和参考。对比早期环保组织靠感官来评判环境质量，这算是向专业化迈出了一步，应该得到鼓励和支持。

在实际的运用过程中，非官方的环境数据对环保工作有一定的推动作用。2011 年以来 PM 2.5 议题的发酵，离不开美国驻华大使馆的 PM 2.5 检测与发布，对各地自发购买检测仪器并检测发布数据也起了积极的推动作用。民间提供的数据，尽管并不一定科学和专业，却给了公众对比数据、激起舆论实施监督的积极性。

2012 年底，环境保护部公开发布消息，中国 74 个城市 496 个国家环境空气监测网监测点已新建、改造完毕，2013 年元旦起按照空气质量新标准，监测并实时发布 PM 2.5 等 6 项空气质量的监测数据。而环境保护部长周生贤2013 年 1 月 24 日在全国环保工作会议上说，2013 年中国将把 PM 2.5 的监测、信息发布和污染防治作为环保工作的重点，将在 113 个城市开展包括 PM 2.5

在内的 6 项指标的监测，并在 12 月底对外发布监测数据。

PM 2.5 迅速进入政府工作议程，并变得非常重要，既有客观环境状况非常糟糕的原因，也有民间数据检测的压力。

四　法律局限

民间版的环境检测刚起步，却遇到了一个疑问：是否违法？

在冯永锋募集资金购买重金属检测仪时，这个话题被讨论得最多。可能违法说法的一个判断依据来自环境保护部 2009 年公布的《环境监测管理条例》（征求意见稿）第八十一条规定，即"未经批准，任何单位和个人不得以任何形式公开涉及环境质量的环境监测信息"。不少人在冯永锋的微博上担忧地问道："民间自测活动不会违法吧？"

据 2012 年 7 月《21 世纪经济报道》报道，经过修订后的《环境监测管理条例》已经上报到国务院法制办，而环境保护部的一位官员回应："在我们上报的《条例》草案中，我们并未限制其他单位和个人对环境质量进行监测，只是规定其监测结果在未经许可的情况下，不能通过公共平台进行发布。"[①]

2012 年 9 月环境保护部环境监测司司长罗毅接受《半月谈》采访时表示，2009 年的"征求意见稿"至今尚未成为正式法律。"目前能依据的法律是 1983 年通过的《全国环境监测管理条例》。当时，这个条例没有对民间自测做出规定，民间自测在当前并不违法。"[②]

其实早在 2011 年底灰霾横行时，环保组织已经敏锐地看到这份"征求意见稿"。2011 年 12 月 19 日，包括自然之友、公众环境研究中心、达尔问自然求知社在内的 21 家民间环保组织向国务院法制办提交了一封公开信。[③]

公开信认为这份征求意见稿存在妨碍公民环境知情权的问题，并提出八条

---

① 王尔德：《〈环境监测管理条例〉拟修订 民间可检测不可公布》，《21 世纪经济报道》2012 年 7 月 17 日。
② 范颖：《民间自测：在争议中前行》，《半月谈》2012 年 9 月 17 日。
③ 郄建荣：《民间组织监测 PM 2.5 是否合法希望有说法》，《法制日报》2011 年 12 月 19 日。

意见，建议删除其中不利于公众参与和监督环境监测的条款，并增加保障公众环境信息知情权的内容。

公众环境研究中心主任马军认为："环境质量关系公众健康，公众对环境质量信息具有知情权。条例中应当制定更加便于公众了解环境质量监测信息的条款，而非对公众的环境信息知情权进行限制，民间检测是对官方监测的有效补充。"

现在公众自发的环境检测行为还处于法律空白状态，但之后的环境监测政策或法律如何规范民间检测行为，是一个未知数。公众对此的担忧是，将公众自发行为定为违法行为，这首先妨碍了公众的环境知情权，进而让公众的环保参与受到阻碍，不利于环境问题的改善。

五　专业与资金局限

自发的环境检测行为，除了面临合法性困境，作为一种公益行为，还有专业性上的局限。冯永锋发布消息募资购买重金属检测仪后，网友的反馈并不都是支持，还有很多质疑。最典型的质疑来自一位从事环保行业的网友"阿奕长官"。[①] 他的质疑有三点。

首先是仪器的专业性。"阿奕长官"希望冯永锋能够提供他准备从伊诺斯公司购买的手持仪器的 CMC 证书。此外，虽然 XRF 分析仪配合不同的软件能够测量化妆品、土壤、水样中的重金属含量，并且能够现场快速得出结果，但是相比实验室的仪器，便携式仪器读出的数据会存在一定程度的偏差，因此不能通过 CMA 认证。

其次是操作的专业性。测量的取样非常讲究，所有的测量都只是对样本负责，因此若取样不科学，读出的数据其实也不具有代表性。

再次是过程中的监督。他指出仪器的购买没有经过竞标，数据的发布没有第三方监督，所有一切都建立在人们对冯永锋个人的信任之上。

网友"白云环境"同样表达了民间环境检测专业性的怀疑："交给化验公

---

① 王佩菁：《谁的环境监测权？》，《新商务周刊》2012 年 8 月 9 日。

司做比较好，一显得客观公正，二也更专业科学一点。每次交一个检测费用就可以，免了设备的投入、保养。"

"阿奕长官"说："民间组织没有能力做这些技术上的事，也没有必要做这些技术上的事。"他认为民间环保组织应帮助那些需要测量重金属含量的公众联系到专业的机构，委托第三方机构进行测量，或是向环境保护部门申请公开环境监测报告。

环保组织"绿色和平"2012年发布了两份报告，《潮流·污流——全球时尚品牌有毒有害物质残留调查》《潮流·污流：纺织名城污染纪实》，揭露了服装品牌上的有毒有害物质残留。

科普网站果壳网作者"青蛙陨石"是环境地理博士，他在果壳网上评价了这两份报告，他说："NGO的作用优势，不是监测，而是监督。走到'前台'去监督企业的排污情况，是最简单也最有效的方式。而要想通过监测污染物来做到'监督'和推进企业的污染物减排，除非具备足够强大的监测手段和严谨的科学思维能力，否则，除了制造舆论恐慌，很难真的推动环保。"[1]

冯永锋对此的回应是，他测量出来的数据只用于了解真相，但不作为"正式证据"，也就是说每个人都有质疑数据真实性的权利，而且每一个人都可以对这项活动进行监督。"专业的公司有其价值，但环保组织有环保组织的价值。"公众环境研究中心的马军说："民间的检测其实是对官方监测的有效补充。有时候，正是因为官方数据的缺失，才导致了民间检测的兴起。"

除了专业性遭遇质疑外，环保组织面临的另一个困难是资金。

冯永锋虽然已经把检测仪器拿到手，但并没能筹到足够的资金。据报道，截至2012年7月29日晚8点，冯永锋共筹到了41001.57元，距离当初定下的40万元还有很大的缺口。

后来冯永锋向厂家争取到一定优惠，最后又采取分期付款的形式，才最终购得仪器。冯永锋对此比较乐观，他说，公众的信任是逐渐积累的，如果先把

---

① 青蛙陨石：《要担心服装上的有毒物质吗?》，果壳网，2012年12月21日。

机器拿到手，第二步、第三步的活动开展起来，大家看到了实际的效果，一定会加入到捐款的行列中。

不过这只是一台仪器的筹款，如果要持续推动重金属的检测，公众需要更多仪器，资金从哪里来，这无疑是一个巨大的困境。

六　公众环境检测如何走得更远

作为公众参与环境保护的一种方式，环境检测有兴起之势，但或暗或明的障碍让其面临不少困境，而未来的公众环境检测合法性是首要问题。如果公众的自发行为被判非法，一切都无从谈起。

而基于公众的环境知情权和环境保护的公众参与权，以后出台环境监测法律法规时，有必要在环境检测、监督上开放空间给公众，同时建立官方的权威性环境监测系统，进而形成权威性环境监测与公众自发的科普性检测、监督性检测共存的监测体系。

不仅要开放空间给公众，为了提升公众的环境意识，政府部门还应该考虑支持公众的能力建设，让自发的环境检测趋向专业化，推进公众环保参与的深度和力度。

Rise and Challenges of Public Environmental Monitoring

Huo Weiya

Abstract：As an integral part of environmental protection, public participation comes in varied forms. In recent years, with the help of portable equipments, public environmental monitoring has become popular on environmental issues related to water, air and soil. While greatly enhancing the professional level, this new form of public participation also faces suspicion and legal predicament. In addition, questions about how to finance such practice and further enhance the expertise of

individual and organization participants remain unanswered. By reviewing public environmental participation and media reports in the last year, this paper endeavors to systemically analyze the rising challenges of public environmental monitoring.

Key Words: Environmental Monitoring; Public Participation; Environmental Protection Organizations; Legislations; Policy Recommendation

宜居城市

Livability

　　2013 年的宜居城市板块探讨了城市所面临的三大问题：垃圾、毒地与食品安全。

　　2012 年，国家垃圾焚烧发电政策最终落地，掀起了政府和社会投资垃圾发电热潮，垃圾焚烧厂建设暴增。中国垃圾发电进入产业黄金时期，但也进入了环境污染的聚集期，问题将来必然集中爆发。这种高污染和高度依赖补贴的产业模式，迟早会走上穷途末路。《垃圾焚烧厂暴增引发忧虑》认为，垃圾处理应该回归资源化的正途。除了替代技术的成熟外，还有赖于法律制度的完善，特别是公益诉讼制度的成熟。

　　《城市扩张　毒地肆虐》从北京一个土地被重度污染的居住小区入手，揭示了中国城市发展的巨大隐患。毒地问题暴露出现有土地开发体制之下监管的缺失，而修复技术不成熟、成本高，加之土壤专项立法上的匮乏，令毒地的严峻形势雪上加霜。作者认为，及早建立分级管理信息库并进行分期治理，或可成为中国毒地治理的突围之策。

　　《食品安全忧虑促发都市有机农业》盘点了 2012 年食品安全方面的事故，回顾了农村面源污染的严峻形势，并以北京为例分析了都市型有机农业发展的现状。作者认为，三股力量正在推动有机农业的发展和转变，第一种是资本，第二种是政府，第三种力量来自多元化的社会主体，这些多元化的社会主体通过调动社会力量，开展利益相关性弱的公益活动，培育出了具备良好社会公信力的有机农业运作平台。

Ｇ.17
垃圾焚烧厂暴增引发忧虑

杨长江*

摘 要：

2012 年，国务院和国家发改委垃圾焚烧发电政策最终落地，掀起了政府和社会投资垃圾发电热潮，垃圾焚烧厂建设暴增；政府强力主导垃圾焚烧并未平息民众的疑虑，焚烧厂的选址纷争至今难以平息；被视为清洁能源的垃圾焚烧发电排放的二氧化氮是火电厂的 4 倍，"大跃进"式垃圾焚烧发电被批评为绿色背后掩藏着黑暗；垃圾发电被认为存在很大的技术隐患，而且过于依赖政府补贴并不是健康的产业发展模式；干馏气化与厌氧发酵技术应该取代垃圾焚烧，垃圾处理应回归资源化产业正途。

关键词：

垃圾发电　暴增　未来方向　焚烧

面临垃圾围城的紧迫局势，2012 年政府强势主导和产业界大力推进垃圾焚烧发电，全国范围内掀起了垃圾焚烧发电建厂的"大跃进"热潮。垃圾发电高举能源与环保两张牌，但大多依靠政府补贴生存，由于没有找到市场化产业发展路径，这种粗放式的暴增，会在不远的将来集中暴露各种问题。生活垃圾资源化处理和管理，我国可能还要走很长的弯路。

一　垃圾焚烧发电政策落地　投资建厂数量暴增

垃圾围城步步紧逼，随着国家鼓励垃圾焚烧处理的政策正式落地，引发垃

---

* 杨长江，《国门时报》记者，长期关注城市垃圾问题。

圾发电投资狂飙。

2012 年 3 月 28 日，国家发改委公布《关于完善垃圾焚烧发电价格政策的通知》〔2012〕801 号，要求自 4 月 1 日起以生活垃圾为原料的垃圾焚烧发电项目，均先按其入厂垃圾处理量折算成上网电量进行结算，每吨生活垃圾折算上网电量暂定为 280 千瓦时，并执行全国统一垃圾发电标杆电价每千瓦时 0.65 元（含税），其余上网电量执行当地同类燃煤发电机组上网电价。

4 月 19 日，国务院办公厅以国办发〔2012〕23 号文下发《"十二五"全国城镇生活垃圾无害化处理设施建设规划的通知》（以下简称《规划》），明确"生活垃圾处理技术的选择，东部地区、经济发达地区和土地资源短缺、人口基数大的城市，要减少原生生活垃圾填埋量，优先采用焚烧处理技术；其他具备条件的地区，可通过区域共建共享等方式采用焚烧处理技术"。

这两个文件相继发布，意味着国家政策层面完全肯定了垃圾焚烧技术路线。特别是《规划》的主要目标对垃圾焚烧技术的选用有了明确量化约定指标：到 2015 年，全国城镇生活垃圾焚烧处理设施能力达到无害化处理总能力的 35% 以上，其中东部地区达到 48% 以上。而 2010 年全国城镇生活垃圾处理设施采用焚烧技术占 20%。

《规划》提出，全国城镇生活垃圾采用焚烧技术处理能力要从 2010 年的每日 8.96 万吨提高到 2015 年的每日 30.71 万吨，此规模相当于 2010 年焚烧技术处理能力规模的 3.42 倍。要完成该目标，"十二五"期间，垃圾焚烧技术处理设施年均新增规模需达到 4.35 万吨/日。按厂均处理能力 817 吨/日测算，"十二五"期间还需要新建 272 座垃圾焚烧厂。按每个项目 3.27 亿元投资计算，"十二五"期间垃圾焚烧发电项目总投资将达 889 亿元。[①] 垃圾焚烧设备供应商、工程承包商、运营商等将因此而受益。

《规划》发布引起各地政府和相关业界的极大关注，投资者加速进入垃圾处理行业，引发垃圾焚发电投资热潮。广东廉江生活垃圾焚烧发电厂项目成功签约、光大国际获亚洲开发银行 8 亿港元贷款投资垃圾焚烧发电项目、成都启

---

① 张海叶：《"十二五"焚烧发电项目投资约 889 亿》，中国固废网，http：//news. solidwaste. com. cn/view/id_ 39823，2012 年 5 月 30 日。

动万兴环保发电厂建设日处理垃圾 2400 吨、湖南省株洲市投资 5 亿元签约首个城市生活垃圾焚烧发电厂项目、浙江省湖州市生活垃圾有望全部"变电"、南京两座垃圾焚烧发电厂年内开建、三菱重工 5 年内在中国建设 200 个规模垃圾燃烧炉、宁夏和新疆将建设第一座垃圾焚烧发电厂。广东省"十二五"期间全省规划建设 36 个生活垃圾焚烧发电项目，处理能力约为 4.31 万吨/日，"十三五"时期，全省规划储备 19 个生活垃圾焚烧发电项目，新增处理能力约 1.95 万吨/日。① 垃圾发电终于一改往年低调潜行，高调迈向"大跃进"。

垃圾焚烧发电行业市场迅猛加速，截至 2012 年 10 月，江苏、浙江、广东、山东和福建省占据了市场化垃圾焚烧发电项目数量的前五位，这 5 个省市项目总数为 90 个，占报告统计项目总数的 58.1%，项目区域集中度较高。② 企业以市场化手段获得新增项目总处理能力达 19800 吨/日；2012 年企业投资运营生活垃圾处理项目总能力共计 154130 吨/日，预计占全年城镇生活垃圾焚烧规模 87.2%。

表 1   垃圾焚烧发电投资企业垃圾处理能力

排名	企业	处置能力（吨/日）	主要竞争主体处置能力占比(%)	2012 年全国城镇垃圾焚烧能力占比(%)
1	光大国际	19700	12.78	11.15
2	杭州锦江	18700	12.13	10.59
3	绿色动力	14550	9.44	8.24
4	上海环境	13950	9.05	7.90
5	重庆三峰	11800	7.66	6.68
6	伟明集团	10400	6.75	5.89
7	中国环保	10050	6.52	5.69
8	中科通用*	8100	5.26	4.59
9	深圳能源	7250	4.70	4.10
10	创冠环保	5800	3.76	3.28

① 卢轶：《广东十二五重点发展垃圾焚烧发电严控填埋项目》，《南方日报》2012 年 11 月 27 日。
② 傅佳冷：《光大领跑垃圾焚烧 行业市场化进程加快》，中国固废网，2012 年 11 月 29 日。

二　民众反对身边焚烧　选址运营深陷困境

环保加上能源，大力推行垃圾焚烧发电政策的原因非常简单。政府强力主导"步步为营"，民众心中不满"步步惊心"，垃圾厂的选址纷争至今难以平息。

广州市花都垃圾焚烧厂选址紧贴清远边界，由于建成后的烟囱高达 80～100 米，刮东南风时焚烧尾气全部吹向清远。该选址的北面完全是清远区域，2 公里左右有清远三星村、七星村、朱屋村、横坑村、银中村等密集村落及著名的银盏温泉旅游区，3～4 公里完全覆盖了清远龙塘镇、荷塘镇及银盏地区十几万人的直接饮用水源——银盏水库。① 5 月 3 日，上百花都、清远居民高举"我不想戴着防毒面具生存""反对垃圾烧到清远""保卫家园"的标语，前往广州城管委，反对花都垃圾焚烧厂选址。

在秦皇岛，农村民众维权水平也在不断提高，在环境 NGO 和专业律师的帮助下他们迫使浙江伟明环保股份有限公司投资的秦皇岛西部生活垃圾焚烧发电厂中断建设。5 月 18 日，潘志中、潘佐富两名村代表以"具有环境违法行为的企业却通过了环保部的核查"为由，将环保部告上北京市第一中级法院。尽管 6 月 21 日法院裁定不予立案，但村民认为，"官司输了，我们种地，官司赢了，我们也还是种地。以前坚持只为了一个镇、一个村，现在坚持是为了让大家知道环评造假绝对不行，别以为农民就不讲环保、不懂法"。秦皇岛焚烧案代表了中国环保由城市民众参与转向农村民众参与，这是继北京六里屯等地民众维权叫停了焚烧工程后的又一起民众维权取得胜利的典型案例。

大力推进垃圾焚烧还遭到国际环保组织的批评。2012 年 4 月 12 日，广州市市长陈建华赴美国哥伦比亚大学拜访卡万塔能源公司顾问、美国工程院院士尼古拉斯。美国东密歇根环境行动委员会 6 月 5 日致信陈市长："您做出和这些人或公司建立合作关系并提议在广州建设许多座垃圾焚烧厂之前，将我们的

---

① 裴萍等：《广州花都清远市民抗议垃圾焚烧厂选址》，《南方日报》2012 年 5 月 24 日。

种种关切与您分享。"[①] 信中称，东密歇根已经饱受德梅尔里斯教授种种言论和卡万塔焚烧厂污染危害之苦，他们不仅给底特律公民带来了12亿美元的财政负担，而且导致空气质量恶化和当地民众哮喘发病率居高不下，并严重抑制了该地区建立垃圾循环利用和堆肥体系的努力。

号称850度焚烧的广州李坑垃圾发电厂居然经常有烧不透的塑料袋和胶鞋，8月23日，永兴村3名村民代表前往广州市城管委接访现场进行投诉。城管部门当日下午前往李坑垃圾焚烧厂查看，确认属实并罚款10万元。11月8日10时20分左右，李坑垃圾发电厂一号炉烟囱里就像钻出了两条黑龙，下风向的村民闻到的气味就像是烧火土，"熏得鼻水眼泪都出来了"，10时50分，刺鼻的气味也开始淡下来，中午12时左右烟气才全部消失。整个过程持续了约90分钟。[②] 村民怀疑，两个月就停三次机，"我们怎么敢放心这样的发电厂开在自家门口？"

尽管反对声不绝于耳，但在政府的强势主导和产业界的推波助澜下，民众的意见正逐渐被边缘化。问题不是得以解决，而是在积累。

三　深层问题讳莫如深　氮氧化物超标4倍

在中国，垃圾发电厂的运营监管几乎等于空白，对烟气、渗沥液、飞灰、底渣等的主要污染排放数据讳莫如深。2012年，被视为清洁能源的垃圾焚烧发电的另一面逐渐暴露，它排放的二氧化氮是火电厂的4倍，被人批评是绿色背后的黑暗。

在全球数十年空气污染治理的历史上，氮氧化物与二氧化硫一样备受重视，是酸雨、光化学污染、灰霾天气形成的重要成因，还是生成臭氧的元凶。经过一系列复杂的化学反应后，它还会成为如今已为人熟知的PM 2.5的一部分，灰霾中细颗粒的50%都是二次生成。在过去的10多年间，尽管我国不断加大二氧化硫等污染物的治理力度，但是氮氧化物的大量排放，造成了我

①　巴索风云：《美国环保团体致函广州市市长：警惕垃圾焚烧公司的污染劣迹及其学术代言人的不实信息》，江外江论坛网站，2012年6月8日。
②　刘竹溪、李文：《李坑电厂冒黑烟？》，《南方都市报》2012年11月9日。

国光化学烟雾灰霾频发、酸雨加剧，京津冀、长三角、珠三角等区域出现灰霾污染的天数每年都超过 100 天，广州、南京、杭州、深圳、东莞等城市灰霾污染更为严重，威胁人民群众身体健康，已经成为当前迫切需要解决的环境问题。

2011 年，我国氮氧化物排放量 2404 万吨，与 2010 年相比上升了 5.73%，排放量不降反升，没有完成预定下降 1.5% 的目标。[①] 我国《国民经济和社会发展第十二个五年规划纲要》明确提出了化学需氧量、二氧化硫、氨氮、氮氧化物的减排目标是"十二五"约束性指标，到 2015 年全国化学需氧量和二氧化硫排放量分别控制在 2347.6 万吨和 2086.4 万吨，分别比 2011 年下降 8%，全国氨氮和氮氧化物排放量要分别控制在 238 万吨和 2046.2 万吨，分别比 2010 年下降 10%，其中氨氮和氮氧化物是"十二五"规划纲要中实施总量控制的两项新指标。

显而易见，完成这项约束性指标存在巨大的压力。2012 年 1 月 1 日，新修订的国家标准《火电厂大气污染物排放标准》正式实施，它对中国火电厂氮氧化物排放限值比欧盟还严格 1 倍，业界称其"全球最严"。欧盟新建大型燃烧装置的氮氧化物排放限值为每立方米 200 毫克，美国约为每立方米 135 毫克。[②] 中国的火电新标准，其排放限值为每立方米 100 毫克（见图 1）。在这项新标准的背后，被称为"世界工厂"的中国终于在 2012 年正式开始治理氮氧化物。火电行业是氮氧化物排放的第一大户，因此成中国氮氧化物减排利刃的最早指向。

《生活垃圾焚烧污染物控制标准》（GB 18485 - 2001）关于焚烧炉大气污染排放的限制规定，氮氧化物小时均值为每立方米 400 毫克。享受高补贴的生活垃圾焚烧发电，氮氧化物的排放高于火电行业标准 4 倍，竟然在如此严厉的政策下堂而皇之地逃脱。在完成约束性指标存在巨大压力的现状下，对生活垃圾焚烧炉氮氧化物的排放如此网开一面，实在是极大的讽刺。垃圾焚烧企业一再声称垃圾焚烧的污染绝对在控制范围之内，但在

---

① 华春雨、顾瑞珍：《环保部：2011 年全国氮氧化物排放量不降反升》，新华网，2012 年 6 月 5 日。

② 崔筝：《中国脱硝起步》，财新《新世纪》周刊 2012 年第 3 期。

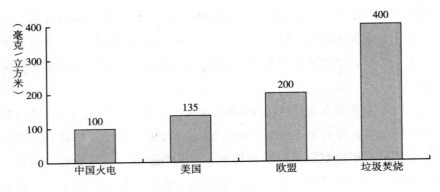

图1　氮氧化物排放限值

氮氧化物这项"十二五"约束性指标面前，他们的公信力已经彻底破产。

四　焚烧技术并不牢靠　依赖补贴终非上策

力主垃圾焚烧的人认为，生活垃圾焚烧处理技术逐渐得到正确认识和评价，实现了理性回归，关于垃圾焚烧技术本身的争议已经弱化，社会的关注更加偏重于垃圾焚烧的规范化设计、建设、运营和监督管理，但垃圾发电被认为存在很大的技术隐患。

标榜为"国家环保模范工程"的李坑垃圾发电厂一再发生爆管事故，其实也是技术路径的必然结果，学术研究也揭示了这种技术的危险性。上海环境卫生工程设计院陈善平等人研究证明，李坑垃圾发电厂技术工艺并不可靠，高参数锅炉受热面腐蚀较严重，维护维修、系统材质要求高，非计划停炉概率增加，焚烧厂年运行8000小时不一定能保证，风险较高；中国还没有实行垃圾分拣制度，国内垃圾热值普遍偏低，垃圾焚烧炉高参数技术的效率优势不能得到充分体现，会使蒸汽高参数带来的收益低于预期；① 在系统的经济性方面，中温、次高压发电效率将比中温、中压增加6%，但考虑投资、维修、运行时间和管理团队等因素，实际财务效益不能完全确定。

---

① 陈善平等：《垃圾焚烧发电厂余热锅炉蒸汽参数的比较研究》，《黑龙江电力》2010年第3期。

垃圾焚烧是产生多环芳烃的一个主要来源，全球每年向大气中排放的多环芳烃中，以苯并（a）芘计算的垃圾焚烧排放多环芳烃高达 1350 吨，仅次于锅炉燃煤排放。中国农业大学理学院孙少艾等人研究证明，垃圾焚烧厂园区和周边大气中多环芳烃远远超过我国大气质量日均标准，也远超过世界卫生组织标准，已对人体健康构成潜在威胁。研究得出的垃圾焚烧厂周边大气气相和颗粒相中多环芳烃苯并（a）芘等效浓度分别为 17.94 ng/m³ 和 22.68 ng/m³。[①] 我国关于苯并（a）芘的大气质量控制标准为 10 ng/m³，世界卫生组织公布的标准为 1 ng/m³。这个结果已经是我国关于苯并（a）芘大气质量控制标准的 1.79 倍和 2.27 倍，是世界卫生组织标准的 17.94 倍和 22.68 倍。

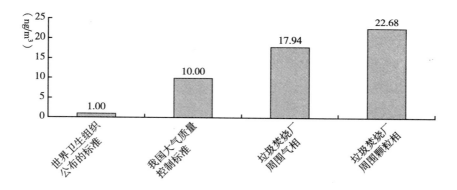

图2 多环芳烃大气排放浓度限值

在我国，垃圾焚烧发电厂的利润来源主要是垃圾处理费补贴和上网电价收入。垃圾处理费补贴全国各地从每吨 50 元到 200 多元不等。上网电价收入以李坑焚烧发电一厂为例，每吨垃圾平均发电 360 千瓦时，最多可达 400 多千瓦时，年上网电量销售收入达到 5000 多万元，仅这一部分足以使垃圾发电厂收支平衡。这种过于依赖政府投资并不是健康的发展模式，国家财政补贴应是象征性和鼓励性的。按照发改委〔2012〕801 号文件计算，超出每吨 280 千瓦时的发电量不应享受每千瓦时 0.65 元标杆电价。国办发〔2012〕23 号文件要求

---

① 孙少艾等：《基于被动采样技术的垃圾焚烧厂及周边大气中 PAHs 初步研究》，《环境科学》2012 年第 11 期。

"加快信用体系建设，建立生活垃圾运营单位失信惩戒机制和黑名单制度，坚决将不能合格运营以及不能履行特许经营合同的企业清出市场"。而每吨发电多出 80 千瓦时到 120 千瓦时电量，已经明显是骗补行为。

已经建成投入运营的垃圾发电厂也出现了让人头痛的问题，山东不少垃圾焚烧发电厂部分出现"吃不饱"的现象。总投资 9 亿元的光大环保能源（济南）有限公司济南第二生活垃圾综合处理厂（焚烧发电厂）2011 年下半年建成投产，拥有 4 台日处理能力为 500 吨的焚烧炉，每天最多可"吃掉"2000 吨垃圾。然而，济南市每天提供 2300 吨左右垃圾，燃烧前必须先经过 3～5 天的发酵渗出约 800 吨渗沥液，实际每天只有 1600 吨的垃圾用于发电，"一般情况下开三台焚烧炉就够用，第四台现在基本处于闲置状态"。① 该厂还有一个大型垃圾储仓，可满存 3 万多吨垃圾，以保证每天都有发酵好的垃圾供应发电，但现在由于垃圾来量太少，储仓只存了不到 4000 吨，一旦停供一天，垃圾发电将有可能停摆。

"大跃进"式地上马垃圾发电项目令人担忧，目前国标未确立、监管制度缺失，且企业管理和技术上存在差距，垃圾发电厂对环境的负面影响难以遏制。虽然政策护航垃圾发电行业，但其争议将继续存在，也谈不上实现了理性回归。

五　未来在于资源再生　强烈呼吁取代焚烧

2012 年 12 月 2 日，中国垃圾资源化产业协会在北京举办高层论坛，会议认为干馏气化与厌氧发酵技术等综合技术应该取代垃圾焚烧。作为环境保护部环境工程评估中心顾问、毕业于清华大学化学工程系的曹凤中，他主张"必须坚决对建垃圾焚烧厂说：'不'"，强烈呼吁国家层面要认真研究解决生活垃圾这一重大社会焦点问题。② 他认为垃圾焚烧的方向是错误的，必须回到资源化产业的道路上来，核心是必须在政府主导下严格做好由源头分类到把各类垃

① 苏冉、石晓丹：《建设垃圾焚烧项目需谨慎》，《济南时报》2012 年 6 月 23 日。
② 曹凤中、李元实：《生活垃圾焚烧技术与资源化技术问题的分析》，《黑龙江环境通报》2012 年 6 月。

圾处理成有价值的资源，获取经济效益，形成稳定的循环系统，实现良性循环。

自该协会 2011 年 11 月 16 日成立以来，会长赵章元和同事们一直在集中精力从全国 40 多家垃圾处理资源化企业优中选优，以期从非氧化焚烧的方向中遴选出垃圾焚烧的替代技术方案。

1. 干馏气化

垃圾干馏气化可以实现垃圾能源化资源化处理，生活垃圾热解干馏气化过程中干馏段完全处于缺氧状态，垃圾经干馏产生可燃气体后被碳化，然后在高温状态下与氧气和水蒸气进行氧化与还原反应生成水煤气，不属垃圾直接焚烧，避免了二噁英生成的条件，能有效遏制二噁英类物质的生成。原生混合生活垃圾直接进入筛选、分拣、烘干系统后，干燥后的可燃物在垃圾坑堆放，无渗滤液排放。该工艺系统主炉单台设备适合日处理 200 吨以下原生垃圾的规模，也可组合成日处理 400 吨、800 吨、1000 吨、2000 吨及以上多种处理规模。

2. 厌氧发酵

鉴于我国生活垃圾有机质含量高、垃圾含水量大，应先将垃圾进行发酵降解，在含水量低于 20% 时进行分拣。全自动机械分拣设备可以将混合的生活垃圾分选出各种物品种类。全自动数控系统操作简便技术成熟，不浪费土地资源，回收种类多，实用性、可靠性强。

3. 综合处理

以生活垃圾为原料生产固态、液态、气态燃料和肥料，能将高湿混合生活垃圾一次性提制再生塑料（或燃油）、垃圾衍生燃料 RDF－5、沼气及生物有机肥、建材等。将分选有机物用于沼气厌氧发酵、有机肥的资源化利用；采用生物干式厌氧发酵沼气技术，可以有效地克服大量沼液需要处理的难题，产生的沼气经净化处理进入沼气发电机发电，剩余沼气用于 RDF 干燥热源，实现能量内循环达到节能目的。沼渣再度经过二次自动充氧、自动翻堆生物好氧发酵处理后生产生物有机肥。

4. 农村方案

建议开发农村垃圾气化及能源利用装备，用于农村分散的一家一户，这样

能有效处理农村生产垃圾，防止处理过程产生二次污染，充分利用燃气燃烧产生的热能，从而可以大大降低垃圾处理的成本，也可以减轻政府的财政负担。这种技术垃圾减量化效果非常明显，垃圾气化有机物转化率可达90%，能源利用率可达70%以上。

2012年，中国垃圾发电真正进入产业发展的黄金时期，但也进入了环境污染的聚集期，问题将来必然会集中爆发。这种高污染和高度依赖补贴的产业模式，迟早会走入穷途末路。回归资源化的正途，除了替代技术的成熟外，还有赖于法律制度的完善，特别是公益诉讼制度的成熟。8月31日，全国人大常委会通过了《关于修改〈中华人民共和国民事诉讼法〉的决定》，第九部分新增加一条："对污染环境、侵害众多消费者合法权益等损害社会公共利益的行为，法律规定的机关和有关组织可以向人民法院提起诉讼。"

这标志着我国法制史上十分重要的突破，开启了我国环境公益诉讼的新篇章。在中国，垃圾焚烧发电企业掩盖了太多的污染信息，政府的监管徒有虚名，然而真相不可能永远被掩盖。能否借助环境公益诉讼揭开垃圾焚烧发电的污染真相，扭转垃圾湿混焚烧的错误方向，或许是民众、环境有识之士和NGO的历史责任。

The Rapid Increased Garbage Incineration Plants Cause Worry

Yang Changjiang

Abstract： The garbage incineration power generation policy jointly stipulated by the State Council and the NDRC in 2012 has set off a garbage power frenzy, attracting enormous governmental and private investment. However, government's efforts have been greeted by the public with suspicion and triggered rounds of disputes concerning the location of garbage incineration power plants, each of which, though classified as clean, produces 4 times as much nitrogen dioxide as a same-sized thermal power plant. Criticism has been widely voiced against this garbage incineration power "great leap-forward", focusing on the reliability of garbage incineration power technologies and the sustainability of the industry which now depends excessively on government subsidy. Opponents of garbage incineration power now argue that waste incineration should be replaced by retorting gasification and anaerobic fermentation and that the future of waste treatment lies in reclamation.

Key Words: Garbage Power Frenzy; Future Incineration

Ｇ.18
城市扩张 毒地肆虐

高胜科*

摘 要:

康泉新城只是毒地肆虐中冰山的一角,国内更多尚未明晰的污染场地,给迅速推进的城市化进程埋下了难以根除的隐患。毒地衍生出的包括地下水污染等综合性问题不可小觑。毒地问题暴露出现有土地开发体制之下监管的缺失,而修复技术尚不成熟、成本高的现实,加之土壤专项立法上的匮乏,令毒地的严峻形势又添隐忧。及早建立分级管理信息库并进行分期治理,或可成为中国毒地治理的突围之策。

关键词:

毒地(棕色地块) 康泉新城 地下水污染 污染现状 土壤修复

2012年6月,北京东五环外,一处在建的国家公务员保障性住房又一次揭开了中国毒地的神秘面纱——土壤和地下水污染,严重影响人体健康,造成生态风险或者危害——成为对城市的新威胁。由于城市扩张带来的土地溢价增值,即便是被严重污染的地块,也依然十分抢手。更突出的问题在于,毒地的危害与影响,长期以来并不被城市居民所知。正是因为信息不透明、不对称,近年来,外界获知的仅有少数"见了光"的个案,实际上此种现象在20世纪90年代中期就发生过,有更多的类似事件鲜为外界所知。

一 样本调查:隐匿的毒地

北京东五环外的朝阳区管庄乡,有一处国家公务员保障性住房在建施工。

---

* 高胜科,《财经》杂志记者。擅长调查报道,长期致力于环境科技与重大事件类新闻领域。

按规划，总建筑面积26.19万平方米，其中住宅建筑面积24.37万平方米。这个名为康泉新城二期的工程，实为一处被重度污染的棕色地块，为铁道部所属的枕木防腐厂原址。枕木防腐厂建于1957年，由于生产的投向铁路基础建设的枕木之后在市场中被淘汰，工厂经济效益不佳，最终于2001年倒闭，工厂近千名员工下岗。

据多位老职工回忆，工厂运行的40年内，场地污染严重。一方面，出于工艺流程中所需，多条生产线上使用大量的防腐蚀、抗老化的化学有机物，各车间作业要使用大量的防腐油与煤焦油等，其中防腐剂中毒性最高的是五氯酚，甚至工人佩戴防毒面具也依然避免不了中毒事故的发生。另一方面，工厂管理环节存在疏忽，导致在作业环节无法遏制"跑冒滴漏"事故，曾污染过附近农田，防腐厂为此有过赔付。

倒闭之后的防腐厂，留下了污染严重的场地。2011年3月，中国环境科学研究院针对康泉新城二期工程做过取样调查，并形成了初步调查报告。经分析，评价结果为：本场地土壤中的污染物种类较多，且超标严重。主要为半挥发性有机污染物多环芳烃，在场地土壤中共检出污染物种类19种，其中半挥发性有机污染物13种，挥发性有机污染物6种，其中苯、甲苯的最大超标倍数分别可达452倍、90倍。（报告细节略）

值得注意的是，占地规模达上百亩的原防腐厂，目前有三个用途：除了康泉新城二期工程，还包括已建成的、业主已入住多年的住宅小区东一时区，以及东侧的东一时区公园。而后两者并未经过检测就被开发，至今也没有污染程度的检测信息。

该污染场地的去毒方式，有待科学评估。东一时区住宅小区，原名为康泉新城一期工程，被商业开发，自2003年起开发，至今共有2000余户业主。该小区的表层土壤，采取最简单的、相当于污染转移的异位填埋法，即把毒土埋到东一时区公园内，堆砌成目前可见的假山，并种植上树木、植被等。东一时区公园原是防腐厂的一片平地，其破土动工是出于建设东一时区住宅小区楼盘的商业绿化所需，最终建成公园。

而这些信息，业主们在购房时并不知情。

需要指出的是，康泉新城的毒地修复，仅为中国目前毒地凶猛的冰山一

角。更多的毒地在城市扩张中被肆意开发，尚未得到康泉新城的这般慎重对待，没有做过毒地取样检测的调查，有的甚至未做任何处理，直接破土动工。而业主购房时也不曾关注历史用地情况，从而埋下了隐患。

据业内人士介绍，在 20 世纪国家改革开放之前的 30 年内，北京市南三环外有一片农药厂、化工厂等众多污染企业的聚集地，搬迁之后几乎未做过调查和修复，如今早已被纳入住宅或商业开发。再如 2009 年成为"北京地王"的北京广渠门 15 号地块，原为一家化工厂，这块污染场地之上至今已建豪宅。

此种例子在国内多个城市不胜枚举，外界鲜能知情。比如广州的一处楼盘，是一家重点化肥厂原址，石油类污染物与重金属并存，且超标，但一直未被外界所知。广州亚运村曾选定这个位置，经过调查之后发现场地污染严重，才最终改为落户番禺区。①

二　毒地风险与衍生的后遗症

1. 毒地的危害：长期潜伏的隐患

污染场地又叫棕色地块，其带来的危害，依据于不同的污染物和不同浓度以及区域范围分为几类。主要污染物通常有以下几种：重金属、挥发性或溶剂类有机污染物、石化类有机污染物以及电子固废物等。业内专家向笔者介绍，中国在这一问题上面临着复杂性，化学性污染与物理性污染同期存在，一些场地在调查中还发现存在着病原性的生物污染等，同时有大部分场地处于复合、混合型交叉污染状态，多种污染物并存，提升了修复难度和成本。

国际上不乏毒地带来严重危害的案例，其中美国发生过该领域著名的拉夫运河小区案。这一小区建在一个未经过修复处理的化学废料填埋场上，之后小区不断出现孕妇流产、死胎以及新生儿畸形、癫痫和缺陷等现象。

2012 年 5 月 30 日，在北京召开的重金属污染土壤治理与生态修复论坛上，不少国内专家指出，根据污染种类不同，污染场地的区域需要进一步厘清和评估。污染危害分为显性与隐性两种。显性危害如工人在地下作业时即可中

---

① 高胜科、王开：《毒地潜伏》，《财经》2012 年第 14 期。

毒，比如 2004 年北京宋家庄地铁施工中毒事件、2006 年江苏化工厂遗址地下作业中毒事件、2007 年武汉赫山地块施工中毒事件等；隐性危害是指毒性释放具有较长的潜伏期，可对长期接触和居住在污染场地上的居民造成慢性中毒，病情可能在 10 年或者几十年后显现。

不少科学研究表明，污染场地区域，人群癌症等疾病的发病率与死亡率都明显增高，如果土壤没有被修复治理，释放的毒性会长达多年，并有污染环境和人体致病的可能。通常，被污染后的场地土壤，对人体带来危害的间接途径是通过水以及空气等，最后影响到人体健康；直接途径是通过扬尘或者儿童玩耍时不慎将污染土入口等。

2. 毒地的衍生问题

值得警惕的是，毒地带来了综合性的衍生问题，比如影响到地下水污染，则更是个棘手问题。

2012 年 5 月，中科院南京土壤研究所研究员陈梦舫及其团队，正着手一个上海某地下水污染治理项目，陈梦舫告诉笔者，毒地之下的地下水污染在修复时，要比毒地的"去毒"难度更大、成本更高。

笔者在 2012 年调查的北京东五环外的东一时区住宅小区，不少业主正在就地下水污染问题持续维权。他们在 2012 年 6 月 10 日以居民联名方式向小区物业发出公开信，反映小区长期存在着用水上的种种不正常现象。其中包括自来水的颜色发黄、浑浊，并时常伴有异味，水垢严重。业主表示，在附近使用其他水源的住宅小区均不存在这些异常现象。

2012 年 6 月底，小区物业公司向维权抗议的业主们公布了 2011 年的 3 份水质检测报告，结果显示各项指标均达标。这引起了业主们的普遍质疑：中国环境科学研究院曾针对该区域污染场地进行的初步调查报告显示，浅层地下水污染非常严重，共检出 8 种超过"荷兰土壤、地下水修复目标值和修复干预值（Dutch_ List_ full_ 080815）"的污染物，超标值极高。业主多次找过物业公司、朝阳区卫生局卫生监督所、环保局以及北京市疾控中心等多个单位反映情况，但维权未果。小区水质安全事件的维权前景并不乐观，维权既漫长又艰难，其中不乏博弈。这使得毒地的衍生问题变得愈加复杂。

3. 毒地的成因：城市扩张引发后遗症

中国许多城市在近些年来不断扩张之后，曾经位于城内的高污染、高耗能企业逐渐搬出城市中心地带，遗留下大量污染场地，而这些污染场地都已经或将要被用于商业开发或住宅用地。

据公开信息，截止到 2008 年，北京东南郊化工区和四环路内共计 276 家污染企业搬迁，腾退出 800 多万平方米的土地。[①] 这些土地大都用于经适房、商品房建设，或者城市交通站点等公共建设。在重庆，2004～2012 年，正集中搬迁 137 家污染企业，而这些企业原址都位于黄金地段，转变工业用途成为城市开发用地，势在必行。作为化工产业大省的江苏，连续三年时间内已陆续搬迁 4000 余家污染严重的化工企业，留下了大量尚不得知污染实情的场地。西北地区的某些城市，也在陆续将城内存在几十年的大型企业搬迁到县城或郊区，升级成工业园区，原址将被用于商业开发。

其他如广州、沈阳、武汉等老工业城市，"退二进三""环保搬迁"风生水起。尤其是 2008 年，国家安监总局要求各地采取鼓励转产、关闭、搬迁等多种措施，进一步淘汰高污染化工企业，污染企业搬迁加速。其遗留的土地因地理位置优越，在城市化进程加速的状况下具有巨大的开发动力。

据中科院地理科学与资源研究所污染土地修复课题组负责人廖晓勇的研究，2001～2007 年全国有 86000 个企业关停或搬迁。另外，中科院南京土壤所土壤与环境生物修复研究中心主任骆永明研究发现，据不完全统计，截至 2008 年，北京、江苏、辽宁、广州、重庆等地污染企业搬迁数千家，已置换 2 万余公顷工业用地。[②]

这种发展模式留下的最首要问题是污染场地现状不明。一方面官方迄今为止没有公布关于中国的污染场地详尽数据，另一方面只有少数业内专家凭借概算法，只能作出并不科学的估计，这让中国毒地的去"毒"变得十分尴尬。一位业内资深专家告诉笔者，国内各类不同性质的污染场地，要超过 1 万块，仅是农药厂、化工厂的原址就占有很高的比例。

① 王夕：《修复"中毒"的土地》，《北京科技报》2011 年 1 月 4 日。
② 高胜科、王开：《毒地潜伏》，《财经》2012 年第 14 期。

三　毒地修复之难

1. 两次普查：一次搁浅，另一次迟迟未公布

从 2006 年开始，由环保部和国土资源部耗资 10 亿元联手进行全国土壤污染状况调查。虽然历时 5 年的首轮调查早已结束，2012 年 1 月，环保部副部长吴晓青在接受人民网采访时表示，环保部将尽快向社会公布调查结果，但是至今没有公布。

根据笔者了解到的信息，这次普查结果表示，污染场地的问题十分突出。土壤污染大概特征是，矿山开采冶炼类的无机污染物污染最重，因此矿产资源密集地区的土壤污染问题尤为严重；有机污染物亦占有相当比例，除了人口、化工企业密集的东部地区污染较严重之外，此次调查还发现也有不少反例：人口稀少的地区土壤污染更严重，比如西北的多年作为军事科研基地的区域，土地毒性同样很高。

笔者从参与这次全国普查的专家处了解到，此次调查无法细化到"点"上，只能从宏观上摸底了解污染特征和趋势这些"面"上问题，而这将为立法决策提供依据。国家有多个化工企业和高污染风险企业，如果逐个摸点，用上 10 年的时间也很难作出场地污染的数量、面积上的精确统计。

参与这次调查的专家也表示，这次环保部的调研在取样方法上有瑕疵，人口稀少处、污染密集区都以同样的标准密度取样，这直接影响到普查数据和最终结论。另外，调查期间，因为矿山矿区及其周边的环境范围归国土部门管辖，部委之间的合作机制不顺畅以及壁垒问题，影响到了信息搜集与共享，最终也影响了普查结果。

不少专家向笔者介绍，受诸多原因影响，环保部的普查结果迟迟不公布亦存在多种为难之处。一方面，中国的科研单位和具备修复能力的公司可治理的毒地数目有限，而更多的毒地将面临短期内无法修复的局面，信息公布容易引起社会恐慌和巨额的经济损失；另一方面，目前中国也难以一次性支付治理全国毒地的巨额资金。

中国对土壤修复的重视较迟，产业起步较晚。北京奥运会地铁施工时工人

中毒事件猝发，随后不断有类似事件发生，才引起了政府史无前例的重视。而国际上意识到这一严重问题并开始重视，则是从20世纪80年代开始。

事实上，该领域的学者在10多年前就已察觉这个当下十分严重的问题。环保部南京环科所1998年曾通过原国家环保总局向国务院提出，对中国土壤污染现状做全面调查，可惜最后未能获批。之后，这份调查仅在江苏、浙江、广东、合肥以及大连等5个省市开展，全国的土壤污染情况仍是盲点。

而10年前搁置了全国普查计划，造成的后果是，没掌握一手资料和全国棕色地块数据不明，普查经验也未形成。时至今日，中国毒地治理仍停留在"头痛医头、脚痛医脚"的被动之中。

2. 修复技术与成本都是难题

2012年5月19日，国家科技部"863"重点项目——广西环江重金属污染修复示范工程通过验收。通过种植蜈蚣草来吸附重金属砷的植物修复方式，是中国污染土壤修复的又一次尝试。

截至目前，类似的示范工程课题组零星分布在广东、北京、浙江、河南、湖南、云南等地。对于有更多土壤修复需求的全国各地，广西环江项目积累的经验是全国产业上的科技突破，也为毒地治理提供了思路，但对于解决全国的土壤污染产业来说还远远不够，具体的技术方案还需要探索。在诸多修复手段中，植物修复方法的效果最为明显、绿色环保，成本也相对较小。但缺点是耗时长，如果污染物浓度过高，修复时间成倍递增，甚至可达三五十年。因此，这对于急于开发、土地升值快、位于城中心的污染场地而言不够适用，也不是最优手段。

而其他的修复方式更不是尽善尽美。比如微生物法有其局限性，仅能降解石油类污染物，对重金属的排毒并不奏效；热解法在国外应用较为成熟，但控制不好就容易带来二次污染风险；淋洗法，耗水量大，管道等成本建设费用较高，且只能一次性使用，较为浪费。

异地填埋是国内土壤修复最常用的手段，这是一种最传统简单、耗时最少的办法，但带来的是污染转移问题。即使做了防渗膜也避免不了带来二次污染的风险，而且中国面临着尴尬的形势：如同垃圾填埋一样，没有足够的场地用来填埋与接收毒土，而即使异地填埋后也会引发接收地区公众的反对。专家认为，这无异于饮鸩止渴，相当于把自家门口的定时炸弹转移到别人家门口。

中国遭遇的最大困境是场地污染的责任难以界定。毒地的原厂搬迁或破产倒闭，诸如石油化工等产业大都属于国有，其土地大都属于划拨性质，而这些企业的利润和收益也大都上缴国家。在企业搬迁至城市周边的过程中，政府亦大多采取置换方式，试图利用这些企业原址的土地价值实现收支平衡，而在这一过程中，并未计算污染场地的治理费用。

按照环境责任上的"谁污染、谁治理"原则，这些污染场地的责任理应是在原有企业身上，然而，原有企业的国有性质又使得这一责任主体变得非常不明确。最明显的例子是，中央级的国企所遗留下的污染场地，是由企业负责，还是由中央政府负责，抑或由地方政府负责，至今未有定论。另外，造成毒地的原厂已破产倒闭，主体已不存在。因此，"谁污染、谁治理"原则在现实治理中难以贯彻。环保部正在起草的关于土壤污染治理的相关规定中，对于责任问题的界定还没有梳理清楚。一位专家表示，大致方向应是由地方政府处理，但地方政府资金紧缺，是否能负担得起巨额的修复资金还是个未知数。

因此，国家集中资金倾向于某些重点污染区域，尤其是在特殊时期不惜重金修复，在业内人士视为"有着病急乱投医的'盲目'"，比如备战奥运会期间在地铁施工时发生工人中毒等急性事件，国家甘愿斥巨资上亿元只求短期内可修复。这是当前我国毒地治理的现状。另外，国家科研单位在少数地区推广典型示范工程，更大程度上只是追求研发技术上的创新突破，却无法覆盖更大的场地污染点。

行业现状的另一面是，专业人才的匮乏，以及行业秩序的混乱，导致不少不具备技术实力的小公司成为浑水摸鱼者，承接了不少大项目，将毒地治理作为盈利项目。业内人士向笔者举例：一家知名土壤修复公司，成立的几年内，承接项目成倍剧增。此种现象之下，更多的毒地治理流于形式，无法实现彻底"去毒"。

四　监管掣肘与立法迟滞

原企业搬迁后的土地再开发之前，没有强制性规范文件要求对地块进行检

测，也没有明确对毒地如何监管与治理修复的举措。最理想的监管是在企业刚刚搬迁之后，就应该对场地状况进行评估，而目前国内尚未达到这种程度。

2004年6月，原国家环保总局发出《关于切实做好企业搬迁过程中环境污染防治工作的通知》，要求污染企业和单位在改变原土地使用性质时，必须经具有省级以上质量认证资格的环境监测部门对原址土地进行监测分析。2008年环保部再度发文《关于加强土壤污染防治工作的意见》，要求对污染场地特别是城市工业遗留、遗弃污染场地进行系统调查，掌握原厂址及其周边土壤和地下水污染物种类、污染范围和污染程度等。

但这些文件并非强制性法规，在可操作性方面亦不够具体。对原址土地进行监测分析的这一基本要求，在地方具体实践中并没有被充分贯彻。目前全国仅有北京、重庆两个城市的环保部门设有污染场地管理部门，作出了要求工业用地原址在二次开发利用前必须进行场地环境评价的规定。而国内大多数城市对此都无硬性要求，监管基本处于真空状态，这亟须在立法上予以规范。[1]

环境评价是场地污染风险把控的一道有力的防守闸门。2003年施行的《环境影响评价法》中提出，对规划和建设项目实施后可能造成的环境影响进行分析、预测和评估。但这并不包含对历史用地情况的调查，无法监管毒地。

在环评之前，要进行长期甚至数年的调查评估分析，制定多种修复方案并经过讨论，随后要召开评标会对参与竞标单位的价位和修复方案科学性予以打分，最终确定修复方案。在此过程中，由于目前尚未有明确的法规和标准作为规范，过程监管和修复工程监管十分模糊，第三方由谁介入、如何介入亦成难题。专家介绍，只有接到明确的线索举报后，环保部门方才介入调查。

需要指出的是，中国对于污染场地的监管，以及修复政策、法规和技术框架都严重滞后，这也导致中国针对毒地的一些检测标准和手段上无法可依。

环保部在2009年底至2010年初公布了调查、风险评估、技术和监测方面四个技术导则的征求意见稿。2011年4月，《污染场地土壤环境管理暂行办法》也经过环保部审议通过，其中明确了污染场地的调查与风险评估、治理修复、监督管理等具体规定。但这些法规尚未正式发布实施。

---

① 高胜科、王开：《毒地潜伏》，《财经》2012年第14期。

目前国家土壤立法的不完善主要体现在两个方面：一是现有的一些标准适用范围有一定局限性，覆盖的一些污染物标准有限；二是现有标准与国家政策法规尚不配套，包括原有标准也要逐步完善。武汉大学环境法研究所所长王树义曾参与《土壤污染防治法》的立法工作，并担任"专家组草案"的立法组组长。他认为，包括对土壤污染的监测、规划制度、建立特殊土壤保护区、修复制度以及受到污染的土地再利用制度，在现行法规中找不到依据，他主张不应在原有的法律法规上小修小补，而应制定一个专门针对土壤的法律。①

2010年3月，专家意见稿完成，环保部历时5年的全国土壤普查将为这一法律颁布提供一手资料和立法决策，而今三年过去了，这部被寄予重望的"龙头法"仍然没能发布实施。不少业内专家告诉笔者，场地污染修复治理，除了法律需完善之外，最重要的环节不在于有多少部明确的法律，而关键在于解决执行层面的疲软，要能做到严格执法并具备约束力，这需要建立一套有效的严惩机制。

笔者了解到，在国家尚未形成完善的立法规范之前，很多地方政府迫于行政压力已意识到了污染场地带来的负面影响的严重性。因为未经任何处理修复的毒地直接用于开发，一旦将来出事，很显然不止于环境问题，还会变成影响地价、房价的经济问题和有关健康、权利的社会民生问题。

到目前为止，一些地方政府开始自发组织人力、筹措资金，对本地的污染工厂搬迁后的遗留用地进行前期调查，比如西北某省会城市已自行开展土壤污染的鉴定工作，而修复的实质动作还要依赖于上级单位以及国家层面给予政策、资金和治理技术上的引导。但地方政府的这种自行调查遭遇的重大难题是，目前还没有得到上级单位以及国家层面的支持，从国内有着相同困境的其他城市也借鉴不到相应的修复经验。至今，这个西北省会城市还没有形成太成熟的治理方案，环保部门也担心该项目成为"半拉子"工程。

国家立法规范早日出台的呼声紧迫，如果立法局势进一步僵化，那么各地政府也将缺乏解决棕色地块的动力，使国内毒地修复的形势更加严峻。

---

① 张有义、高胜科：《"毒地"知情权阙漏》，《财经》2012年第16期。

五 排"毒"下一步

1. 信息透明公开推动毒地治理的进步

随着社会舆论的强烈，棕色地块的矛盾进一步凸显，公众知情的边际在不断扩大，最终甚至会对中国房产业终端产生影响。

毒地问题在 2013 年被媒体陆续曝光之后，已有开发商向笔者指出，中国房地产业的外力因素，除了受国家政策影响与制约之外，备受关注的毒地问题也很可能成为地产业的一大瓶颈。

房产与城市住房安全，与每个城市公民息息相关。土地问题涉及环保、国土、规划、住建等多个行政机关，还需经过招拍挂等程序，但公众获取毒地信息的渠道只有环保部门。因此，最终公众获取的信息在完整性和准确度上是严重缺失的，这很容易带来城市发展中新一轮的公民信访问题。

虽然目前关于棕色地块的知情权仍有不少缺漏，但从北京康泉新城住宅工程的业主维权案例来看，从各地零星开始出现的居民开始强烈要求对原土地使用性质、所住社区的用地历史数据有所了解的现象来看，这已是公众知情权落实的一次重大进步。

自下而上的民意推动，可以逐步推进毒地信息的进一步透明，也是呼吁政府部门放宽信息公开的尺度，进而推进毒地治理方面的实质性进展，否则"不知基础病情，只能乱开药方"的局面难以打破。

2. 建立数据库进行分期治理

按照国际经验，中国要根据不同的污染场地建立不同等级的数据库。国际上普遍应用风险管理的概念，进行分类分级管理，通过场地调查和风险评估，判断场地上存在的污染物和浓度与将带给场地环境和周边人群怎样的影响。若不构成人员风险，即使存在污染物，也不需要立即进行修复。比如 2012 年举办了奥运会的英国首都伦敦，奥运场地也是一片污染场地，也是根据毒地性质和用地先后情况，按污染程度的轻重缓急，采取了分期治理的方式。

此外，由于体制上的差异，国际上的污染场地如果不是特别急用，往往会被充分闲置，留出修复时间。中国的现状仍然是闲置期不足，由于城市建设需要，污染企业一旦搬迁后空闲，场地再开发急不可待。

中国目前在土壤环境监测监管能力上还很薄弱，缺少完整的风险评价和风险管理体系。因此，中国应及早建立污染场地的分级分类管理机制，根据实际情况，建立并逐步完善污染场地的信息登记数据库。数据库和分级分类管理机制建立，有助于宏观把握全国土壤污染情况，也便于地方政府与建设项目经营者针对不同级别的污染场地开展预防和修复工程。

毒地治理中，不能指望"一刀切"的措施，要紧的是"对症下药"，早日摒除"只要污染转移其他地块了，原地块的问题就解决了"的观念。从全国层面看，要杜绝"头痛医头、脚痛医脚"的被动，国家决策层面要从系统、循环的角度来解决场地污染问题，这样才会保障投入的资金用在刀刃上，也有助于解决中国毒地问题的燃眉之急。

Brownfield Plague in Urban Development

Gao Shengke

Abstract：As exemplified by the Kangquan Newtown Community case, brownfields, both known and unknown, and the associated latent problem of groundwater pollution will do their irrecoverable harm to urbanization sooner or later. The Kangquan case has exposed the absence of monitoring in the current land development system, the immaturity of renovation technologies, and the deficiency of soil legislation, all of which further complicate the brownfield problem. The way-out may lie in the establishment of the classified management information system and the implementation of phased abatement.

Key Words：Brownfield；Kangquan Newtown；Groundwater Pollution；Pollution；Soil Renovation

G.19

食品安全忧虑促发都市有机农业

程存旺　石　嫣*

摘　要：

2012 年中国的食品安全问题随着农业的工业化程度而日益凸显为社会问题，在这个领域，市场和政府的双失灵促进了更多都市有机农业的出现，社区支持农业、农夫市集等新型农产品流通体系相应出现，同时资本、政府和多元社会主体都是这个社会现象的利益相关者。

关键词：

食品安全　都市型有机农业　社区支持农业　农夫市集

一　都市型有机农业发展的背景

1. 2012 年食品安全问题盘点

2012 年媒体对工业化食品体系安全问题的披露，令 2013 年食品安全问题受到很大关注。2012 年 12 月，央视用 13 分钟播放了记者耗时一年的关于白羽鸡养殖、销售和食品加工等产业链各环节问题的调查。记者走访了山东省青岛、潍坊、临沂和枣庄四地的多个农村养殖户，并一路跟踪问题鸡肉的销售直至上海，揭露了白羽鸡工业化养殖过程中滥用抗生素和激素，毫无动物福利保障，销售链条中的各项检测措施形同虚设，整个产业链各环节的从业者对终端消费者的食品安全和健康问题毫不重视等问题。

---

* 程存旺，中国人民大学农业与农村发展学院博士研究生，立足于生态农业、可持续生活、城乡互助等理念的实践和推动；石嫣，中国人民大学农业与农村发展学院博士，清华大学人文与社会科学学院博士后，国家发改委公众营养与发展中心全国健康家庭联盟健康传播大使，分享收获 CSA 项目创始人与负责人，国际社区支持农业联盟副主席。

2012年11月，白酒塑化剂问题被媒体推向舆论的风口浪尖。酒鬼酒率先被爆出塑化剂含量超标260％，接着其他几大白酒品牌也陆续被爆出含有塑化剂，整个行业和常喝白酒的消费者可能笼罩在恐慌情绪之中，塑化剂风波直接导致了白酒行业上市公司的市值损失超过百亿元。

2012年7月，乳制品行业的食品安全问题再次被曝光于公众面前。《广州日报》报道了广州市工商局公布光明奶油被检出菌落总数超标，南山奶粉五个批次被检出含有强致癌性物质黄曲霉毒素M1。2011年蒙牛也以同样的问题被查处。黄曲霉毒素M1成为乳制品行业难以克服的顽疾。事实上，受资源禀赋和大环境的影响，乳制品行业的问题并非行业本身所能解决。

2012年5月，广州检出120多吨含有甲醛的白菜，这些白菜主要来自山东和云南，以往被忽略的食品流通环节的安全问题被更多地暴露出来。

2012年4月，绿色和平发布报告，称对"立顿"的绿茶、茉莉花茶和铁观音袋泡茶检验，发现含有被国家禁止在茶叶上使用的高毒农药灭多威。茶叶农药残留引发的食品安全问题由来已久，即便像立顿这样的国际大企业，拥有现代化的技术、设备和商业流通模式，在与农业生产部门打交道的过程中也难以避免纰漏。同一时期，央视《每周质量报告》曝光河北一些企业用生石灰处理皮革废料熬制工业明胶，卖给浙江新昌县药用胶囊生产企业，最终流向药品企业，进入终端消费的恶性食品安全事件。虽然企业违法行为看似为偶然的个案，但背后暴露出的机制问题与常见的食品安全问题机理类似，即市场和政府双失灵。

2012年3月，媒体披露了山东烟台红富士苹果被装着违禁药品退菌特和福美胂的药袋包裹长大。这种药袋仍被大量使用，由于交易量大，抽检很难发现农药残留，并且两种农药甚至没有明确的检测标准。这是典型的种植业食品安全问题，尽管类似报道屡见报端，但是距问题的实质性解决仍很遥远。频发的食品安全问题越来越多地冲击着消费者敏感的神经，公众渴望健康和安心的需求自然催生了能够带来安全食品的各种生产和消费模式。消费者的需求成为拉动中国有机农业发展的重要动力。

2. 农业面源污染

2010年公布的《第一次全国污染源普查公报》显示，农业源排放的总氮和总磷对两种水污染物总量的贡献率已经超过一半，分别占到 57% 和 67%，农业已经成为这两种水污染物的最大来源。农业源水污染中，种植业污染主要源于过量使用农业化学品，养殖业污染来自畜禽大规模集中排放的废物及养殖业中大量使用饲料添加剂（见图 1）。

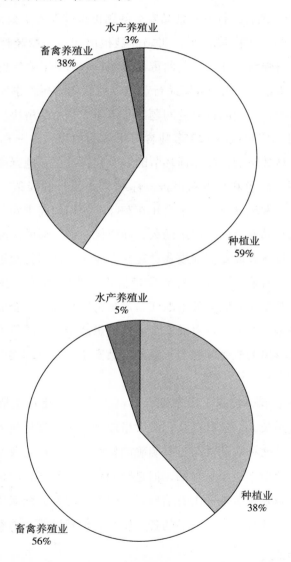

图 1　种植业、畜禽养殖业和水产养殖业对农业水源污染物总氮和总磷的贡献

资料来源：根据《第一次全国污染源普查公报》相关内容整理。

迫于农业污染的严重态势和保护水源地的要求，政府开始重视并推动有机农业的发展。江苏省开展了环太湖流域有机农业发展调查，为进一步制定有机农业发展规划提供依据；浙江省遂昌县以人大决议的形式提出从 2010 年开始，利用 5 年的时间，在全县禁绝化肥、农药和除草剂等农业化学品，将全县的农业改造成为有机农业；北京、上海、四川成都、贵州贵阳、浙江杭州、山东潍坊、江西万载、江苏宝应等地方政府都出台文件，明确提出发展有机农业的支持政策。

二 都市型有机农业发展的现状——以北京为例

都市型有机农业是有机农业和都市农业的互补结合、生产者与消费者直接结合而成的经济形式，即使过度耗能和污染的高碳方式的产业经济链条得以缩短的"短链"经济形式。它也是一种符合现代农业要求的集约化、设施化、多功能农业。除了具有生产功能、生态功能，它还具有农业文化体验和城乡互动的社会活动等诸多有利于构建和谐社会的功能。

发达国家都市型有机农业是在城市化过程中产生的，社会经济的不断发展，高度城市化的弊端和人们对城市环境在文化、教育、生态、休闲等方面的要求成为新型的多功能农业发展的动力来源。而拉美和非洲的发展中国家都市农业发展则缘于社会危机，如阿根廷、智利和乌拉圭等国的城市化导致城市就业机会不足，贫民集中，于是贫民获取收入和食物的来源成为都市农业发展的主要动力。我国都市型有机农业的发展从背景来看更加接近发达国家城市居民对于生态、健康和安全食品的需求。

日益庞大的城市中产阶级成为推动都市有机农业发展的重要力量。国际经验表明，随着经济的发展，中等收入群体日益成为环保运动、劳工运动等社会自立运动的主力，各种非政府组织的蓬勃发展也体现了中等收入群体的兴起。这个趋势，在中国刚刚开始呈现。随着中国社会、经济的发展，中等收入群体开始形成并在社会事务中发挥积极作用。据《草根组织媒体工作手册》统计，中国现有环境保护组织 110 家左右，其中 90% 左右为环保 NGO，这些环保 NGO 都有中等收入群体直接或间接参与；其中个别环保组织则完全

由企业家组成。此外，中等收入群体引领的绿色消费也在一定程度上促进环保运动。

中等收入群体的绿色消费特征与生态型都市农业内涵存在多重契合。生态型都市农业注重农业多功能性，强调"绿色食品生产"和"生态环境建设"等基本功能。而大量的研究表明，购买绿色和有机食品等生态农业产品的人更加关心环境保护和食品安全，他们的家庭收入和学历都比较高，是中等收入群体的主要组成部分。随着中国经济发展，中等收入群体不断扩大，无论是中国社科院还是世界银行的估计，中国的中等收入群体的规模都超过2亿，约占总人口的23%。北京、上海等一线城市中等收入群体的占比达到40%。庞大的中等收入人群在食品安全问题面前转向生态农产品是一个具有普遍性的客观现象。

早在2003年北京就制订了"221"行动计划，并通过调查发现北京城市居民选购农产品主要考虑因素是安全无公害，有43.7%的受访者将其列为首位，92.6%的受访者表示今后将更加关注有机、绿色等农产品。

截至2012年底，北京市拥有86家单位生产经过有机认证的农产品，其中有合作社22家，如北京沿河绿地瓜菜种植合作社生产有机甜瓜和圣女果、北京仁康金旺果品产销专业合作社生产有机葡萄和苹果、北京锁生顺发果品销售合作生产有机桃。从事有机生产的企业64家，产品涵盖了水果、蔬菜、奶制品、菌类和家禽及禽蛋类等丰富的农产品，其中包括万达集团投资4.9亿元在延庆县香营乡建造5600亩的有机农业园区，汇源集团分别在顺义和密云承包了1.5万亩山头和1500亩土地打造有机农业产业园等庞大的有机农业项目。

除了经过有机认证的生产者外，北京还存在20多家未经过商业有机认证，而采取社区支持农业（CSA）模式①的社会参与式认证，或者自我认证，或者经由社会公益组织考察认证的中小型农场，并且发展出北京有机农夫市集这样有利于未经商业认证的小规模有机农场经营的模式。绝大多数未经认证的有机

---

① 201 社区支持农业（CSA 是 Community Supported Agriculture 的缩写），在英文里这个表达具有社区与农业互助的含义，是生态型都市农业与中产收入人群结合、互动的典型模式，在欧美日韩台等发达国家和地区广泛兴起。

农场都能够执行有机农业的基本标准，拒绝在生产过程中使用化肥、农药和除草剂等农业化学品。主要有下面几类组织。

1. 北京的社区支持农业（CSA）农场

社区支持农业于 20 世纪 70 年代初最早出现在德国、瑞士和日本，80 年代出现在美国。1971 年在日本，由一群关注家人健康、食物安全和环境保护的主妇组织起来直接到乡村地区与愿意转变耕作方式的农户结合，由消费者群体预付给生产者一年的费用保证农户的收益，而农户则按照消费者要求使用健康的生产方式，这种方式叫做 Teikei，是共识或一起合作的意思。几乎是在同时期，在欧洲的瑞士、德国也出现了这种市民和农民直接对接的产销关系。据不完全统计，2009 年美国有接近 5000 家以 CSA 方式运作的农场，覆盖了近 200 万户消费者家庭。

2001 年开始建设运营的天福园农场位于大兴区，是较早在北京以有机农业为生产模式的农场，一度成为国内首家同时获得养殖业和种植业双重认证的农场，但由于产品品种丰富，认证成本又太高，现在已经不再继续做认证了，并以 CSA 为运营模式，融入了社会参与式的认证体系。农场主张志敏曾经在中粮集团工作，由于在工作中认识到食品安全问题的严峻性，因此放弃原有收入颇丰的工作开始在 180 亩的园子里养奶牛、鹅、羊、鸡等动物，种植果蔬，并将种、养、殖充分结合，实现了园区内的物质循环和生态环境改善。天福园有机农业俱乐部和北京有机农夫市集是农场的主要销售渠道，并且成为北京 CSA 网络的首批会员单位，尽管经营了 10 多年，但是农场依然面临经济压力。

2003 年开始运作的芳嘉苑位于顺义区，占地面积 60 亩，是典型的家庭式农场，主人一家都居住在农场，参与农业生产劳动。农场主最初并未接触到有机农业理念，而只是采取传统的方式，使用有机肥种植应季蔬菜和水果，并在果园中散养了鸡鸭等家禽。2007 年开始接触有机农业和 CSA 理念后，对农园进行了完全的生态化改造，停止在农园使用低毒的生物农药。至今已经发展了 50 多户会员家庭。

2004 年开始运作的德润屋农场位于昌平区，实际上并没有成形的农场，主人吉云亮博士毕业于北京航空航天大学，读博士期间参加环保活动接触了有

机农业，毕业后租用了 5 个大棚，面积约 10 亩，采取有机方式进行种植，并以 CSA 和参与北京有机农夫市集为主要的运营模式。目前已有 100 多户会员家庭，其中 70% 左右是在京的外国人。德润屋同样以社会参与式认证替代商业有机认证，并于 2009 年成为北京 CSA 网络的首批会员。

2005 年开始运作的绿牛农场位于顺义区后沙峪，占地 80 亩，养殖 5 头奶牛、200 多只鸡、4 头猪，完全处于自然散养状态，饲料也主要来源于农场种植的各种草料和秸秆；种植方面完全停止了化肥、农药、农膜、添加剂、除草剂、转基因种子的使用，种植玉米、花生、枣等作物和果树，并有部分大棚蔬菜。农场主夫妇曾经长期在美国生活，因此绿牛农场融入了大量美国乡村的元素，农场的会员也主要是在京的美国人，较高的会费收入，以及餐厅和食品专卖店等多样化的经营策略很好地支撑了农场的运作。农场以社会参与认证替代了商业有机认证。

2008 年开始运作的凤凰公社位于海淀区凤凰岭脚下，占地面积约 70 亩，2008 年获得欧盟有机认证，2010 年获得德米特（Demeter）认证。凤凰公社采取生物动力农业技术模式，以山药为主要种植品种，配合以有机素食餐厅、养身馆、会员配送、参观采摘等多种营销模式，并积极参与北京有机农夫市集。

2008 年开始运作的小毛驴市民农园位于海淀区苏家坨镇，是海淀区农林委员会和中国人民大学乡村建设中心合作共建的以试验有机农业和 CSA 为主要内容的产学研基地。2009 年开办至今不断发展壮大，耕地面积从原来的 230 亩扩展到涵盖后沙涧和柳林两个社区，占地 1000 多亩；会员数量也由 2009 年的 64 户发展到 2012 年的 800 多户。种植方面严格按照有机农业的标准，杜绝使用各种农业化学品和转基因种子，并融入了自然农法的多种手段；养殖方面采取了发酵床自然养猪法养殖生猪，年出栏量约 60 头，并散养了近千只鸡，每年将发酵床猪粪回田，实现了种养结合。除了应季蔬菜，还可向会员提供猪肉、鸡和鸡蛋等附加产品。小毛驴市民农园也坚持以社会参与式认证替代商业有机认证，并保持了稳定的收入增长。

2009 年开始运作的圣林生态农庄位于顺义区，占地面积约 30 亩，尽管始建于 2004 年，但是期间不断尝试的各种农业生产项目均告失败。2009 年参与北京的 CSA 活动，并成为 CSA 网络的首批会员，开始确定以生态化散养柴鸡和种植应季蔬菜为主要内容，会员配送和北京有机农夫市集成为农场主要的销售渠道，向会员提供鸡蛋、鸡和蔬菜的宅配服务。

2012 年开始运作的分享收获 CSA 项目位于通州区西集镇马坊村，是清华大学社会学系社区食品安全研究中心的研究实践基地，负责人石嫣是清华大学社会学系博士后、小毛驴市民农园创始人之一。与上述 CSA 项目的最大区别在于分享收获 CSA 项目并未租种农民的土地或者大棚，而是直接与农户合作，帮助农户进行生态化改造，并与农户签订协议，预付费用，共担风险，共同制订种植计划和生产管理办法，以高于市场普通蔬菜 3 ~ 5 倍的价格收购农户的所有蔬菜。同时，分享收获 CSA 项目在城市社区发展消费者会员，以会费支持农户的生态化生产和项目运作。不到半年的运作，项目已经招募了 300 多户会员，并带动了马坊村生态农业合作社的发展。

2. 北京有机农夫市集

农夫市集（Farmers' Market）的组织形式类似于中国中小城市的农墟，在有机农业发展时间较长的国家和地区普遍出现了农夫市集这种可供农场主定期直销有机农产品的形式。农夫市集能够让农民和消费者双方获利，消费者能够买到本地种植、新鲜的农产品，还可以知道种植这些农产品的农民是谁，很多地区的大型购买者或者连锁食品店也会到农夫市集采购；农民能够在农夫市集上赚取较高的利润，同时，农夫市集还能增强社区感，有的农夫市集还有一些简单的课程教给消费者如何保存食物和简单的种植技术。

北京有机农夫市集开始于 2009 年，发展至今已举办各类市集近 80 场，举办的频率已经由最初的每月一次增加到现在的每周两次；参与市集的生产者最初只有小毛驴市民农园、天福园、圣林生态农庄、芳嘉苑、德润屋等少数几个农场，发展到现在已有近 30 家生产者，产品种类不再局限于蔬菜和畜禽产品这两类，而是扩充到了有机奶制品、有机糕点和果酱等加工类食品，有机化妆品和厨余垃圾家居处理设备等品目繁多的产品；从刚开始稀稀落落的一两百名顾客，到如今的每集两三千名固定顾客，平均每次销售额达 15 万元，市集已经成为部分生产者最主要的销售平台，也成为一些消费者购买放心食品的重要渠道。

更重要的是，市集产生了管理委员会、委员会选举办法和职责。管委会由

生产者代表、消费者代表和第三方社会组织代表等额组成，将进一步制定北京有机农夫市集的组织章程（草案）及其他相关章程文件，各项工作逐步走向完善。

3. 其他社会参与平台

除了北京 CSA 网络联盟、北京有机农夫市集等供生产者、消费者和各类社会组织参与的开放平台外，还有由中国人民大学农业与农村发展学院主办的全国 CSA 年会，清华大学社会学系社区食物安全研究推广中心举办的社区食物安全工坊，以及凤凰公社举办的生物动力农业培训等。消费者自组织也开始有所发展，如回龙观社区的妈妈团、北京有机考察组等。

三 都市型有机农业发展的问题和展望

都市型有机农业实际上包含了食物生成、流通和消费对社会重构的需求，以及对食品安全的需求，对于城市化食品的不信任、反思，构成了城乡食物系统重构的内在和外在动因。当然重构也有三层含义，首先是空间的重构，希望改变原有食物流通体系。其次是希望拉近城乡人与人之间的关系，不再是简单买卖的关系。再次是经济的重构，更加强调本地化、在地化，以及这样一种在地化的流通体系。

现在都市型有机农业在中国发展有如下几个特点。第一，消费者群体有普遍性，它并非很明显地由收入决定，很多消费者的收入和职业都不是严格划分的；第二，去中心化，就是消费者对于权威认证机构的信任度不够；第三，发展是趋于网络化发展，消费者更多相信圈子和口碑；第四，仍然存在组织的弱化，消费者和农民这一端相对来说自组织程度并不太高；第五，对于社区重构的需求。

将有机农业与都市两个概念糅合在一起进行相关性分析的主要原因在于有机农业不是简单农业生产技术的变革，而与生态环境保护、人们的生活方式变化、乡村社会发展甚至社会公平正义等话题高度相关，而这些与农业生产技术革新共同发生的变化集中表现在聚拢了庞大资源的都市。

通过对北京有机农业发展的分析可以清晰地发现三股力量正在推动有机农

业的发展和转变。

第一种是资本的力量。有机农业在发达国家已经发展成为一项规模庞大的产业，随着中国社会经济水平的不断发展，有机农业在中国必然遵循发达国家的演化规律，发展成为吸引大量中上等收入人群的食品消费市场。资本的大量进入一方面将带来有机农业生产技术的发展，另一方面也可能由于过量追求产量反而导致土壤和水源负荷的加重。中国农业大学的一份研究资源与环境对汇源有机蔬菜生产基地的检测表明，该基地大棚内的土壤存在超负荷施用有机肥的现象，造成土壤亚硝酸盐累积加重，存在面源污染的可能性，甚至将造成蔬菜的亚硝酸盐含量超标，引发食品安全问题。

第二种是政府的力量。尽管政府在推动有机农业发展的过程中往往与资本合作，但是对于类似合作社、家庭农场等与民生关系更为紧密的小型有机农业生产模式也表示支持，中央政府的农业政策指导思路已经在生态文明的指导下转向发展资源节约型和环境友好型的"两型"农业，地方政府也快速跟进出台了各种扶持政策。但是相关扶持政策仍然倾向于规模化农业生产方式，例如设施农业补贴政策要求钢架连栋温室规模必须达到 100 亩以上，玻璃温室规模达到 500 亩以上才能获得相应的补贴，这样的要求是中小规模的合作社和家庭农场难以企及的，因地制宜地支持小规模有机农业的政策亟待出台。

以上两种推动有机农业发展的力量目前都还局限于生产领域，而有机农业发展的主要制约因素在于市场的不完善，学者早已研究指出，有机农业发展面临市场失灵和政府失灵双重困境。其中的市场失灵指的是市场机制难以甄别真假有机，有机认证市场的混乱导致产品市场逆向淘汰。政府失灵指的是政府监管难以奏效，无法为市场甄别提供可靠信息。第三种力量的兴起是化解市场和政府双失灵问题的有益尝试。

第三种力量来自多元化的社会主体，其中包括媒体、政府、高校、NGO 和具有环境保护、食品安全、乡村发展、社会公平等自觉意识的个体。这些多元主体通过调动社会力量，开展利益相关性弱的公益活动，培育出了具备良好社会公信力的有机农业运作平台，如 CSA 网络、有机农夫市集和定期举办的相关会议等。这些平台成为有机农业行业内不同社会主体彼此交流创新想法、制定行业自律方案、采取切实行动维护公信力的主要场所。在这个平台上，生

产者的信息是公开透明的，消费者与生产者的关系更为紧密，超越了一般的买卖关系，凡此种种良好的因素有助于化解有机农产品市场中的信任危机。但是，社会力量的局限性也很明显，中小城市往往比大城市更加缺乏有效的社会参与，参与其中的生产者也存在技术参差不齐和故意造假的情况，消费者对待有机农业的认识也有待提高，应该更多地融入环境保护、食品安全、乡村发展、社会公平等综合的观点，而不该仅仅将有机农业视为安全食物的来源。

毫无疑问，都市型有机农业在中国的发展空间依然十分庞大，三股力量的博弈在发展过程中将长期存在，进而导致都市型有机农业朝向多样化的格局发展，从某种程度而言，这正符合有机农业多样化的自然属性。

Development of Urban Organic Agriculture with the Background of Food Safety

Cheng Cunwang   Shi Yan

Abstract： In the year 2012, food safety issues became a important social problem with the agricultural industrialization in China. More and more urban organic agriculture appears in recent years because of the market and government failure. Alternative food systerms like Community Supported Agriculture, Farmers' Market etc. become more and more popular. Capital, government and multiple social objectives are stake holders of this phenomenon at the same time.

Key Words： Food Safety; Urban Organic Agriculture; Community Supported Agriculture; Farmers' Market

可持续消费

Sustainable Consumption

生活用电与日常垃圾是与建立资源节约型社会直接联系的。我们通常对于身边的"能源消费浪费"与"过量垃圾"问题虽有感觉，但是未必了解它们的整体状况。如：我国有关机构已经和正在做什么？解决的和还未解决的问题是什么？可预期的效果是什么？等等。本期我们的板块分别对"阶梯电价"和"限制过度包装"问题作了宏观的、简要而系统的梳理。两位作者给了我们一种有益的真实感：促进可持续消费的政策不是一招一式就能奏效的，它需要持续地调整各方因素，需要很大的耐心。

第三篇文章是关于北京洗车业用水的报告，这是胡勘平连续发表的第四篇报告，篇篇都从水资源角度揭露北京的"奢侈性浪费"现象，即对于明明匮乏的资源，人们使用起来比人均资源更多的发达国家还要排场和奢侈。胡勘平提出的"奢侈性浪费"概念不仅对我们有战略上的启示［在我国推动可持续消费应当将它列为最先打击（改造）的对象］，更是提出了一个尖锐的大问题：作为一个宣布"建立生态文明"的国家，一个资源匮乏的国家，如果继续允许"奢侈性浪费"存在，那么它是否能够真的建立生态文明？它是否能够得到别人的尊重呢？

G.20
审慎渐进的 2012 年阶梯电价新政

喻 婕*

摘 要：

2012 年，中国正式在全国范围内实施居民用电阶梯电价。此项措施旨在遏制奢侈型电力消费，以价格杠杆实现全民节电。从目前各地的实施方案来看，由于充分考虑到居民用电成本的上升，各档电量和价差的设置较为保守，因此杠杆效果不是非常明显。不过，框架已然搭建，这为未来的调整留下了空间。

关键词：

阶梯电价 居民

2012 年，中国居民能源消费中的大事莫过于阶梯电价。所谓阶梯电价，是指将现行单一形式的居民电价，改为按照用户消费的电量分段定价，用电价格随用电量增加呈阶梯状逐级递增。负责制定此项政策的国家发改委表示，阶梯电价的推行是为了实现以价格为杠杆，调整超出基础消费部分居民的用电行为，促进节能，可以在一定程度上改变长久以来用电越多获得补贴越多的现象。

这一现象的存在基于两种现状：一是中国总体电价偏低，二是居民电价明显低于工业电价。中国的电力价格是由政府严格管制的，20 世纪 90 年代开始设定的电力定价机制的基础是新建电厂的投资成本加固定利润，其初衷是鼓励电力投资，改变电力供应短缺的局面。后来，随着煤炭销售体制从计划走向市场，电厂的发电成本越来越高，"煤电联动机制"随之出台，使零售端电价可

---

* 喻婕，大自然保护协会（TNC）对外事务和政策研究总监。

反映成本的升高。但是，出于对能源价格带动消费物价上升的担忧，政府一直压制电价的联动，导致发电企业亏损严重，最终还是通过财政补贴平账。这意味着零售电价成本越来越低于发电成本，电价承担的福利角色越来越重要。电力作为商品的那部分属性被严重削弱，资源稀缺的信号不能通过价格得到传递。另外，因用户分散，输配、零售成本偏高，很多国家的居民电价要高于工业电价。但中国的情况正相反，居民电价低于工业电价。也就是说，工商企业支付的电费一部分用来补贴居民用电。据统计，2003 ~ 2010 年，全国性的电价调整一共有 6 次。其中，居民电价调整两次，年均增幅 1% 。工业电价年均增长 5.5% 。目前，京津唐地区的居民电价大约是工业电价的 60% ~ 70% 。

国家能源局统计数字显示，2012 年前 10 个月，居民的电力消费占全社会电力消费的 12.85% 。这个数字比 2011 年底的 12.03% 有显著增长。虽然整体比例和发达国家相比仍然很低，但发展的规律是，随着居民收入的增长，到了工业化的后期，居民用电会逐步占据更大的份额。因此，阶梯电价可以未雨绸缪，也可以稍稍缓解倒挂的电价。但是，其扭转效应还在于基础电量是多少，以及如何分档、如何定价。

按照相关法律，涉及重大民生问题的调价决策要举行听证会。2012 年上半年，从北京到各省相继召开相关听证会，焦点就是上面提到的几个问题。发改委网站也提前公布了《关于居民生活用电实行阶梯电价的指导意见（征求意见稿）》，征求公众意见。

征求意见稿所提出的原则性方案和解释是，城乡居民每月用电量按"满足基本用电需求""正常合理用电需求"和"较高生活质量用电需求"划分为三档，电价实行分档递增。第一档电价维持阶梯电价前价格，三年之内保持基本稳定。第二档电价逐步调整到弥补电力企业正常合理成本并获得合理收益的水平。起步阶段电价在现行基础上提价 10% 左右。今后电价按照略高于销售电价平均提价标准调整。第三档电价在弥补电力企业正常合理成本和收益水平的基础上，再适当体现资源稀缺状况，补偿环境损害成本。起步阶段提价标准不低于 0.20 元/千瓦时，今后按照略高于第二档调价标准的原则调整，最终电价控制在第二档电价的 1.5 倍左右。此稿体现了两个方向：一是渐进式改革，以第一个三年为起步，先将分档电量和小价差的框架搭起，三年后

再逐步体现政策的终极设计目的；二是第一档覆盖人群相当大，方案较保守。在原则性方案基础上，中央政府就电量档次的划分向地方提供了如下两个选择方案。

◆方案一：以省（区、市）为单位，第一档电量按照覆盖70%居民家庭的月均用电量确定，即保证户均月用电量在该档电量范围内的居民户数占居民总户数的比例达到70%；第二档电量按照覆盖90%居民家庭的月均用电量确定；第三档为超出第二档的电量。

◆方案二：以省（区、市）为单位，第一档电量按照覆盖80%居民用户的月均用电量确定，即保证户均月用电量在该档电量范围内的居民户数占居民总户数的比例达到80%；起步阶段电价每千瓦时提高1分钱左右。第二档电量按照覆盖95%居民用户的月均用电量确定。第三档为超出第二档的电量。

实践中，全国29个省份的听证会结果都偏向相对更为保守的第二个方案。第一档基础电量涵盖80%的家庭，而价格则采取第一种方案，维持原价。此外，结果也充分体现了地区差异，经济发达地区的基础电量设得较高，例如东部省份明显高于西部地区：上海月度方案为全国最高，首档电量为260千瓦时；北京、浙江、江苏、天津、重庆等地首档电量均在200千瓦时以上；而安徽、陕西、宁夏、甘肃、内蒙古等经济较落后省区的首档电量为120千瓦时。由于假设冬季取暖为非电来源，即燃煤或者天然气采暖，因此基础电量并未因气候带而矫正差异。以北京为例，每户家庭[①]一年用电在2880千瓦时（月均240千瓦时）以内不涨价，维持现有0.48元/千瓦时的标准。月均用电量在241~400千瓦时以及400千瓦时以上的，每千瓦时分别上涨0.05元和0.3元。

其实，早在2012年之前，阶梯电价已在几个省市先行试点。从2006年开始，四川省居民用电开始实施"阶梯电价"，共分为四档，每户月均分为60

---

① 因为以家庭居住单元而非人均分配基础电量确定电价，因此人口多的家庭可能面临配额不够的问题。目前，这一问题尚未有较好的解决方案。

千瓦时以下，61～100 千瓦时，101～150 千瓦时和 150 千瓦时以上。据统计，2008 年，四川居民的户均用电量占据这四个挡位的百分比分别是 23%、29%、22% 和 26%。由于每档价差不明显，千瓦时价差从 8 分到 1 角 1 分不等，因此对纠正用电行为效果不明显，各档电量用户量较为均衡。① 另外试点的浙江和福建两省虽电量分档略有不同，但都因为价差很小，对居民用电行为影响甚小。

与大约六七年前开始的部分地区试点相比，此次全国推行的阶梯电价方案中基础电量又成倍提高。北京市发改委相关负责人表示，试行阶梯电价后，该市 83% 的居民用户电费不会增支。12% 用电较多的居民用户，月电费增支最多不超过 8 元。5% 用电最多的居民用户，月用电将超过 400 千瓦时。② 也就是说，83% 的家庭可以保留其已有的用电习惯，而不必支付更多的电费。对于第二档家庭，每千瓦时电量只比第一档高 5 分，因此杠杆作用并不明显。相比之下，第三档的 0.30 元高得多，不过它只覆盖 5% 的家庭，这些家庭可能也是收入处在金字塔尖的，对价格的耐受力更高。无论如何，因为阶梯电价，一些居民还是会在购买电器时更加注意能效标志。对于南方自行供暖的家庭来说，用电还是用天然气供暖，可能需要仔细计算方可获得经济上最优的方案。

或许可以这样理解，作为头三年的方案，为了减少推行的阻力，各级政府对利益没有安排显著的调整。但根据方案，三年后，基本电量和二、三档价差，可能要面临新一轮的调整。

这一方案与日本和韩国相比，价格的杠杆作用要小得多。日本自 1974 年 6 月开始对居民实行阶梯电价，按照每月用电量将电价划分为三个档次。以东京电力公司为例，第一档为 120 千瓦时，每千瓦时电价为 17.87 日元（约合 1.38 元人民币），这是保障基本生活必需的用电量。第二档从 120 千瓦时到 300 千瓦时，每千瓦时 22.86 日元，电价与发电平均成本持平。第三档是 300 千瓦时以上，每千瓦时 24.13 日元，以此促进节电。韩国差不多同一时间开始

---

① 陈凯、冯源、胡苏：《居民阶梯电价试行五年效果如何》，《中国能源报》2010 年 1 月 25 日。

② 贾中山：《北京下月起试行阶梯电价》，《北京青年报》2012 年 6 月 16 日。

实施阶梯电价，在多次调整后，现行阶梯电价以每户为单位，每月每 100 千瓦时为一个跨度，按六档划分电价。在 1 千瓦时至 100 千瓦时区间，每千瓦时电价是 55 韩元（约合 0.31 元人民币）。此后每 100 千瓦时区间的用电价格分别是 114 韩元、168 韩元、248 韩元和 366 韩元。一旦超过 500 千瓦时，用户需承担每千瓦时 644 韩元的超高价。可见，日本和韩国都是用第一档低电价补贴低收入人群，第二档平衡电力成本，而再以上部分的高价用于支付对穷人的补贴，也是惩罚奢侈性消费。

中国在起步阶段，第一档电量覆盖了大部分人群，他们仍然享受补贴电价。10%～15% 的人群，支付了超出基本电量部分的电力成本，其实仍享受补贴。如果说，这是起步阶段的妥协，今后的调价趋势应当逐步扭转这种状况。不过，届时应该仍要举办听证会，渐进的基调不会改变。

那么这个权衡各方利益的方案，实际节电效果如何呢？6 个月后，据来自广东和上海电网的数据，结果变化不大。有居民反映，第二档的电价算下来一个月可能只多付几块钱，因此不用太小心。此外，目前很多大城市已经进行了电表改造，普遍实行买电插卡充电制度，一般都是集中购电，不必每月支付，因此居民没有跟踪每月用电量的习惯，只有在购电时超出年度限额时才有察觉。

在听证会网络征求民意中，另一个热点问题是收费增加后的收入流向哪里，是否成为垄断企业的超额利润，增加垄断企业职工收入。决策单位给出的答案是，除了补贴发电成本上升的亏损之外，还有两点：一是弥补节能减排等环境成本增支。目前，我国二氧化硫排放总量中，燃煤电厂二氧化硫排放占 50% 以上。国家出台的脱硫电价加价政策，对安装脱硫设施的发电企业上网电价每千瓦时增加 1.5 分钱。阶梯电价所产生的额外收入一部分将用于补偿电网企业的这部分支出。二是阶梯电价政策出台后，电网企业不得再向居民收取电表改造费，支出的成本由电网企业承担。

如前所述，居民用电价格过低的问题，并不能靠阶梯电价一项政策就得到解决，最根本的还是逐步改变目前的电价定价机制，让行政和市场分别扮演合理、合适的角色，还电力的商品属性。此外，逐渐以市场化改革改变电力行业中的垄断现象，让价格机制更加透明，消除民众的不信任，方能使既节能又推动社会公平的政策获得更多公众的支持。

Keynote: Prudent and Gradual-Comment on 2012 Progressive Electricity Price Launching

Yu Jie

Abstract: In 2020, China formally launched its first nationwide progressive electricity price scheme. The purpose of that program was to curb luxury electricity consumption, through A price signaling mechanism. Early results concerning the acceptance and affordability indicate that the impact thus far on price difference has been minimal. Therefore, the leveraging effect where energy consumption is concerned is not very obvious. However, with the framework now in place, future adjustments are possible and more easily achieved.

Key Words: Progressive Price; China; Residence

G.21
北京的洗车业奢侈性水消费与
"第二水源"利用

胡勘平*

摘　要：

　　北京洗车场所众多，用水管理粗放，年耗水高达数百万甚至上千万吨，增加了对首都水资源供应和水生态安全的压力。本报告在文献、实地调研基础上，反映了北京洗车业奢侈性水消费情况及其造成的资源、环境和生态影响，建议按照党的十八大提出的建设生态文明和节水型社会、"促进生产、流通、消费过程的减量化、再利用、资源化"的新要求，采取正向鼓励和逆向约束并重的策略，强化对洗车用水的监管，提高再生水在洗车行业的应用比重，让洗车行业为北京市生态文明建设作出应有贡献。

关键词：

　　北京市　洗车业　奢侈性水消费　再生水

　　2012 年 7 月，《人民日报》记者在北京街头、社区做随机询问式调查，结果显示，76% 的受访者并不知道北京是一个严重缺水的城市。对于刚刚实施的《北京市节约用水办法》，受访者竟然无一人知晓。

　　事实上，北京是世界上缺水程度最严重的特大型城市之一，人均水资源量仅为 100 多立方米，远远低于联合国确定的"灾难性水缺乏"标准。官方称：水资源紧缺，已成为制约北京社会经济可持续发展的"第一瓶颈"。

　　为应对水危机，北京市采取开源节流、外流域调水、污水再生利用等措

---

* 胡勘平，中国生态文明研究与促进会研究与交流部主任，浙江农林大学兼职教授。

施，在一定程度上缓解了水资源的供需矛盾。但在一些行业和领域，由于不合理的生产、生活方式和粗放的管理而造成的奢侈性水消费现象，却一直未得到遏制。洗浴中心、滑雪场、高尔夫球场和洗车场等四个官方所称的"特种用水行业"，就是最具代表性的例子。自 2009 年起，《环境绿皮书》聚焦特种行业的奢侈性水消费，已经以专题报告的形式先后对前三个行业的耗水情况作出分析，引起广泛关注。那么，洗车行业情况又如何呢？

一　洗车耗水知多少？

我国是世界第一大汽车消费国，北京是全国汽车保有量最大的城市之一。据北京市交管局网站显示，截至 2012 年 10 月底，全市机动车保有量为 517.1 万辆。汽车数量的激增带来了能源、环境、交通等诸多问题，洗车等汽车消费配套设施带来的水资源浪费问题也日益凸显。

在空气污染严重、沙尘天气较多的北京，洗车是驾车者生活中必不可少的内容。机动车数量的激增，造成了京城洗车行业的快速发展。现在北京的洗车点可谓"多如牛毛"。开车在路边转一转，找个洗车的地方并不困难。随便停下来花上十到几十元钱，就可以给车洗个"澡"。但是很少有人意识到，在这个极度缺水的特大型城市，洗车行业已经成为引起水资源不合理消耗和水环境污染的重要因素。

目前，洗车行业主要的洗车方式有两种——手工洗车和电脑洗车。手工洗车的常见程序是：工作人员先将洗液喷洒在车身上，让车身上的灰尘和沙粒浮在车漆上，清洗车身各个部位，然后用高压水枪冲洗干净，最后为洗干净的车上一层液体蜡，并进行室内皮革等内饰的清洁护理。电脑洗车则是由传送带控制汽车，完成整个洗车过程，包括泡沫清洗、轮刷同动，超软布刷、全车养护，水蜡喷洒、风干擦干等各个程序。

此外，北京还有另外一种洗车方式也不难见到，那就是一桶水、一块抹布的"流动洗车族"。他们站在街边，摇晃着手中的抹布，招揽司机停下车来。这样的洗车方式基本上属于"无本生意"，水都是"免费"而来的：不是从河里打的，就是偷取的绿化、消防用水。洗完车的水也都是直接从路边的下水道

排走，或者泼洒在路面上。虽然劣质的洗车液和掺杂着灰尘和沙粒的毛巾会对车身造成伤害，但其低廉的价格还是吸引了那些图便宜的车主，特别是出租车司机。路边占道流动洗车浪费水资源、污染环境，监管部门虽采取了很多措施试图清理这些"抹布党"，但驾车者洗车需求不断增长，加上洗车者采取的是"打一枪换一个地方"的"流动作战"方式，使监管非常困难，无法遏制其蔓延势头。

北京洗车行业年耗水量究竟有多少？据一些学者开展的专门调研和现场实验测算，普通轿车手工洗车耗水为 23 升/辆次，电脑洗车为 31 升/辆次。[1] 北京市质监局《公共生活取水定额（征求意见稿）》在"第 7 部分：洗车"中要求，手工洗车点每清洗一辆车新取用水不超过 22 升，自动洗车点不超过 31升。据解释，取水定额是通过对各种规模的洗车点用水量的实地测量后计算得出的平均值。新取自来水量不包括洗车点自备的循环水、雨水、再生水等。

以北京市汽车保有量 500 万辆来计算，假如每辆车每周洗一次，且全部采用耗水相对较少的手工洗车方式，取水量按每辆次 22 升计，全市每个月新取水量将达 45 万吨，全年则超过 500 万吨；如果我们将手工洗车和电脑洗车的用水量进行简单平均，以每辆车平均单次清洗用水量 27 升、每月清洗 4 次计算，则每年每辆车洗车用水量约为 1.3 吨，全市洗车行业年耗水量约为 650 万吨。

和一些媒体报道中提到的数量相比，上面测算的"理论耗水量"显得较为保守。比如，2012 年 11 月首都一家报纸[2]就曾报道："据测算，清洗一辆汽车的用水量约为 0.16 吨，若按全部汽车每周清洗一次计算，北京市每年洗车用水量达到 3000 万吨。"据笔者查考，这组数据是 2009 年时任北京市政协委员、爱义行汽车服务有限责任公司总裁邢爱义披露[3]的。由于我们无法核实"清洗一辆汽车的用水量约为 0.16 吨"这一信息的来源，"年洗车用水量达 3000 万吨"这一数字也就不便轻易采信，但这确实也反映了洗车用水的巨大消耗。

---

① 李立群等：《北京市洗车行业用水及取水定额研究》，《水资源与水工程学报》2009 年第 5 期。
② 《汽车"洗澡"：杯水洗车和无水洗车》，《中国质量报》2012 年 11 月 27 日。
③ 贺岩：《北京政协委员建议市内全面禁止清水洗车》，《北京晨报》2009 年 2 月 16 日。

对于北京洗车行业实际耗水量是几百万吨还是上千万吨，每年"洗"掉了多少个昆明湖，尽管我们很难得到权威部门的准确数据，但如果说北京洗车行业正在加剧水资源供需矛盾，加大水生态安全压力，洗车行业用水需要进一步加强管理、提高水平，这些确实是不争的事实。

二　再生水成为"第二水源"

北京作为一个缺水的城市，应该如何减少洗车用水的浪费，解决洗车行业跟百姓抢水"喝"问题？再生水使用应成为重要手段。

再生水也称"中水"，指对城市污水经处理达到一定标准后进行有益使用的水。经过净化处理后的城市污水可以作为部分水源的替代品，广泛运用在非直接接触人体的各个领域中，比如生活杂用水、市政绿化用水、工业用水、景观生态补水和农田灌溉等，替代等量的新鲜水量。据测算，在我们日常的生产生活用水中，有60%完全可以用再生水替代。

再生水利用是建设节水型社会，实现再利用、资源化的有效途径。面对水资源供需矛盾不断加剧的严峻形势，北京坚持"向观念要水、向科技要水、向机制要水"，对地表水、地下水、再生水、雨洪水和外调水进行联合调度，其中，再生水是唯一"变废为宝"的水。每使用一吨再生水，就意味着既节约了一吨自来水，又减少了一吨污水。污水的再生利用开辟了一个稳定的新水源，有效缓解了城市供水系统的压力，同时减少了废水排放造成的环境负荷，降低了水污染的程度，可谓一举两得。

近年来，北京市本着"资源节约、环境友好"的思路，为缓解水资源紧缺和改善水环境，在再生水利用方面采取了切实而有力的举措，取得了卓著的成效。

北京自2001年建成第一座再生水厂，再生水利用量和供水比例逐年大幅度提高。从2004年开始，北京把再生水纳入全市年度水资源配置计划中，确定了再生水用于工业、农业、城市河湖和市政杂用的方向，利用量逐年加大，利用范围不断拓展。随着社会经济的发展，北京市总供水量多年来略有增加，2011年达到36亿立方米。从图1中可以看出，在总的供水量中，地表水供水

量已由 2003 年的 8.33 亿立方米降至 2011 年的 5.5 亿立方米，而再生水的供水量则由 2004 年的 2.04 亿立方米升至 2011 年的 7 亿立方米，所占总供水量的比例持续提高已接近 20%。其他供水来源中，地下水约占供水总量的 60%，南水北调水（周边省份调水）约占供水总量的 7%。再生水自 2008 年起已经连续超过地表水，成为北京市稳定可靠的"第二水源"。

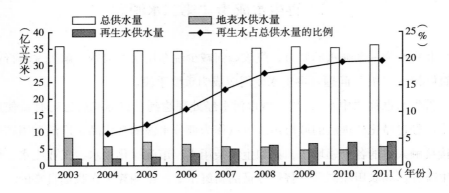

图 1　北京市再生水在总供水量中的比例及变化趋势

三　再生水利用前景广阔

科技的力量产生的再生水有效缓解了水资源供需矛盾。"新水保生活，再生水保生产生态"，已经成为北京水务的基本格局，也让北京成为全国用水效率和再生水利用的首善之区。与此同时，我们也必须看到，即使在北京，再生水利用也仍然处于初级阶段的水平，有着巨大的拓展和提升空间。

一方面，再生水水源充足可靠。北京市污水量大，不受季节和气候变化的影响，经处理后可以为再生水及再生水集中利用提供大量稳定可靠的水源，随着市区污水处理厂建设进度加快，为城市污水再生回用创造了良好的条件。另一方面，水质可以满足需要。目前国内外也制订了一些针对污水再生回用的规范和水质标准，为污水再生回用提供了可借鉴的依据。从水处理技术上讲，污水通过不同的工艺技术处理，水质完全可以满足工业冷却、河道环境用水、市政杂用水水质标准。

借用营销学的概念，目前再生水利用的发展趋势或许可以这样描述：稳定"传统用户"，发展"新兴用户"，挖掘"潜在用户"。"传统用户"是指市政杂用、工业冷却、农田和一般景观用水；"新兴用户"是指高品质景观用水和工业特殊用水；"潜在用户"是指地下水回灌和饮用水备用水源。从下面几个例子，我们可以看出近年来北京再生水应用的迅猛发展势头和所取得的令人瞩目的成效。

景观用水：再生水回用于景观水体是污水再生利用的主要方式之一，既可解决缺水城市对娱乐性水环境的需要，也是完成水生态循环自然修复的最佳途径。北京的城市河道和郊野公园人造水景观已把再生水作为其主要水源。奥林匹克森林公园湖面波光粼粼，一池碧水全部来自数公里以外的北小河再生水厂；再生水让断流30年的永定河重现生机；六环路内52条河道流淌的70%以上是再生水，河道环境补水年利用再生水达2.3亿立方米；首座清水零消耗公园——北小河公园内雨水全部收集利用，园林绿地浇灌全部使用雨水和再生水。

绿化用水：再生水具有量大集中、水质水量稳定的特点，采用再生水灌溉园林绿地不仅可以大大缓解水资源紧缺压力，而且由于其富含植物生长所需要的氮、磷、钾等营养元素及有机质，合理施用能提高土壤肥力，促进植物的生长，减少肥料的施用量。① 近年来，北京市越来越多地利用再生水作为园林绿化用水，目前城区使用再生水灌溉的绿地面积达到1100公顷。按照北京市水务局制定的《推进"清水零消耗"生态节水公园鼓励办法》和《公园绿地再生水利用规划》，"十二五"期间全市将完成30个"清水低消耗"公园的建设。

工农业和市政用水：工业用水方面，再生水主要用于冷却用水、洗涤用水、工艺用水、建筑施工、建筑除尘等工业生产。目前，城区内第一热电厂、华能热电厂、石景山热电厂等9个火电厂已经全部将冷却水由再生水替代。农业灌溉方面，在通州、大兴等区农业年利用再生水超过3亿立方米，灌溉面积达到58万亩，有效地节约和保护了地下水资源。市政用水方面，再生水年用量也不断增加。

---

① 王艳春、张莉楠、古润泽：《再生水灌溉对城市园林植物和土壤的影响研究》，《北京园林》2005年第4期。

2011 年北京市共处理污水 11.8 亿立方米，污水处理率达到 82%。其中经处理后作为再生水利用的 7 亿立方米。2012 年 7 月，北京市人民政府办公厅发布《关于进一步加强污水处理和再生水利用工作的意见》，提出到"十二五"末，全市污水处理率达到 90% 以上，其中四环路以内地区污水收集率和处理率达到 100%，中心城其他地区污水处理率达到 98%，新城达到 90%，农村地区达到 60%；再生水年利用量 10 亿立方米以上，利用率达到 75%。为了提高北京再生水利用总量，加大供应能力，北京市高碑店再生水厂（第二标段）工程将正式启动，2015 年竣工投用后，水厂日处理规模达 100 万吨，将超越北京清河再生水厂成为国内规模最大的再生水厂。

四 洗车用的多是自来水

2009 年后北京民用自来水价格为每吨 4 元，洗车行业用水每吨 61.68 元，而再生水价格每吨仅为 1 元（见表 1）。再生水是价格成本最低的，洗车行业理论上应该以使用再生水为首选。

表 1 2009 年北京市自来水、再生水价格一览（部分）

单位：元/立方米（吨）

类 别	自来水价格	水资源费价格	污水处理费价格	综合价格
居 民	1.70	1.26	1.04	4.00
行政事业	2.80	1.32	1.68	5.80
工商业	3.00	1.44	1.77	6.21
宾馆餐饮业	3.50	1.16	1.55	6.21
洗浴业	58.90	21.10	1.68	81.68
洗车业	38.90	21.10	1.68	61.68
再生水	—	—	—	1.00

数据来源：北京指南"本地宝"查询网。

事实上，北京的洗车场所使用的再生水还非常少，大多数都是以使用自来水为主。

如果没有强有力的外部约束，指望洗车业主自觉主动地节约用水并不现实。在疏于监管的情况下，各洗车场必然会各显神通，打起自来水的主意。一家媒体的记者在调查中发现，朝阳区银泰中心的地下停车库有一个洗车场，工人告诉他们，这里洗车用的是自来水，水费直接交给物业。按照北京市规定的工商业用水价格，银泰中心的水价应为每吨6.21元，而它卖给洗车行的价格是7元多，一转手就每吨赚取了1元左右的差价。而洗车场不用按照洗车行业61.68元一吨的用水价格缴纳水费，也捡了个大便宜。"共赢"的交易自然让双方皆大欢喜。

在北京，这样的情况绝非孤例。调查者发现，很多洗车场都在或明或暗地使用自来水。随着汽车数量的持续激增，大小洗车场遍地开花，非法洗车屡禁不止，一个浪费城市水资源的黑洞正变得越来越大。

据北京一家再生水供应企业称，它们每年为北京市供应2.2亿吨再生水，但其中只有20万吨被送到了洗车行，不到整个再生水使用量的0.1%。究其原因，运费高成为制约再生水广泛用于洗车行的主要瓶颈。一家洗车店的老板坦言，即使把违规成本考虑在内，使用民用自来水也是最划算的选择。再生水管道并没有覆盖全市，除了少数离再生水管网近的店，大多数使用再生水的洗车行只能靠再生水公司的车辆来送水，而1元钱一吨的再生水，送到洗车行之后，加上运费就达到了15元甚至20元钱一吨，可以说是"付得起水费，付不起运费"。与自来水和地下水相比，再生水并没有价格优势。

"十一五"期间，北京累计新建再生水管线488公里，输送能力大幅度提高。再生水配送主要靠管网输送，但管线建设面临越来越大的难度。据业内人士介绍，由于再生水是后发展行业，向城市中心发展的首要问题是规划路线。特别是在已建成的老城区内铺设再生水管线的难度更大，只能在道路改造时考虑随路建设，再加上城市建成区道路下面基本都埋有各种管线，有些地方甚至不具备铺设再生水管线的条件。与此同时，管线建设受拆迁的制约也比较大。

五　洗车节水：他山之石，可以攻玉

那么，国外对于洗车节水有什么好办法吗？据了解，发达国家洗车业起步较早，正规连锁店使用先进的全自动洗车设备，节水效果明显。例如：

美国　政府通过限制排污来鼓励企业和公民节约用水，洗车企业排污需要

有许可证，并且有额度限制，节余的排污量可以在纽约证券交易所进行交易，从而刺激洗车店自发控制排污量，洗车店污水排放大量减少，也大大降低水资源的浪费。

德国　政府动用价格杠杆，利用高价格限制用水量。德国的水价涨幅非常大，现在居民每用 1 立方米自来水，就要交 5.5 欧元的水费、排污费。高价格让居民惜水如金，节水意识深入民心。而洗车用水、工业用水的价格更翻上几番，使企业根本不敢浪费水资源。

澳大利亚　在首都堪培拉，政府为了节水，实施了强制性限水条例，对居民喷灌草坪或花园的方式和时段进行了限制，并且规定，无回收二次利用水资源的商业洗车店一律关闭，使用水量大大减少。

日本　日本除了有全球一流的洗车连锁店以外，还是洗车机生产大国。洗车业的发展大大带动了世界洗车业的发展。洗车服务连锁机构占领了日本近95%的市场份额。这些正规、大型洗车连锁店无论在洗车服务标准还是洗车节水方面，都做得非常出色。反观我国，将洗车服务做成品牌的企业却非常少。除了大型的正规洗车店以外，日本还有非常方便的自动洗车设备。这种设备一般设在加油站旁边，当有洗车需要时，将车开至自动洗车设备处，刷卡进行消费。它的计价方式根据用水量而定，当用水量超过一定限额时，价格就会上涨，用水越多，单价就越贵，这也促使人们节约用水。除此以外，日本政府还采取一些行之有效的方法：第一，推广使用防止漏水和节水用具，如在洗车喷水枪上安装防漏水和可以节水的喷头，自动洗车设备安装废水回收系统等；第二，加大废水处理力度，不仅洗车房中有废水处理装置，而且居民区也安装了很多废水处理装置；第三，普及再生水道，鼓励市民洗车使用"杂用水"，即指下水道再生水和雨水。

六　对加强洗车行业用水管理和再生水使用的建议

解决好北京 500 万辆机动车的洗车问题，事关北京水资源和水环境安全。再生水利用为解决北京水资源供需矛盾带来了一线新希望，也让人们对依靠再生水遏制洗车行业奢侈性水消费充满期待。针对目前北京市洗车业用水现状，为缓解北京市水资源的压力，加强洗车业用水管理、努力提高再生水使用比例势在必行。笔者建议：

第一，健全洗车行业用水管理机制。

洗车用水管理涉及几个部门。交通管理局、工商管理部门决定洗车店是否有经营资格，水务局则对洗车店用水节水进行监督，而污水排放涉及环保部门，最后城管执法大队对占道、非法洗车、洗车店违规操作进行突击检查并处罚。各地水政监察、城管执法、节约用水等单位经常联合开展节排水检查联动活动，对洗车业节水情况和排水情况进行检查，检查重点包括临时用水指标和排水行政许可的办理情况。在洗车用水管理上，相关各部门要明确职责，通力合作，除了定期或不定期地对各站点进行抽查之外，还要不断健全和完善管理机制和制度。

第二，更好地发挥经济杠杆作用。

建议加大财政支持力度，鼓励洗车点使用再生水。用价格较低的再生水来替代普通水源，必须形成一个良好的价格机制，吸引洗车等行业选择再生水。对洗车点再生水运输费用应给予适当补贴，降低再生水使用综合成本，达到洗车店业主可以接受的范围，使他们愿意使用再生水洗车。在积极推行取水定额的基础上，对洗车业实行计划用水管理，超出计划用水加价收取水费，以此督促业主提高其用水效率。

第三，科学规划，合理布局，完善洗车场所选址分布。

规划洗车点的选址应符合城市的总体规划，特别是与再生水管道的规划相匹配。成立统一的再生水配送公司，对洗车用水进行统一配送，保障再生水可以作为稳定水源提供给洗车点。建议政府对城市的沐浴和洗车行业布局进行合理统筹规划，在沐浴点周边建设污水处理系统，产出的再生水配送给周边的洗车点，这样既减少了运费，也使得沐浴排水得到了充分利用；建议将雨水利用工程收集的雨水水源合理配置，为附近的洗车点提供相对稳定的水源。

七　结语

十八大对建设生态文明作出了全面的部署，强调要建设节水型社会，"促

进生产、流通、消费过程的减量化、再利用、资源化"。大力发展再生水，既能减少水环境污染，又可以缓解水资源紧缺矛盾，是建设节水型社会、走向生态文明新时代的一项重要措施。我们呼吁并期待，政府、企业和社会协同努力，强化对洗车用水的监管，不断提高再生水在洗车行业的应用比重，让洗车行业为生态文明建设作出应有贡献。

Car-Washing in Beijing： Ostentatious Water Use vs. Utilization of Reclaimed Water

Hu Kanping

Abstract：With poor management，Beijing's thousands of car-washing sites use up to tens of millions of tons of water each year，further endangering water supply and water security. This paper，by studying relevant literature and conducting field researches，exposes the ostentatious water use of car washing in Beijing，as well as its impact on resources，the environment and ecology. With China endeavoring to foster conservation culture and build a water-conserving society by "promoting the reduction，recycling and reclamation in production，circulation and consumption"，both affirmative and constraining initiatives shall be taken to strengthen monitoring and encourage the use of reclaimed water in car washing，so as to contribute to the development of conservation culture in Beijing.

Key Words：Beijing；Car Washing；Ostentatious Water Use；Reclaimed Water

Gr.22
限制过度包装新进展

毛 达*

摘 要：

2012 年我国在限制过度包装上取得的新进展主要体现在三方面：①过度包装问题已得到新修订的《清洁生产促进法》明确提及。②各地政府作出了一些努力，以期落实现有的法规政策。③ 民间观察和调研持续，为政府和公众认清问题症结、共同寻找解决方案提供了有效参考。然而，以上进步与有效缓解过度包装问题还有很大距离，需在立法、执法和公众参与上作出更多努力。

关键词：

过度包装 限塑令 清洁生产促进法 垃圾 月饼

包装（packaging）是在流通过程中保护产品、方便储运、促进销售、按一定技术方法所用的容器、材料和辅助物等的总称。包装与可持续消费的关系密不可分。按联合国的定义，可持续消费是指"提供服务以及相关的产品以满足人类的基本需求，提高生活质量，同时使自然资源和有毒材料的使用量最少，使服务或产品的生命周期中所产生的废物和污染最少，从而不危及后代的需求"。[1] 参照此定义，可持续的包装消费可被理解为：在实现包装基本功能的条件下，尽可能地少消耗自然资源，少使用有毒材料，并在其生命周期中尽可能少地转化为废物或产生污染。

---

* 毛达，北京师范大学化学学院博士后。

[1] UNEP, *Element for Policies for Sustainable Consumption*, Nairobi, Symposium: Sustainable Production and Consumption Pattern, 1994.

在我国，商品包装的环境影响巨大，这也意味着与此相关的治理工作很有潜力。商品经济的迅猛发展刺激了包装产业的大发展，随之而来的就是包装物产量和用量的快速增长。包装物的合理应用固然可以促进商品的流通，甚至可以避免浪费，对节约资源和减少废弃有益。但是，时至今日，政府部门、环保专家、普通公众，甚至是包装行业本身都认为商品包装普遍存在"过度"的现象，例如过多使用一次性包装，包装过度小量化，包装材料过多、过于复杂，还有各种令人厌恶的豪华包装流行于市。

由于商品包装使用量大，且多属一次性消费品、寿命周期短，因此它所消耗的资源和导致的废弃物排放量也很大。据统计，目前我国包装废弃物体积占固体废弃物一半，每年废弃价值高达 4000 亿元。我国每年包装产量达 3000 多万吨，而总体回收率却不到 30%。此外，城市生活垃圾有 1/3 是包装物垃圾，而其中一半以上属于过度包装。在北京市，每年各种包装物垃圾约有 83 万吨，其中 60 万吨为过度包装物，如果减少过度包装可大大减少环境污染。[①] 由此可见，限制商品过度包装已经成为实现绿色经济和可持续消费的重要一环。

2012 年，在过去的基础上，限制过度包装的工作在我国取得了一些新进展，可从政府立法和治理、民间调查和建议这两个层面进行梳理。

一 政府立法与治理

中央政府的立法举措主要体现在《清洁生产促进法》的修订上。2012 年 2 月底，十一届全国人大常委会对《清洁生产促进法修正案（草案）》进行了第二次审议并最终表决通过。新版法律随后在 7 月 1 日开始正式施行。修订后的《清洁生产促进法》第二十条对遏制过度包装作出规定："产品和包装物的设计，应当考虑其在生命周期中对人类健康和环境的影响，优先选择无毒、无害、易于降解或者便于回收利用的方案。企业对产品的包装应当合理，包装的材质、结构和成本应当与内装产品的质量、规格和成本相适应，减少包装性废物的产生，不得进行过度包装。"

---

① 《包装行业：节约资源、过度包装谁治理谁》，中国传动网，2011 年 5 月 27 日。

据《新京报》报道，在人大常委会审议以上法律草案时，委员汪光焘建议增加关于过度包装的监督规定，即"由生产厂家的地方人民政府和质量监督局负责加强监督"。他还提到，国务院曾要求技术监督总局制定行政法规，限制过度包装，但几年过去，仍无法出台。来自香港特别行政区的委员范徐丽泰也建议增加关于法律责任的条款，并表示："这个问题可能不需要在法律中规定，但国务院有关部门是不是可以考虑出一个规定，比如包装不能超过某个比例，而且不能用木头来包装产品。"另一位委员程贻举则认为法律草案关于"产品包装"问题的力度还显不够，提议采取更多强制性措施，而非只停留在倡导层面。[①]

尽管部分委员对《清洁生产促进法》的修订还有更高的期许，但修订过程中首次包含了遏制过度包装的内容，也表明这个问题已经开始受到中央部门的重视，相关行政法规，如久拖未决的《限制商品过度包装条例》的出台可能加快。

在地方政府层面，上海市人大常委会于 2012 年 11 月 21 日通过了我国第一部旨在限制商品过度包装的地方性法规，名为《上海市商品包装物减量若干规定》。这一法规的出台有其特殊的背景。如《中国消费者报》报道，在立法过程中，上海市人大常委会组织了垃圾减量专题调研，进而发现，全市有1000 个小区已在试点垃圾分类，尽管垃圾总量有所减少，但包装垃圾却在增长，且大多难以回收再利用。常委会认为，商品过度包装已成为垃圾减量的一大源头障碍，因此有必要进行立法管制。另外，上海市质量技术监督局 2009年以来一直对该市生产、销售的茶叶、月饼、保健食品进行计量监督专项检查，结果显示，147 家次企业、276 批次商品中，"包装空隙率"合格率较低是主要问题，而茶叶、保健食品的过度包装情况最为严重。[②]

媒体还报道，上海市在本次立法中没有追求法规体例的完整性，而是比较务实地针对实际问题，设置法律条款，而这一做法也和国内没有先例可循有关。[③] 计划于 2013 年 2 月 1 日正式实施的《上海市商品包装物减量若干规定》除一些

---

① 杨华云：《人大规范过度包装 20% 垃圾被指过度包装》，《新京报》2012 年 2 月 28 日。

② 刘浩：《过度包装致食品卖天价 上海率先出台规范政策》，《中国消费者报》2012 年 12 月 4 日。

③ 刘浩：《过度包装致食品卖天价 上海率先出台规范政策》，《中国消费者报》2012 年 12 月 4 日。

原则性条文外，在两方面作出了"硬性"规定，包括：①"质量技术监督部门应当及时公开监督检查结果，对违法情节严重的生产者、销售者和涉及的商品通过媒体予以公布"；②"销售者销售违反强制性规定的商品的，质量技术监督部门应当责令停止销售，限期改正；拒不停止销售的，处二千元以上二万元以下罚款；情节严重的，处二万元以上五万元以下罚款。"①

虽然上海率先开始立法管制过度包装，但从其内容上看，基本还是以现有国家法规政策为基准，重申落实这些法规政策的决心，除此之外，并无太多创新之处。而在广东省广州市，由于垃圾围城形势严峻且末端处置设施建设严重受阻，城市管理者在如何遏制包装废弃物产生上则花费了更多的心思。该市法制办于 2011 年便将《广州市限制商品过度包装管理办法》列入了 2012 年度的政府规章制订计划，随后组织了相关的立法调研活动。到了 2012 年 10 月，《广州市限制商品过度包装管理办法》初稿被正式提出，并在一次专家论证会上得到首次公开讨论。

虽然《广州市限制商品过度包装管理办法》尚处于专家论证和征求公众意见的阶段，但它的一些内容很有新意。新意之一是强调"政府推行绿色采购"。根据当地媒体的引述，该办法规定："政府不得采购违反限制商品过度包装强制性标准的商品，并逐步推行绿色采购制度，优先采购符合本市限制商品过度包装地方指导性标准的商品。"新意之二是尝试建立"商品与包装物分开销售"的制度，根据媒体引述，它规定："在本市范围内销售的商品，逐步实行商品与包装物分开销售制度。在礼品销售领域，率先实行商品与包装物分开销售制度。对于商品与包装物不能分开销售的，逐步实行包装成本告知制度，生产者、销售者应当在商品包装的适当位置标明包装成本占整个商品价格的比例。"②如果这两项措施能够在广州得以试行，不论成功与否，都将为包装物问题的管理提供新的借鉴。

除上海、广州已经或正在尝试立法限制过度包装外，其他一些地区也在做类似的事情。据 2012 年 12 月媒体的报道，甘肃省政府开始制定《甘肃省

① 上海市人民代表大会常务委员会：《上海市商品包装物减量若干规定》，2012 年 11 月 21 日。
② 郑旭森、郑丹虹：《广州欲颁"限装令" 过度包装将有紧箍咒》，《新羊城晚报》2012 年 10 月 11 日。

商品包装管理办法》，对商品从生产、包装、销售、消费等各个环节进行规范。立法者提出，在产业政策上将体现"反对过度包装"的导向，税收政策和产业准入政策鼓励一般商品的"无包装"和高档消费品的"简单包装"。甘肃省政府在准备立法的同时，也通过发布《关于进一步加强商品过度包装治理工作的通知》，要求各地各相关部门加大治理力度，督促企业从源头上杜绝商品过度包装，对奢华包装变相提高价格、牟取暴利等行为要检查并曝光。①

由于以上新法规的制定或出台都是最近一年内发生的事，其最终结果或成效还有待观察。但在 2012 年，无论是中央政府还是地方政府都在落实已有法规上努力开展了更多的工作。

国家发展与改革委员会环境与资源保护司是 2008 年 6 月 1 日生效施行的"限塑令"②的制定和管理牵头单位。2012 年，在"限塑令"取得了一定成效（特别是显著减少了连锁经营性质商品零售业的塑料购物袋的消费）的基础上，该部门将工作重心转移到了推动中小学生及其家庭减少塑料袋使用上。6 月 20 日，国家发改委环资司副司长李静出席北京市中古友谊小学"小手拉大手、限塑齐步走"活动时表示，"限塑令"实施四年，全国塑料购物袋用量减少 240 亿个以上，累计节约塑料原料 80 万吨——相当于 480 万吨石油，即大庆油田年产量的 1/8。她号召在场学生积极参加争创"限塑小卫士"活动，在家庭、社区、公共场所宣传"白色污染"的危害和"限塑令"的重要意义，到超市、集贸市场调研塑料购物袋使用情况，并结合自己的亲身经历以作文、手抄报、调研论文等多种形式写出对"限塑令"的体会和建议。

11 月 7 日，李静携同一些和落实"限塑令"有关的中央部委官员，再赴中古友谊小学，为在减塑活动中有突出表现的同学颁奖。她利用这次活动的机会明确表示，发改委将会同有关部门在全国中小学开展"限塑令"宣传活动，通过"小手拉大手"，使少用塑料购物袋等一次性制品的节约环保理念深入到

---

① 连振祥：《甘肃省将对商品过度包装行为进行治理》，新华网，2012 年 12 月 6 日。

② "限塑令"全称为《国务院办公厅关于限制生产销售使用塑料购物袋的通知》，2007 年 12 月 31 日中华人民共和国国务院办公厅下发。本文中将此文件简称为"限塑令"。

每一个家庭。①

与国家发改委高调宣传限塑成果，发起"限塑令"宣教活动形成对比的是，地方政府在进一步执行该政策上仍然举步维艰。综合各地媒体的报道，2012 年"限塑令"所面临的问题与前三年基本一样，包括：超薄袋的生产、使用仍然泛滥，农贸市场或个体商贩普遍不执行收费制度，经常可见不合格塑料袋用于食品包装，政府执法力度弱以及执法资源匮乏等。对此，一些民间机构也在持续跟踪调查并提出改善建议，相关内容将在下文做进一步介绍。

相比前些年，地方政府在 2012 年更加重视对食品和化妆品过度包装的监管和限制。之所以如此，一是因为公众对相关问题的意见较大，二是因为已有国家标准《限制商品过度包装要求——食品和化妆品》（GB 23350 – 2009）可被遵循。例如，在北京，针对元旦、春节前商品是否存在过度包装现象，市发改委、市质量技术监督局于 2012 年 12 月底对市场上食品和化妆品的包装进行了联合抽查。相关人员在抽查过程中向记者介绍说，判断一件商品是否存在过度包装问题基本有三个标准：包装不能超过 3 层；酒类空隙率不能超过 55%，糕点类空隙率不能超过 60%，粮食类不能超过 10%；包装成本不能超过商品售价 20%。他还透露："今年以来，市质量技术监督局对 35 家企业 107 批次的食品和化妆品进行过检查，产品合格率比以往有大幅提升。16 批次产品包装空隙率不符合标准，这些产品主要集中在茶叶行业。"②

二　民间调查与建议

在政府努力通过立法及依据已有法规政策限制过度包装的同时，新闻媒体、民间机构或环保志愿者也在持续跟踪调查和评价过度包装问题，并参照法规政策提出自己的建议。

2012 年 10 月 9 日，《中国青年报》刊出一篇文章，题为《97.5% 的人认为商品过度包装现象严重》。该文报道，《中国青年报》社会调查中心通过民

---

① 《发改委向全国中小学推广"限塑令"》，《沈阳晚报》2012 年 11 月 8 日。
② 贾中山：《北京节前严查商品过度包装　包装超 3 层涉嫌过度》，《北京晚报》2012 年 12 月 28日。

意中国网和搜狐网，对 4306 人进行的调查显示，97.5% 的受访者认为当前我国商品过度包装现象严重，其中 76.0% 的人认为非常严重。84.0% 的人赞成立法限制商品包装"豪华风"。①

调查同时询问受访者购买过度包装商品的动机，有 79.4% 的人表示是为送礼显得体面。对此，一位受访者解释道："购买过度包装的商品，通常只为了送礼，给自己用是不会买的。同样，逢年过节总会收到一堆包装华丽但没有实用价值的礼品。如果礼品保质期长，就留着再送出去。"此外，还有 44.6% 的人表示是"追求奢侈"，其比例也不容忽视。至于购买频次，11.3% 的受访者表示会经常购买过度包装商品，53.0% 的人会偶尔购买。② 这些调查数据表明，购买过度包装的商品不仅是一种奢侈性消费，更是一种炫耀性消费。这些消费虽然不经常，但造成的负面后果却很显著。

调查还显示，近半数受访者（48.4%）表示包装简单的商品已很难见到，不得不买过度包装的商品；79.6% 的人认为商品价格远超其价值，损害消费者权益。对此，《中国青年报》报道引述中国人民大学法学院教授、商法研究所所长刘俊海的话说，商家的做法损害了消费者的公平交易权，消费者普遍认为包装好的商品质量也好；生产商正是抓住这种心理赚取不阳光、不道德的钱财。③

最后，调查征求了关于约束商品过度包装的可行办法。受访者给出的建议包括："严格规定包装成本所占售价比例"（73.4%）、"对豪华包装的商品征收重税"（72.9%）、"在商品上标示包装成本，提醒消费者"（63.2%）、"实行包装回收和再利用"（35.9%）、"注重垃圾环保处理"（32.8%）。④

月饼的过度包装一直是社会高度关注的热点话题。对此，由多个关注垃圾问题的环保组织和个人组成的中国零废弃联盟，继续在此议题上着力，并于2012 年中秋节前后，发起了名为"月饼，你还在装吗？"的主题调研和公众倡导活动。

---

① 王俊秀、严航：《97.5% 的人认为商品过度包装现象严重》，《中国青年报》2012 年 10 月 9 日。
② 王俊秀、严航：《97.5% 的人认为商品过度包装现象严重》，《中国青年报》2012 年 10 月 9 日。
③ 王俊秀、严航：《97.5% 的人认为商品过度包装现象严重》，《中国青年报》2012 年 10 月 9 日。
④ 王俊秀、严航：《97.5% 的人认为商品过度包装现象严重》，《中国青年报》2012 年 10 月 9 日。

活动最主要的内容是搜集并检测月饼包装，然后参照国家标准，判断其是否属于"过度包装"，并进而评价当前月饼过度包装问题的严重程度。调查者通过两种渠道搜集样本，一是互联网微博，二是现实社区。所谓通过微博搜集样本实际就是请志愿者将所获得的月饼包装拍照上传到微博，并标示拍摄地点、月饼品牌、包装层数和包装材料等信息，然后调查者便可据此进行统计。活动最终搜集到91份有效月饼包装样本，经检测和统计发现，超出3层包装的月饼包装有14个，占总量的15%；包装层数最多者达到5层（如果算上初始包装或一层填充物则达7层）。[①]

调查者认为包装材料的种类也应是衡量包装物环境友好性的重要指标。他们发现，全部月饼包装样本中，材料种类数从0（即没有使用包装）到6的出现频次依次为1、3、40、23、16、7、1，说明大多数月饼包装都包含2~4种包装材料。经鉴别，样本所用包装材料有复合纸、纸、塑料、铁、布、陶瓷、玻璃，且绝大多数都使用了塑料（90个），大部分都使用了复合纸（62个）。[②]

零废弃联盟进而作出如下总结：按照《限制商品过度包装要求——食品和化妆品》国家标准的规定，月饼包装的层数不超过3层，调查发现有15%的月饼超标，因此属于过度包装。该国家标准还规定："包装宜采用单一材质，或采用便于分离的包装材料。"而调查发现月饼包装采用多种材料，如复合纸、纸、塑料、铁、布、陶瓷、玻璃等，违背了"宜采用单一材质"的原则，而复合纸的使用违背了"便于分离"的原则，同时喷漆的金属不便于分离金属和漆。此外，调查还发现包装材料的附属物很多，虽然因未完全包裹商品而不可计入包装层数，但是很多附属包装并非必要包装，如绸布、数层塑料托盘等。这些附属材料造成了繁杂的包装，造成资源的更多浪费。[③]

零废弃联盟根据以上调查结果，向立法部门、执法部门和公众分别提出了建议：立法部门应对包装材料种类和附属物进行严格规定；执法机关应加强对过度包装商家的监管，对易造成过度包装的商品要定期抽查，并根据抽查结果设置企业黑白名单；普通消费者也应主动弘扬简朴节约文化，拒绝购买过度包

① 中国零废弃联盟：《"月饼，你还在装吗？"联合行动总结报告》，2012。
② 中国零废弃联盟：《"月饼，你还在装吗？"联合行动总结报告》，2012。
③ 中国零废弃联盟：《"月饼，你还在装吗？"联合行动总结报告》，2012。

装商品。

民间环保组织环友科学技术研究中心（简称"环友科技"）则一直坚持跟踪观察另一个限制过度包装问题的重要法规，即"限塑令"的落实情况。2012年5月31日，也就是在该政策正式施行满四周年的前一天，环友科技对外发布了《2011年北京市"限塑令"执行情况调查报告》，以此向社会各界通报北京市"限塑令"的执行效果，以及相关情况的变化。

该调查于2011年10月间进行，范围覆盖北京市海淀、东城、西城和昌平4个区，对象包括113家连锁超市、购物中心和集贸市场，以及464家其他类型的商店及购物中心、集贸市场中的驻场商户。① 值得注意的是，此次调查实际上是一次重复性调查，重复对象是2008年另一志愿者团体"民间限塑政策研究小组"发布的《关于"限塑令"在北京地区的执行效果及消费者之反应的调研报告》，所以两次调查选择的连锁超市、购物中心和集贸市场的名单几乎完全一样。

调查结果表明，93%的连锁超市仍在执行塑料购物袋有偿使用制度，与2008年相比，基本持平。但是，它们对宣传"限塑令"的重视程度有明显下降。与此同时，连锁超市中购买新塑料袋的消费者的比例有明显增加，从2008年的38.3%增加到2011年的48%，说明收费措施对抑制塑料袋消费的作用在降低。而在集贸市场和购物中心，有偿使用制度的执行情况依旧不容乐观，对塑料袋进行收费的商家的比例皆不超过两成。②

针对连锁超市有更多顾客开始购买新塑料袋的现象，报告分析认为，这是因为商家疏于宣传限塑意义，加之塑料袋价格与商品总价相比极其微小，导致消费者在消费时已不会特意考虑塑料袋的经济压力和环境影响。而对于集贸市场"限塑令"的实施仍不理想的情况，报告认为集贸市场的组织形式、交易形式、商品特征，都是导致它始终无法有效推行"限塑令"的因素。③

根据调查结果，报告向政府部门提出了完善"限塑令"的建议。例如，在连锁超市或卖场加大宣传，在购物中心加强执法；可以根据现实情况，调整

① 环友科学技术研究中心：《2011年北京市"限塑令"执行情况调查报告》，2012。
② 环友科学技术研究中心：《2011年北京市"限塑令"执行情况调查报告》，2012。
③ 环友科学技术研究中心：《2011年北京市"限塑令"执行情况调查报告》，2012。

塑料袋收费标准，继续抑制消费者对该物品的需求；出台关于"限塑令"的补充解释，对无法清晰区分商品价格和塑料购物袋价格的场所，如集贸市场，暂时不执行有偿使用制度，或统一要求市场管理者在市场内设置塑料购物袋专卖点，同时禁止驻场商户提供塑料袋。[①]

同样针对"限塑令"的执行情况，另一专业机构国际食品包装协会也在该政策正式实施四周年前后，发布了他们的调查报告。该机构在 2012 年对北京、广东和浙江的 20 个连锁超市和 17 个农贸市场的调查发现，连锁超市普遍执行塑料购物袋有偿使用制度，信息标注和质量基本符合国家标准要求，用量较限塑前减少了七成以上，但农贸市场、街边小摊及流动商贩均我行我"塑"，大量免费提供超薄塑料袋，还有很多将废旧塑料制作的塑料袋用于盛装食品、水果、蔬菜以及生鲜产品，存在很大安全隐患，而这一点并未引起经营者、管理者和消费者的重视。调查发现，已被关停的超薄塑料袋生产企业大部分又卷土重来，死灰复燃。[②]

总体而言，2012 年中国社会在限制过度包装上取得的新进展主要体现在如下三个方面。第一，过度包装问题已经得到全国人大立法工作者的讨论，并被新修订的《清洁生产促进法》明确提及。虽然新法仅作出一些原则性的规定，但为未来进一步立法规范商品包装，从整体上遏制包装物消费的环境影响奠定了一个比较好的基础。第二，各地政府不同程度地作出一些努力，以期落实现有的关于过度包装问题的法规政策，如"限塑令"和国家标准《限制商品过度包装要求——食品和化妆品》。少数城市如上海和广州已经或正在制定地方性法规，力求根据本地实际，遏制过度包装并有效减轻垃圾处置的负担。这些都是积极有益的尝试。第三，民间对过度包装的观察和调研持续，而且已经达到比较高的水平。无论是月饼过度包装还是"限塑令"实施四年的变化，民间调查都用扎实的数据，为政府和公众认清问题症结，共同寻找问题解决方案提供了有效参考。

然而，相比商品包装大量生产、大量消费、快速废弃的严峻现实，以上进

---

① 环友科学技术研究中心：《2011 年北京市"限塑令"执行情况调查报告》，2012。

② 韩乐悟：《调查发现以"限塑"减少白色污染的作用微乎其微》，《法制日报》2012 年 12 月 20 日。

步似乎还不够大，效果还十分有限。但从 2012 年社会多方的实践出发，有如下几方面是最值得在 2013 年努力取得突破的。首先，国务院应尽快在《循环经济促进法》的框架下制定商品包装强制回收目录，真正落实生产者责任延伸制度。虽然任何一种包装物被列入目录都可能引起极大的社会争议，但一项真正有意义的制度必须要有所起始。其次，久拖未决的《限制商品过度包装条例》也应更公开、更大范围地征求公众意见，必要时应再举行听证会。① 只有在公众充分知晓、民意充分汇聚的情况下，相关法规才能制定得务实有效。此外，虽然目前政府已经出台《限制商品过度包装要求——食品和化妆品》，但由于该文件只是一项国家标准，工商或质监部门在发现违反标准的过度包装时，欠缺法律依据对之进行处罚。从这一点考虑，《限制商品过度包装条例》的立法进程更应该加快。再次，"限塑令"的推进恐怕不能仅仅停留在中小学层面的宣传教育活动或运动式的检查、处罚活动，中央各相关部委及地方政府若再不推出具体措施，区别对待不同商品零售场所的实际情况，有效遏制政策多方面失效的局面，将进一步令公众感到失望。

Some New Progress of Limiting
Excessive Packaging

Mao Da

Abstract：Commodity packaging is closely interrelated to sustainable consumption while limiting excessive packaging is an important way to achieve sustainable development. In 2012, there was some progress with regard to limiting excessive packaging in Chinese society：（1）Excessive packaging was explicitly incorporated in the new amended Cleaner Production Law.（2）Regional and local governments have taken some measures to implement the existing laws and policies.（3）Civil society's observation and investigation continued, providing good

---

① 该法规起草单位国家质检总局曾于 2008 年 9 月 11 日举行过一次立法听证会。

reference to governments and citizens for better understanding the issue and finding potential solutions all together. However, the above progress is far behind the rapidly increasing negative impacts brought by excessive packaging, and more efforts need to be made on legislation, law implementation and public participation.

Key Words: Excessive Packaging; Plastic Bag Restriction Policy; Cleaner Production Law; Municipal Solid Waste; Moon Cake

国际视野

Global Vision

Gr.23
世界"城市化"发展的创新探索

李波 韩震*

摘 要:

　　针对中国城市发展中的评价指标问题,介绍了在联合国主导下的"世界城市环境协定"和"全球城市良治行动"、北美的"全球城市指标体系"和"美国城市可持续发展指标"以及欧盟的"城市化欧洲"联合规划行动,并分析了这些经验的重要特质,提示可供中国正在高速发展的城市化进程借鉴的内容。

关键词:

　　宜居城市　评价指标　城市良治

　　近几年,中国城市评比的活动五花八门,由房地产商和市政府联手开展的评比最多,其主旨不言而喻:销售城市,销售房产。真正研究城市的资源瓶颈

---

* 李波,自然之友理事及顾问;韩震,康奈尔大学博士在读。

和环境挑战，把城市物理空间生产和社会空间生产结合在一起，对宜居城市、绿色城市的推动作出指导性研究和评比的并不多见。

2012年的《环境绿皮书》介绍了一套由中国城市科学研究会"宜居城市"课题组推出的"宜居城市"评价指标。[①] 体系具体包括分六个方面：社会文明度、经济富裕度、环境优美度、资源承载度、生活便宜度和公共安全度。每个方面又包括若干子项和指标，如环境优美度中包括生态环境、人文环境、城市景观等3个子项，而生态环境子项又包括空气质量、城市绿化覆盖率等10个指标。该指标体系应该说是国内比较全面的一次尝试。但是，在诸多公众关注的子项和指标所占的权重方面，以及公众参与在各指标中的权重都不能反映日益严重的挑战。

现代城市向宜居和低碳方向发展是个世界范围内的大趋势。国家的城市化研究与实践至少先于中国一个多世纪。在这篇文章里，我们希望充分考虑低碳经济和气候挑战的复杂因素，参考国外有代表性的城市研究框架指标，同时兼顾发展中国家超大型城市的特点，为中国城市与环境发展提供有参考价值的研究框架。我们选取了联合国系统：①全球城市环境协定，②全球城市良治行动；北美：①全球城市指标，②可持续城市指标体系，③可持续发展的交通系统；欧洲："城市化欧洲"体系。希望可以成为中国城市宜居指标体系的借鉴。

一 联合国的推动作用：世界城市环境 协定与全球城市良治行动

联合国在推动城市发展中起到了重要作用，联合国环境署从环境角度出发，于2005年世界环境日，协调全球重要城市市长在美国旧金山签署了世界城市环境协定；联合国人居署则致力于推动全球城市良治行动。

（一）世界城市环境协定

由联合国环境署（UNEP）推动的世界城市环境协定（Global Urban

---

① 王炜：《建设部〈宜居城市科学评价标准〉正式对外发布》，《人民日报》2007年6月25日。

Environment Accords）涵盖能源、减少废物、城市规划、城市自然环境、交通、环境健康、水资源七个方面的21个子项行动。53个签署国承诺以七年之期，尽可能多地达成目标。这21个子项行动如表1所示。

表1　世界城市环境协定21个子项行动

七项协定	21 个子项
能源	提高可循环能源使用,在七年内使可循环能源的使用达到城市电力峰值能耗的10%;七年内降低城市峰值能耗的10%;制订完善的温室气体减排计划,到2030年前实现减排25%
减少废弃物	在2040年实现废物零掩埋和零焚烧;采用城市立法使一次性、毒性产品的使用降低至少10%;采用用户友好的循环和堆肥项目,七年内使人均固体废弃物的掩埋和焚烧降低20%
城市规划	对所有城区建筑采用绿色分级系统;采用高密度、多用途的城市规划,方便步行,骑自行车以及残疾人出行;城市土地利用和交通规划中应保证可供娱乐的绿色开放空间;在贫民窟或低收入街区提供环境友好的工作岗位
城市自然环境	2015年前保证任何居民在500米范围内均有娱乐休闲使用的开放空间;对现有绿化面积做测算,并根据具体情况确定绿化目标,对至少50%的人行道实现绿化覆盖;通过立法保护重要生态通道及其他生境(如本地物种、野生动物栖息处等),防止过度利用
交通	十年内实现任何居民在500米范围内均有可负担起的公共交通;消除含铅汽油,并逐渐降低柴油及汽油中的硫含量;对车辆采取进一步的排放控制,七年内使颗粒物和其他可生成烟雾的气体的排放降低50%;七年内单人乘坐的行驶车辆降低10%
环境健康	每年针对一项威胁居民健康的化学物质立法,并采取措施刺激减排;推广有机食品,保证七年内使20%的城市设施(学校等)提供本地种植的有机食品;建立空气质量指标,七年内将空气质量指标"不健康""危险"的天数降低10%
水资源	2015年前实现所有居民均有充足的安全饮用水;每日人均水消耗多于100L的城市,应采取措施将消耗降低10%;保护城市水源(水库、河流、湖泊、湿地等);采用城市废水管理准则,加强循环水利用及可持续的城市流域规划,七年内将未经处理的废水排放量降低10%,城市流域规划应基于合理的经济社会环境原则,并保证所有相关社会团体的参与

2011年，联合国环境署在韩国光州举行了城市环境峰会，号召进一步建设绿色城市，尤其是推动新的政策、金融工具，实现经济繁荣的同时保证可持续性的消费和生产模式，降低资源消耗，同时增强社会包容性。2012年，联合国环境署发起了"资源节约型城市"（Resource-Efficiency Cities）① 全球倡议，并提出"整合"是实现这一目标的关键要素，即集合城市跨部门、跨尺度地合力实现城市的可持续发展，环境署建议各城市通过主题项目/标志性项

---

① *Sustainable, Resource-Efficient Cities: Make it Happen!* UNEP, 2012.

目的实施培养和促进跨部门合作，并借助媒介机构（科研教育部门、金融机构、非政府组织、社区组织、民间机构等）实现参与性、自上而下的跨部门、跨行业合作，并建立监督评价机制确保整合机制的实现。

（二）全球城市良治行动

全球城市良治行动（The Global Campaign for Good Urban Governance）[1] 由联合国人居署（UN‐HABITAT）发起，旨在提升城市治理以消除贫困。这项行动特别关注提升本地政府及其他利益相关方的互动，在全球范围内倡导城市良治的理念和方法。这项行动的愿景是推广"包容性的城市"（Inclusive City），即任何人，无论财富、性别、年龄、种族或者宗教有多少差别，皆可积极有效地获得城市中的发展机会，因此该项目将包容性的决策作为重要手段。该行动提出了城市良治的七项标准，即可持续、分权、平等、效率、透明、群众参与以及安全，并提出了具体的行动方略。

表2　城市良治的七项标准

可持续	就可持续发展达成广泛长远的策略愿景，将消除贫困纳入当地发展策略，增加绿化覆盖率，保护历史文化遗产。借助技术手段和技术推广，帮助全民在城市经济发展中公平受益
分权	公民应被赋予充分的资源，使他们能充分参与到本地（在中国的情况应该指本小区，本居委会及上一级政府，乃至市政府）行政和经济决策过程中。任何政策措施需回应民众的所想所需；城市应建立分权的法制框架，实现从国家到城市、从城市到街区的分权；建立透明的财政机制；地方立法应支持民间机构的充分参与
平等	每个人均拥有获得营养、教育、就业和生计、健康保护、住所、安全饮用水、卫生和基础服务的平等权利。城市应在基础设施建设和城市服务中遵循平等原则，在决策、资源和基础服务方面保证性别平等；用立法和经济政策支持非正规行业，如民间自主的文化、教育和经济活动
效率	在税收和支出、管理与提供服务、政府与私营部门，以及社区之间的协调中做到效率政府和效率决策。通过民间组织与私人企业的合作实现和管理公共服务；提高本地税收有效性；实施公平有序的法律和管理框架；促进商业和投资，减少交易成本；使非正规行业合法化；提倡志愿活动
透明	当地政府的可靠性是城市良治的基本原则，官员应具备高的专业标准和正直感，杜绝腐败；城市应周期性组织对市民的公开咨询，了解其在重要事务上的意见；内部及外部审计工作信息应向公众公布；消除在行政程序中可造成腐败的环节，创建民众反馈机制（热线、投诉办公室等）

---

① *The Global Campaign for Good Urban Governance*, UN‐HABITAT, 2000.

续表

公众参与	城市居民是城市良治的核心，应通过市政选举、参与决策增强本地民主；增强公民责任感；对城市重要议题采取公民投票；利用听证会、市民论坛、市民咨询等多种形式保证参与性决策
安全	每个人都拥有不可剥夺的生存、自由和安全的权利。城市必须力求避免冲突和犯罪，预防灾害。城市应保证居民免遭迫害和暴力驱逐，拥有安全的居住权。城市同时应与社会调解机构及其他社会服务部门（健康、教育、住房等）加强合作

二 北美行动：全球城市指标体系与
美国城市可持续发展指标

（一）全球城市指标体系

全球城市指标体系（Global City Indicators Facility，GCIF）是由加拿大多伦多大学建筑景观与设计学院主持的研究项目。该项目基于网络关联数据库，提供一系列指标和国际标准方法，使世界各地的城市尤其是具有类似背景的城市互相比较，同时也提供一个分享城市管理知识的平台。指标的主题分为两类：

表3 全球城市指标体系主题分类

城市服务	教育、金融、娱乐、政府、能源、交通、废水、应急处理、健康、安全、固体废弃物、城市规划、水
生活质量	公民参与、经济、住所、文化、环境、社会公平、科技和创新

在这些主题下共有115项具体指标，所有指标经过严格的筛选，大多数指标收集成本较低并尽可能降低其复杂性。同时，指标的确定也参考了成员城市的意见，以满足这些城市的需要。项目由来自世界各地的125个大小不同的城市参与，每年向所有成员城市发表统计简要，使城市可以在全球背景下考量自身发展。项目的理念在于搭建一个比较与分享的平台。

（二）美国城市可持续发展指标

美国宾夕法尼亚大学城市研究学院开展了"美国城市可持续发展指标"

（Sustainable Urban Development Indicators for United States）项目。该项目对 22
个城市发展系统（19 个为指标系统）共 145 项具体指标进行了评估，探索提
出一个整合的、完善的指标系统的可能性。[①] 项目第一阶段的报告指出，大多
数指标系统覆盖了环境质量、社会福利和经济机会三个维度。其中，社会福利
指标最多，但是极少数的指标涵盖了公民角色（Civic Identity）与空间感
（Sense of Space）两个方面，即很少有指标衡量人与人以及人和周边环境之间
如何互动。同时，社会福利指标对可利用性（Accessibility）的衡量也较为薄
弱，尤其是对交通和公共开放空间的可利用性，项目认为地理信息系统
（Geographic Information System）的使用可以提高对可利用性的衡量。经济机会
指标在三个维度中最少，大多强调平均经济气候，比如 GDP、平均收入等，
缺乏对城市经济活动和进展的描述，美国大量的就业、公司、商业统计信息
都没有得到良好的使用。另外，项目提出了发展续维度指标的必要性：大多
数指标分为经济、环境、社会三个维度，但是可持续发展需要达到三个维度
的协同发展，因而，城市发展指标中应该有更多体现城市多维度协同进步的
指标。

（三）可持续发展的交通系统

美国非政府组织交通和发展政策协会（The Institute of Transportation and
Development Policy）提出了设计未来可持续发展低碳城市交通的八项原
则：[②]

该协会提出，降低城市温室气体排放并不通过统一的技术方案实现，而是
通过本地化的、多样化的创新方案，而这些方案以统一的八项原则为指导。该
项目在美国纽约、墨西哥城、中国广州和北京等全球 10 个城市进行了 10 项设
计项目，为全球的城市建设者提供灵感和范例。

---

① Lynch Amy, Andreason Stuart et al. 2011. Sustainable Urban Development Indicators for United
States. Report to the Office of International and Philanthropic Innovation, Office of Policy Development
and Research, U. S. Department of Housing and Urban Development.

② *Our Cities Ourselves：Principles for transport in Urban Life*, Institute of Transportation and Development
Policy, 2011.

表4　可持续发展低碳城市交通的八项原则

步　行	发展街区推广步行
骑　行	优先发展自行车网络
联　通	创建密集道路网络,适宜步行和自行车出行
交　通	发展高质量公共交通
混　合	推广城区多功能使用,优化居住、商业、公共开放空间的平衡
密　度	使密度与运输能力相符合
紧　凑	创建紧凑区域,仅需短途交通
转　换	调整停车服务和道路使用,限制过多车辆

三　欧洲行动：科研与政策创新并进

欧盟的城市化水平高于全球平均水平，城市区域的建设工作也一直走在世界前列。截至 2007 年，全球已有 50% 的人口居住在城市中，而在欧洲，城市人口比例则高达 70%。欧盟委员会的报告指出，至 2050 年，欧洲城市化人口比例将达到 83%。快速的城市化伴随着诸多问题，比如人口转变（人口增长、老龄化、移民）、环境恶化和气候变化、社会不公（贫穷、失业、文化与种族冲突）、日益增长的交通需求等，城市区域的管理成为前所未有的难题。创建适宜居住、具有吸引力、可持续发展的城市区域对经济、社会、技术、政策等全方位的创新提出了挑战。欧洲各国将挑战视为机遇，将城市区域作为整个欧洲开拓创新思路、开发创新技术、提升经济社会福利的潜在发动机。欧洲的经验为世界城市的发展提供了宝贵经验。

"城市化欧洲"（Urban Europe）[1] 是欧洲 2010 年启动的一项新的联合规划行动[2]，旨在协调各国科研活动及充分利用欧洲公共资金，推动欧洲城市区域在经济、社会、环境、交通领域的协同发展。城市化欧洲是一项全面、跨学科的联合科研行动，致力于加强创新知识的生成和分享，推动科学家、决策者、

---

[1]　Urban Europe, Reprt for EC Assessment, 2011.

[2]　联合规划行动（Joint Programme Initiatives）由欧盟委员会于 2008 年引入，以更好地协调欧盟各国的科研合作，解决共同问题和达成一致立场。

商业界和民间组织的互动，代表了欧洲在国际化背景下对城市发展的前瞻性思考。"城市化欧洲"提出了 2050 年要塑造的四个城市形象，即：

表5　"城市化欧洲" 2050 年要塑造的城市形象

创业城市（Entrepreneurial City）	强调城市的经济活力；在全球化背景下,实现城市创新潜力的最大化,并参与欧洲以外的市场竞争
开拓城市（Pioneer City）	强调社会参与和社会资本,为创新者、开拓者提供适宜环境
互联城市（Connected City）	强调通过先进的交通系统、物流系统、沟通系统融入全球城市,实现知识、创新、交通的互联
宜居城市（Livable City）	强调城市的生态环境可持续发展

"城市化欧洲"强调，面临全球化竞争，欧洲城市的竞争力来源于创新知识的产生、采用和实践，尤其是社会创新。"城市化欧洲"提倡强化创新循环，加强技术的实现和应用，即从科研开发到商业化的过渡，而这与欧盟的另一项联合规划行动"明智城市行动"（Smart Cities Initiatives）实现了互补。"明智城市行动"于 2010 年启动，专注于技术导向的研究，其目标是实现城市区域可持续的能源产出和利用，在 2020 年前使至少 5% 的欧洲人口采用低碳技术，总体降低 40% 的温室气体排放（以 1990 年为参考）。此行动聚焦于建筑、交通、能源网络三个方面，开发低碳技术，研发新的城市规划工具与管理方法，并推广可持续能源的概念。

四　对中国城市化进程的借鉴意义

上述几套体系虽各有侧重，但都强调了自下而上、民众参与的概念，而这点对我国的城市建设发展尤为重要。"城市化欧洲"强调其科研要以人为中心。"明智城市行动"虽以技术发展为重点，但同时提出了建设明智城市三个层次的策略[1]：第一层即由政府作为政策的执行者；第二层即由政府监管私营

---

[1] Meeus, Leonardo, Delarue, Erik et al., 2011. Smart City Initiative: How to Foster a Quick Transition towards Local Sustainable Energy Systems. The Think Tank Hosting an Interdisciplinary Network to Provide Knowledge Support to E.

部门执行城市建设；第三层即由政府作为协调者，整合各行业、各部门的力量实施城市建设。第三层策略自下而上，由民众参与，因而是最佳策略。我国的城市建设发展迅猛，而如何形成政府与市民间的良性互动仍是急需解决的重要命题。2012 年发生在山东青岛的"种树事件"和 2011 年南京的"保护梧桐事件"都是典型的案例。市政府耗资数十亿的"增绿行动"和建设低碳的公交地铁却遭到市民的强烈反对和质疑，根源就在于项目自上而下、单向推进的实施策略。城市建设最终要使民众受益，而非形象工程、政绩工程。真正实现以人为本，使市民参与决策和监督，需要明确的制度保障和实施程序，这是我国城市建设需要扎实走好的第一步。

中国的城市规划和宜居城市的评估，通常都在大尺度和城市规模上做文章，很少关注人的尺度和个人的需要，以及人对环境要素和空间要素的感受，更不容易通过激发市民个体在社区单元内的主动性、参与性和创造性来提升以社区为基础的宜居生活单元。市民个体在城市中深感自己的渺小和无力。在漫无边际的城市整体与市民个体之间严重缺乏构建城市社会空间的基本单元（Building Block）。西方学者普特曼①认为，城市中的组织化建设，定义了社会和地理的空间，也定义了其中的政治的、行政的、住房的和财产的关系。他认为，民主的有效性取决于社会中有较强的社区组织网络和公民责任意识的"个体群"。他们是社会互信和社会规范的基础。这就是社会资本的基本范畴。他写道：社会资本的累积，比如说互信，规范共识和网络，有相互加强和累积的特点。社会道德的涟漪会扩散促进更加紧密合作的动态社会平衡。这种平衡又会促进更高层次的社会互信、双向反应、公众之间的更多互动和多赢的群体性利好局面。这些特点就是市民社会的社区特质。而与之相反，在缺少这些社区特质的非市民社会里，民众间的关系特质也会自我加强。这些特质让大家更孤单、更无助。北美和欧洲的城市评价体系中，我们应该假设，评价指标的设定和评价过程是建立在他们各自国家的政治生活和基层民主生活的基础上的。因为市民个体和社区的政治关系和财产关系都是拧在一起的。大家关心社区的

---

① Putnam，R. D.，*Making democracy work：civic traditions in modern Italy*，Princeton NJ，Princeton University Press，1993。

生活质量，环境质量与关心地区政治生活和政府问责是殊途同归的。大家因为社区的共同利益——宜居的生活条件（如安全的饮水、安全的食物、舒适的活动空间、方便的出行方式等）而结成共同利益体，并为这种利益而共同争取，表达诉求。因此，当我们借鉴西方城市指标体系时，我们需要看到设计这些指标体系的社会环境和应用这些指标开展评估的社会和政治因素。

《世界城市协定》关注了宜居城市的主要指标，并提出对气候友好、符合循环经济理念的策略方向。比如说，减少废弃物的指标——将在 2040 年实现零焚烧和零掩埋的方向。对多个指标的界定，都充分考虑到人的尺度、人的活动空间、人的行动方式、人使用公共设施的便捷和友好性。人的通勤要考虑到步行和自行车等低碳出行的方式，而且还考虑到贫富公平的问题。在定量的指标设计时，这些定量目标对普通人是有意义的，比如说："推广有机食品，保证七年内使 20% 的城市设施（学校等）提供本地种植的有机食品；建立空气质量指标，七年内将空气质量指标'不健康''危险'的天数降低 10%"。这样的目标是针对市民个体来说的，是每个人都能看出利好的前景的。

应该说迄今为止，所有宜居城市的指标体系，通常都是以结果为导向的垂直评估框架。而"城市良治行动"的框架则是以过程为导向的横向评估框架。这应该成为结果指标体系的重要补充，或者两套体系应该有机地结合起来。这正是建设部在 2007 年发布的《宜居城市科学评价标准》中还可以完善的地方。建设部的指标体系似乎要尝试把良治和参与性的过程性指标与宜居质量的结果性指标结合起来，但是，没有能够就过程性指标作出清晰和全面的说明。"城市良治行动"的框架是中国城市规划和建设方面非常需要加强的内容，建议在全国城市的宜居、低碳或者其他城市规划评比活动中考虑加入良治的指标。

G.24
跨国界河流水电开发急需
考虑跨境影响

易懿敏*

摘　要：

在环境保护议题中，如何处理"跨境"影响已经成为越来越受关注的问题。大到气候变化，小到两个县城之间的跨县界污染，发生在某个地域之内的行为，其影响往往超出这个地域。跨国界河流的水电开发亦属这类议题。本文介绍了中国在跨国界河流上进行水电开发的现状、潜在或已经发生的影响，并回顾了最新的与跨国界河流水电规划有关的政策，指出针对跨国界河流的流域环评也许可以有助于科学决策，降低不良影响。但更重要的是，发展多边参与机制来共商水资源的综合管理与利用。

关键词：

水电开发　流域规划　跨境影响　负责任投资

引　子

2012 年 3 月，云南省委书记秦光荣在第十一届全国人大五次会议答媒体提问时谈道："怒江水电一个项目都没有动。"[①] 他进一步表示如果解决不好国家程序、移民安置、环境保护这三个问题，怒江水电不会开发。然而，

---

* 易懿敏，愚公移山项目官员，自然之友会员，研究经济增长对中国及其他发展中国家带来的社会与环境影响。。

① 唐薇、王云：《怒江水电一个项目都没有动》，2012 年 3 月 11 日，云南网。

2012 年 12 月，《西藏日报》的一篇报道让人看到，水电开发公司并没有放弃怒江，并得到了地方政府的支持。[①] 西藏昌都地委书记罗布顿珠向大唐集团强调，要加快怒江干流大型水能资源的开发进程。虽然其在讲话中也提到环保、民生、稳定等方面的因素，但"水电开发优先"是基本论调。而且，在昌都地委书记的发言里，没有提及作为一条跨境河流，怒江水电开发应遵循的原则。

一　不仅限于国内河段的跨境河流水电开发

怒江—萨尔温江干流全长 3673 公里，其中，中国境内长 2020 公里，泰缅边境河长约 200 公里，缅甸境内河长 1450 公里。

怒江在 2003 年被批准成为中国第 13 个水电基地，总装机容量 2132 万千瓦，[②] 名列全国第六。根据中国电力企业联合会的信息，怒江干流在云南省境内规划开发方案为"两库十三级"，近期按"一库四级"方案开发（尚没有获得国家核准）。[③] 从 2003 年提出水电开发伊始，围绕怒江水电开发的（境内）环境及社会影响的争论就一直存在。而在规划方案中，并没有提及就水电开发规划进行过整个流域的环境及社会影响评价。

然而，我国对怒江（出境后被称为丹伦江、萨尔温江）的水电开发并不仅限于中国境内，表 1 列出了我国在萨尔温江上拟建水电站的简要情况。其中，孟东水电站规划装机 700 万千瓦，是东南亚地区最大的水力发电站（比缅甸著名的密松电站规模还大）。该电站位于中、缅、泰、老四国交界附近，将在未来大湄公河次区域互联电网中起枢纽作用。

---

① 闫党恩、梁军：《加快水能资源开发步伐 积极打造藏东经济强区》，《西藏日报》2012 年 12 月 6 日。
② 张伟、冯昌勇：《怒江成为中国水电基地新成员》，新华网，2003 年 11 月 20 日。
③ 《云南省怒江和澜沧江水电基地调研》，2011 年 4 月 25 日，中国电力企业联合会网站。

表1 萨尔温江干流部分拟建及在建水电站

水电站名称	装机（万千瓦）	投资方（中方）	备 注
滚弄①	140	汉能控股集团有限公司	电力售往中国
孟东（原名塔桑）②	700	南方电网、三峡总公司和中水集团组成的联合体，占56%的股权	促进中、缅、泰、老联网
育瓦迪③	400	大唐集团	大部分电力将回送中国④
伟益⑤	454	不详	泰国
达坤	79	不详	泰国
哈吉（亦称哈基、哈希）⑥	136	中国水电建设集团国际工程有限公司	90%电量输送到泰国，10%电量输送缅甸电网

①《缅甸丹伦江滚弄水电站可研报告咨询会议召开》，云南电力网，2010年12月31日。
②《东南亚最大水力发电站开发谅解备忘录在缅甸签署》，国资委网站，2010年11月24日。
③《育瓦迪水电站预可行性研究、可行性研究、招标设计及施工图设计招标公告》，中国采招网，2011年5月19日。
④《育瓦迪水电站预可行性研究、可行性研究、招标设计及施工图设计招标公告》，中国采招网，2011年5月19日。
⑤《健康的河流，幸福的邻居——对中国在缅甸开发水电的评论》，缅甸河流网，2009年5月。
⑥《中缅泰合资哈吉水电站签署MOA》，中国商务部网站，2010年4月27日。

这些水电站的规划装机容量之和已接近2000万千瓦，又都邻近需要大量电力的中国及泰国，在开发之前就可以找好电力买主，对中国水电开发商来说无疑是一个极具吸引力的水电基地。

从另一方面来看，既然怒江国内河段的开发因为环保争议而暂时无法大力推动，那么先到境外的萨尔温江进行水电开发，可以缓解对怒江建坝的反对声，因为一旦开始建坝，怒江就已经不再是"一条自由流淌的河流"了。

而且，由于缅甸的《环境保护法》的内容及执行都相当薄弱，在萨尔温江建水电站要面对的程序成本、移民成本、生态成本都要低很多，因此我国水电开发公司都踊跃到当地"跑马圈水"。

实际上，中国电力企业联合会在其2012年发布的电力工业"十二五"规划滚动研究综述报告①中就明确指出，要"重视境外水电资源开发利用，重点

① 《中电联发布电力工业"十二五"规划滚动研究综述报告》，2012年3月9日，中电联网站。

开发缅甸伊江上游水电基地"。我国水电开发企业早已布局伊江上游水电基地。

2010 年 9 月，由中国电力集团公司投资建设的密松水电站被缅甸政府宣布暂停，引发了对伊洛瓦底江水电开发的关注。然而鲜有人知道，伊洛瓦底江亦是我国一条重要的国际河流，独龙江（流入缅甸恩梅开江）、大盈江（入缅甸后为太平江）、瑞丽江（上游称龙江）都是伊洛瓦底江的重要支流。我国在这些河流的国内段已经分别制定了七级、九级、十二级的开发规划，而且在出了国境的河段，也已经布下大量水电投资，包括中电投在伊洛瓦底江上游恩梅开江上的 5 个拟建电站仍在建设中，其中其培电站已经建成发电。

二 不能忽视的影响及风险

对于我国在跨境河流国内河段上的水电开发，下游国家有不少反对之声，他们认为这些开发缺少与下游国家的沟通及征询，而且无论在规划期或运行期，都缺少必要的信息公开。在具体的项目上，下游国家的公民社会就所在社区受到的不良影响公开表达不满。比如 2010 年 12 月，两家缅甸非政府组织发布报告[①]，称自当年 7 月云南龙江一级水电站运行后，龙江的水流量大幅度下降，影响到下游缅甸 1.6 万村民利用河水进行的贸易和运输。他们还呼吁中国当局立即进行调查和减轻大坝的破坏性影响，并对中国未来建造水坝的跨边界影响进行评估。

对于那些建在境外河段的水电站，一旦开始运营，电力回送国内，我国可以获得"清洁电力"，企业可以获得售电利润，这在企业（包括中方企业及缅方企业）看起来是绝佳的投资。以华能投资运营的瑞丽江水电站为例，仅 2012 年前三季度就已经向南方电网公司售电 15 亿千瓦时，实现电费收入 2.8 亿元，[②] 这意味着企业用 10 年就完全收回成本。更何况近几年来为了获得更

---

① 孙广勇、杜天琦：《缅非政府组织再给中国大坝提意见》，《环球时报》2010 年 12 月 16 日。
② 《前三季度南方电网进口缅甸电量 15 亿千瓦时》，中国国资委网站，2012 年 10 月 24 日。

多利润，水电行业一直在游说上调云南等地区的水电并网电价。

然而，与所在国政府良好合作、遵循当地规章制度并不说明这样的投资项目没有问题。根据缅甸社区组织的反映，这些水电站建设前都没有进行环境影响评价（至少没有公布任何与环评相关的信息），而且直接受影响人群并没有提前获得告知或征求他们的意见。即便不从对流域的整体影响，而仅从单个项目来看，这些大坝都被指将威胁印支—缅甸生物热点地区，损害萨尔温江流域的生物多样性，更会减少整条河流的渔业资源。另外，由于这些水电站，如育瓦迪水电和哈吉水电站，由于修建在民族冲突地区，被当地民族组织认为是缅甸政府以开发为名对当地民族实施控制而加剧了当地冲突。这类"夺取资源式"的投资已经越来越被缅甸人认为是不负责任的，针对中国投资的抗议此起彼伏。

这些投资面临着巨大风险：除投资巨大的密松电站被暂停外，2011年6月缅甸政府军与克钦独立军在大唐集团所属太平江电站附近爆发了战斗，该电站至今无法正常运营。此外，近期克耶邦正在和平谈判过程中，克伦民族进步党（KNPP）向缅甸政府提出谈判期间暂停一切大型开发项目，位于克耶邦的育瓦迪水电站也面临被暂停的风险。

我国在这些国际河流上的开发，无论国内段还是国外段，都是基于"水电先行"的理念，然而企业利益的最大化是否就是环境利益、社会利益、国家利益的最大化？作为"负责任的大国"，投资开发国际河流时应关照到下游国家的生态、社会成本。

为了减少开发对生态、社会的影响，在开发之前应先进行全面的流域环境及社会影响。即便从预测投资风险、减少损失的角度来说，这也是必不可少的。

三　东北地区的国际河流开发也将启动

为了方便从邻国购电和售电，除了在云南修建连接湄公河各国的电网外，我国还在东北部署与俄罗斯相连的电网。

中俄500千伏直流联网工程已于2012年4月1日投入商业运行。2012年6月份，中国国家电网公司与俄罗斯统一电力国际公司签署了《关于扩大电力

合作的谅解备忘录》，双方将扩大从俄罗斯向中国供电的规模，加强对俄罗斯电网改造，开拓第三国电力市场。为了配合俄罗斯对远东地区的开发规划，俄总统普京签署命令，向俄水电公司提供财政补贴 500 亿卢布用于远东电力发展。而俄水电公司于 2010 年曾与中国三峡集团签署包括水电、风能开发在内的合作协议。

种种迹象表明中俄在水电开发方面的合作，包括在黑龙江（在俄罗斯境内称为阿穆尔河）界河流域的水电开发即将加快步伐。俄罗斯的公民社会及专家担心这种合作，特别当涉及黑龙江—阿穆尔河的水电开发时，将对该地区的生态环境带来不良影响。

阿穆尔河—黑龙江是世界第六长河，流经蒙古、中国和俄罗斯三国，总长度为 4444 公里，流域面积大于长江，为 200 万平方公里。这是少数几条干流还能自由流淌的河流之一，其生态多样性在世界范围内屈指可数：该流域可分为 15 个生态区（其中 11 个为跨境生态区）；拥有 7 个淡水生态区（长江只有两个）；拥有多样的湿地生态网（其中 15 个国际级别的重要湿地）。在整个流域生态系统中，洪水的涨落是形成生态系统的关键因素，而河漫滩是最重要的湿地类型。

世界自然基金会（WWF）的一份报告①根据对修建在俄罗斯一侧黑龙江支流上的结雅和布列亚水电站的评估指出，在黑龙江流域进行水电开发有以下影响：由大坝控制的流量变化影响了天然洪泛区的生态；向单一的水库生态系统转变；河流生态系统碎片化。需要指出的是，虽然这两个水电站都修建在俄罗斯境内，但因其规模巨大（这两个水电站的有效库容之和相当于黄河河口的年径流总量），这些影响不仅发生在俄罗斯一侧，同时也发生在中国一侧。2007 年，中国外交部曾就结雅电站向俄方陈述俄水电开发对中国的消极影响。②

---

① Environmental Concerns of Russian-Chinese Transboundary Cooperation：from "Brown" Plans to a "Green" Strategy Evgeny Simonov, Evgeny Shvarts, Lada Progunova（Eds.）. Moscow - Vladivostok - Harbin：WWF, 2010.

② 李荣富：《环境影响、经济安全与地震风险：俄罗斯阿穆尔河流域水电梯级开发的影响与中国的关系之刍议》。

四 是否有替代方案？

东北地区煤炭资源较少，核能、太阳能、风能、海洋能等其他能源的开发利用也有局限性。因此，有专家认为开发建设黑龙江界河段水电站，是解决东北地区能源短缺的有效途径。

中俄曾在 20 世纪 90 年代制定过一份黑龙江干流的六级水电开发规划，[1] 但由于俄罗斯公民社会和地方政府的质疑，暂时按下不提。但这份规划仍作为"东北水电基地"的一份计划而见于中国水利部网站（见图 1）。[2] 其中位于黑龙江干流中游的太平沟还在 2010 年第二十一届哈洽会上作为招标项目被推荐。[3]

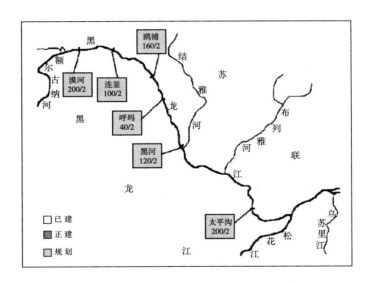

图1 黑龙江干流界河段电站位置示意

---

① 梁贞堂：《建议以太平沟水电站为龙头开发黑龙江干流水能资源》，《水利天地》2004 年第 6 期。

② Environmental Concerns of Russian – Chinese Transboundary Cooperation：from "Brown" Plans to a "Green" Strategy Evgeny Simonov, Evgeny Shvarts, Lada Progunova (Eds.). Moscow – Vladivostok – Harbin：WWF, 2010.

③ 《萝北太平沟水电站项目》，黑龙江人民政府网站，2010 年 6 月 4 日。

如果按照这个规划来进行开发，即便只是部分开发，也将影响到黑龙江上游60%的流量、中游45%的流量和下游30%的流量。这意味着这条大河的天然洪泛区生态系统几乎完全丧失，鱼类栖息地也受到严重摧毁，渔业损失巨大。

是否只有水电开发一条道路可走？有没有更好的替代方案？如何摆脱现有的"水电开发优先"思路，而还原到"水资源综合利用及保护"这个更基本的探讨平台上来？比较理想的状况是到跨国境的蒙古—俄罗斯—中国的综合管理平台来提出计划，不过，过去中俄在这方面合作的经验让人对此不敢抱太大希望。

五　应当承担的责任

我国的政策制定者已经意识到，应当针对河流的水电开发规划进行规划环评。2011年底，发改委与环保部共同制定了《河流水电规划报告及规划环境影响报告书审查暂行办法》①，该文件首次正式将 我国"主要河流"水电规划提到依法办理的流程中，并且声明规划及规划环评应该是水电开发的最基本部分。更重要的是，文件明确规定跨国境河流和主要跨省界（含边界）河流为主要河流，应在开发前接受流域水电规划与规划环评，而且，其环境影响评估应该综合审阅该规划对相关区域、流域生态系统产生的整体影响。

该暂行办法是我国《规划环评法》在执行层面的一个重要补充，它的出台，意味着以后在对跨国境河流进行水电开发时，除了制定规划外，更需要从经济、社会和环境可持续发展的角度，全面评价规划实施后对相关区域、流域生态系统产生的整体影响，而且环评过程包括公众参与。

然而，目前尚未看到我国在跨境河流上执行该政策的迹象。在云南省委书记秦光荣提到水电开发要解决好"国家程序"时，是否指怒江作为一条跨国界河流，需要针对其水电规划进行怒江—萨尔温江流域环评，并递交环保部、发改委审批？在西藏昌都政府与大唐集团的对话中，并没有涉及跨境环评的问题。然而，正如前面已经指出的，我国现在在怒江—萨尔温江的水电开发已经

---

① 国家发展与改革委员会、环境保护部关于印发《河流水电规划报告及规划环境影响报告书审查暂行办法》的通知，中国发改委网站，2011年12月27日。

是全流域范围，在萨尔温江段的一些水电站甚至已经开工建设，针对这部分的水电项目，是否还需要进行规划的回顾及环评？

另外，虽然我国早在 1996 年就出台了《河流水电规划编制规范》，而《河流水电规划环境影响评价技术要点》却至今还在论证的过程中，而且该制定过程透明透不高，缺少公众参与。缺少了能涵盖重要关切并得到各利益相关方认可的"技术要点"及"编制规范"，很难有效开展针对水电规划的流域性环评。在这方面我国可以从湄公河委员会 2010 年委托开展的湄公河水电开发的战略环评流程中取经（遗憾的是，由于中国一直没有加入湄公河委员会，而且在澜沧江水电开发的相关数据上不愿公开太多数据，因此这次战略环评只针对湄公河中下游拟建的 12 个水电站）。在该战略环评正式开展前，工作组提供了一个平台让来自各国政府的顾问，区域政府、公民社会、开发商的顾问与代表们共同讨论哪些领域是重要领域，应该选取什么样的指标来衡量。然后他们在这个基础上进行信息收集及研究。

然而，必须注意到，为水电开发制定规划并开展规划环评，已经是在决定对河流进行水电开发之后进行的补充措施。更合理的河流管理，应是在综合环境与社会的影响及利益的基础上，考虑水电开发之外的其他流域发展替代方案。目前而言，现实的情况是中国尚未加入任何区域性的流域共管体系，要谈共同开发、共同管理为时尚早，但是，对于跨境河流的水电开发来说，提前知会、做好跨境评估、保证信息公开并留出公众参与的窗口是应该做到的。

我国在国际河流开发上采取负责任的行动，不应仅体现在与中国相关的国际河流上。因为随着我国水电行业的大力"走出去"，我国的水电投资已经涉及其他区域的跨国界河流。以吉贝三为例，这座由埃塞俄比亚政府极力推动的该国第一大水电站，坐落在埃塞俄比亚南部的奥莫河上，其影响远及肯尼亚的奥莫河谷下游和图尔卡纳湖地区。该大坝将会终止奥莫河谷下游的自然洪水周期，并减少进入图尔卡纳湖的水流量，从而影响依赖图尔卡纳湖生存的 30 万土著居民的生计，加剧该地区早已存在的饥荒和自然资源争夺。[1] 世界遗产委员会于 2011 年底号召埃塞俄比亚政府和中国融资机构暂停吉贝三级水坝项目，

---

① 章轲：《破坏生态？工行非洲水利贷款项目引争议》，《第一财经日报》2010 年 6 月 30 日。

以履行他们保护当地文化遗址的义务。① 2010 年，中国工商银行为该大坝提供了 5 亿美元的设备贷款，② 当地民间组织认为这是不负责任的投资行为。

为帮助中国境外投资项目规避一定的环境及社会风险，2012 年 2 月银监会出台的《绿色信贷指引》中指出："对拟授信的境外项目公开承诺采用相关国际惯例或国际准则，确保对拟授信项目的操作与国际良好做法在实质上保持一致。"并且要求"银行业金融机构应当公开绿色信贷战略和政策，充分披露绿色信贷发展情况，接受市场和利益相关方的监督"。希望这些政策亦能落实在国际河流的水电开发上。

六　小结

我国在跨境河流的水电开发上，已经不仅限于在国内段的开发，而涉及包括国外段的整个流域的开发，如何在进行如此密集的水电开发时尽量做到减少其对环境、社会的不良影响，是摆在我国政府、水电开发商乃至公民社会面前一个亟须解决的问题。

目前阶段，我们应尽量利用新推出的《河流水电规划报告及规划环境影响报告书审查暂行办法》来推动跨国界河流的流域环评，以帮助科学决策并降低不良影响。然而，从长远来看，更应该发展一个参与机制，让共享河流的国家、区域得以通过探讨、协商来选择共同治理的可持续发展之道。

无论是在单个项目还是河段、河流的水电开发上，保证信息公开并留出公众参与的渠道都是非常必要的，没有这两个基础条件，无法保证受影响民众能够了解他们所受影响并得以反映他们的诉求，社会公正无法体现。

此外，在海外投资涉及国际河流的水电投资时，也要综合考虑其跨境影响，并作出负责任的决策。

---

① 《联合国机构呼吁暂停吉贝三级大坝建设》，中国绿色银行观察网，2011 年 7 月 25 日。
② The New Great Wall —A Guide to China's Overseas Dam Industry, Aug. 2012, International Rivers.

Ⓖ. 25
北京需要一场屋顶绿化"革命"*

Gavin Lohry**

北京拥有 9000 万平方米可绿化的屋顶空间，这既可以提供食品，减小污染和洪灾威胁，又能在炎热的夏季为城市降温。

过去 20 年中，北京的人口迅速增长，与之相伴的是建设的蓬勃开展，在建的有长达数百公里的地铁、庞大的首都第二机场以及高铁网络，而且这一势头似乎还要持续下去。

伴随人口增长而来的还有收入和汽车数量的增长，这些导致北京城不断扩张，从四环、五环、六环一直到更远。城市的扩大在让北京居民受益的同时，也带来了众多环境问题，影响着人们的健康和生活质量。

北京最著名的环境问题是空气污染，但大量路面、停车场、屋顶和其他不透水面层也带来了挑战，而且这挑战常常被忽视。不透水面层让大量的水进入雨水系统，在大暴雨期间无法排出，引发城市洪涝。

另一个问题是城市热岛效应，原因在于建筑、人车道路大量吸热，同时却缺乏自然降温的植被。北京植被覆盖区域和密集城市区域的最大温度差可达6.5℃，这既加大了用电量，也让居民感到不适。

上述问题之间的联系盘根错节，从而让其对环境的影响更加复杂。最近的研究发现，北京的城市热量在大暴雨期间导致降雨量增大，让洪灾更为严重。

这种热量也增加了空调的能源需求，让非机动出行的比例下降，从而增加

* 本文来自《中外对话》，http：//www. chinadialogue. net/article/show/single/ch/5625 – Beijing – needs – a – green – roof – revolution –

** Gavin Lohry（龙月光），获得清华大学国际发展公共管理硕士学位（MPA），并为 ecocitynotes. com 网站撰写中国城市可持续发展方面的文章。

发电和车辆排放带来的污染。随着北京城市面积的持续增大，必须想方设法减少污染和洪涝，同时给市区降温。

一　绿化北京的屋顶

屋顶绿化（即用绿色植被覆盖屋顶）最早流行于德国，此后已经传播到世界各地。它们帮助城市减少雨水径流、降低城市环境温度、吸收空气污染、为建筑隔热并增加生物多样性。如果北京能够实现充分的屋顶绿化，就能实现对环境的积极影响，改善生活质量。

笔者对这个课题的研究发现，在北京有大约9300万平方米的屋顶空间适合进行"物美价廉"的屋顶绿化。如果能够采取最经济和最基础的形式实现这些空间的屋顶绿化，北京的城市环境将得到本质性的改善。

如果这一方案得以实现，北京每年可以减少空气颗粒物污染88万吨，相当于73万辆汽车的排放。大暴雨期间的降雨可减少350万立方米，相当于将整个故宫和天安门广场放上2米深的水，也相当于1400个奥运泳池的水量。

此外，北京的夏季平均温度将降低0.32℃，在峰荷时间将下降更多。最后，一半以上的屋顶绿化区域的隔热效果都会显著提高，从而减少采暖和制冷所需的能源消耗。

城市环境的改善还将带来其他的生活质量提高。比如，城市更加凉爽，空调需求量就会下降，发生大洪灾的概率降低，城市环境更加宜人。污染减轻后，人们会更愿意步行和骑车，在夜间开窗降温以及带孩子到户外玩耍。

屋顶绿化可以充当微型公园或者城市农场，还能吸引人们从其他建筑上向此处眺望。

按照目前的价格，要将北京所有适合的屋顶绿化，需要大约290亿元人民币的资金，外加每年的维护费用。尽管随着屋顶绿化经济规模的扩大和技术进步这一费用会有所下降，但仍然是一笔巨大的投入。

此外，屋顶植被所需的灌溉用水也可以通过使用本地草类、采取先进的自动喷灌系统和灰水等手段减到最少。如果将屋顶绿化后城市的直接和间接收益考虑进来，实际上在很多情况下财务成本和用水就算不了什么了。要让北京所有适合的屋顶都实现绿化是不现实的，但只要实施切实可行的项目，保证许多新建筑都实现屋顶绿化，就能对城市环境产生巨大的影响。

二　北京补贴屋顶绿化

实际上，北京在 2008 年奥运会之前就开始对屋顶绿化进行补贴，而且从 2005 年以来绿化面积以平均每年超过 10 万平方米的速度递增。

其中一个引人注目的行动，是在横贯天安门广场的东西长安街两侧进行屋顶绿化，而且近几年已经完成了 12 万平方米的绿化面积。这为更广泛的屋顶绿化努力提供了基础，有助于应对城市的环境挑战。

作为首都，北京云集着各级政府机关和国有企事业单位，如果都算进去的话，这些政府建筑的屋顶面积将多达数千万平方米。如果政府只在那些隔热较差的政府建筑屋顶上进行绿化，面积大概有几百万平方米，节约的供暖和制冷费用也就相对较少。

如果要迅速采取屋顶绿化行动，这是最容易也最有作为的选择，所有收益都归政府及服务的市民所有。

北京的非高层商业设施和公共住房也为屋顶绿化提供了可观的潜在空间。许多餐饮和零售商业设施都有很大的屋顶区域，同时隔热却很差。如果能激励那些常常不愿为这些空间的供暖和制冷付费的业主进行屋顶绿化，将会让租户和更多其他人受益。

北京市的公租房和单位公房遍布城中各地，通常隔热都比较差，如果能进行屋顶绿化，将让住在其中的中低收入家庭获益良多。但是，由于这些公房复杂的所有权状况和有限的措施，在这一方面的屋顶绿化将需要政府的直接资助，并且以降低能源消耗的形式，发挥社会公益转换器的作用。

在新建筑上进行屋顶绿化是一个前途更加光明的机会，而且北京 CBD 的

许多建筑已经绿化。政府可以在制定建筑规范时，要求或鼓励新的商业建筑进行屋顶绿化，而且在新建筑上的建设成本要比老建筑更加低廉。

屋顶绿化能够在不妨碍人居功能的前提下，让自然环境重新回归城市，其收益远远超出了建设成本。而且，作为首都，北京若迅速大规模地进行屋顶绿化，将在让北京市民受益的同时，为全国其他城市树立榜样。

G. 26

大气污染防治：
美国对中国的启示*

赵立建　徐 楠**

在空前的公众关注中，中国迎来了应对大气污染的一个重要机遇。赵立建、徐楠对中美防治大气污染的不同制度方法，进行了分析对比，认为中国目前的大气污染防治管理体系很难应对如此严峻的挑战。

中国正遭受着严峻的空气污染危机。日前，绿色和平组织发布的最新报告显示，2012 年北京、上海、广州、西安四城市因 PM 2.5 污染造成早死人数预计将高达 8570 多人，空气污染与哮喘和肺癌等疾病脱不了干系。

中国的城市化和工业化高速发展，在对煤炭的依赖与日俱增的同时，空气污染也在不断提高。"十一五"期间（2006～2010 年）氮氧化物的排放量增加了约 40%，这意味着即便是"十二五"期间（2011～2015 年）氮氧化物排放量下降 10%，2015 年的水平仍旧高于 2005 年。

中国政府正在努力应对空气污染这一问题，实施了公布城市空气质量指数、修改标准引入 PM 2.5 和臭氧引指数等一系列措施。但是，面对越来越快速的城市化工业化进程，这些应对措施未免显得有些微不足道。

一 "州实施计划" vs. "蓝天数"

在欧美国家的工业化和城市化早期，伦敦烟雾、洛杉矶烟雾等严重的大气

---

* 本文来自《中外对话》，http：//www. chinadialogue. net/article/show/single/ch/5535 - Air - pollution - what - China - can - learn - from - the - US。

** 赵立建，能源基金会北京办事处项目官员；徐楠，中外对话北京办公室副总编。

污染事件也曾是噩梦。根据美国环境署 2011 年最新的划定，美国仍有 18 个州的 121 个县不能达到国家环境空气质量标准。

如果纵向对比今天的中国和 30 年前的美国，二者的大气污染防治体系存在着引人深思的差异。

"蓝天数"在中国是一个衡量空气质量的重要指标，但多"蓝"就算"蓝天"？

根据美国《清洁空气法》，美国环境署针对不同的单项污染物划定达标区和非达标区，所以美国有臭氧非达标区、PM 2.5 非达标区等。这些地方政府将被要求制订空气污染防治的"州实施计划"。在"非达标区"，新建项目排放非达标的污染物或其前体物（形成污染物前一阶段的化学产物），必须采取最低排放技术，同时必须对新排放的污染物进行等量替代，可以通过技术改造、关闭工厂或者购买其他企业的减排量来完成。已经存在的排放源，则通过排污许可证的形式，不断削减排放量。一般情况下，每年 3% 的削减目标，会分配到当地所有企业身上。

在中国，虽然《大气污染防治法》和《环境空气质量标准》也规定空气质量不达标的城市必须制定"达标规划"，很多城市也的确有"蓝天工程"，但是并没有一个经上级环保部门批准的程序。而在美国，如果"州实施计划"当时得到了环境署的批准，计划也落实得很好，但是最后还是没能达标，那么地方负责的官员是没有责任的。中国单纯侧重"蓝天数"的考核，很容易带来监测数据的扭曲。

此外，中美两国的标准还有"动""静"之别。

中国制定一项污染物排放标准后，规定排放限值和实施时间，就会一直实施下去，直到再次修订。这就很不利于在标准修订之前调动相关企业技术研发的积极性。

而美国的排放标准是一个动态体系，要求新建项目须采纳最佳可行技术，在非达标区新建项目还必须采纳最低排放技术。拥有先进环保技术的企业提出的适用技术，如经当地环保部门和项目单位认定是最佳可行技术和最低排放技术，则新建项目必须采纳。环保技术公司由此具有创新动力，因为有利于占据市场。

中国如果借鉴这样的政策，可以通过改变排放标准体系进行要求，也可以通过环境影响评价制度进行要求。

二　更难的题

中国在 2012 年修订了国家空气质量标准，一定程度上推动了空气质量改善的措施。然而新的标准仍然只是世界卫生组织推荐的第一阶段过渡值，还有更严格的第二阶段、第三阶段过渡值，以及指导值。即便如此，在新修订的标准下，目前中国至少有 2/3 的城市不能达标。

中国在大气污染防治方面起步晚，能源和产业结构让这个目标更为艰难。中国是世界上煤炭消费量最大的国家，而美国的煤炭消费正在逐年减少。处在快速工业化和城市化过程中的中国，每年新增的污染源及污染物排放巨大。仅"十一五"期间，氮氧化物的排放量就增加了 40% 左右，这意味着即便到"十二五"末期氮氧化物排放成功降低 10%，2015 年氮氧化物的排放水平也高于 2005 年的水平。

美国环保署有公务员 18760 人，其中负责空气质量管理的人员 1400 人，各州、县、城市都有相应的人员。以加州为例，空气质量管理局有 1273 人，35 个空气质量管理区又都有自己的管理人员，员工达 3000 人。而中国环保部共有几百人，其中负责大气污染防治的占很少一部分。如果按人口数量或者污染源数量同比例安排环保管理人员，其数量与现在相比将不是一个量级。

值得一提的是，美国的财政支出很少支持企业治污，认为这是企业的法律责任，而政府主要是为企业提供公平的市场和法律环境。

美国企业的违法排污罚金可达 25 万美元/天，同时没收违法所得经济利益，如果因此造成环境损害，还会有民事诉讼和公益诉讼追究赔偿。相比之下，中国的违法成本要低得多。

目前，中国公众对空气质量要求明显提高。如果要在 2025 年使全国约 80% 的城市达到标准要求，则需要在每个五年计划内使各地的 PM10 和 PM 2.5 平均浓度降低 10%～15%。由于 PM 2.5 的来源既包括由污染源直接排放的一次颗粒物，又包括由 SO_2、NO_x、VOC_s、NH_3 等气体在大气中转化形成的

二次颗粒物，因此必须对这些排放物的气态前体物进行持续减排，每个五年计划的减排幅度至少要达到15%。这个目标幅度远高于"十一五"和"十二五"中国主要污染物总量控制任务的要求。目标之艰巨足可想象。但是，鉴于大气污染对公众健康的巨大负面影响，中国完全应该以更快的速度解决这个问题。

首先，科学技术的研究已有积累。美国在大气污染防治早期，并不十分了解污染的各种来源，在很长一段时间都只把VOC（挥发性有机物）认为是地面臭氧（光化学烟雾）的成因，后来才认识到氮氧化物也是臭氧的一个重要前体物。此外，针对各种污染源的排放都已有了较为成熟的技术，如燃煤电厂的脱硫、脱硝、除尘等，先进的机动车排放控制技术结合清洁的燃油，能去除机动车尾气中的绝大部分污染物。经验表明，中国可以利用自身成本优势，使这些技术的应用以更低的成本实现。

关键还是在于：中国能否建立一套有效的法规和管理体系并确保可以实施。

调查报告

Investigation Reports

G r . 27

小颗粒，大突破

——2012 年 113 个城市空气质量
信息公开指数（AQTI）报告

公众环境研究中心 *

概　要

为推动城市大气污染治理，中国人民大学法学院与公众环境研究中心合作开发了城市空气质量信息公开指数（AQTI），并于 2011 年 1 月发布第一期评价结果，显示中国城市开展了一定的空气质量信息发布，但发布水平与发达国家（地区）的城市相比存在明显差距。

2011 年，中国部分地区出现了大范围、长时间的灰霾污染，引发公众

* 编写组成员：公众环境研究中心：贺静、马军、沈苏南、戚宇、李杰、张一、王晶晶、Sabrina Orlins。北京工商大学环境工程与科学系：姚志良、叶宇、王霖娜。公众环境研究中心王晶晶按照绿皮书格式对原文进行节选编写。

强烈关注。中国政府回应了要求信息公开的民意表达，于 2012 年初完成了空气环境质量标准的修订，由此开启了城市空气质量信息公开的历史性改进。

为了协助公众准确认识这一变化趋势和幅度，推动空气质量信息公开水平的进一步提升，公众环境研究中心决定再次开展 AQTI 评价，并将评价范围扩展到 113 个城市。① 公众环境研究中心还与北京工商大学环境科学与工程系合作，对中国环境监测总站统一公布的 120 个城市的各个监测点每小时监测数据进行了分析。

此次 AQTI 评价遴选出中国城市空气质量信息公开程度最高的前十位的城市，它们分别是：广州、深圳、东莞、中山、北京、佛山、珠海、南京、苏州、宁波。它们的得分都超过 54 分，而前次 AQTI 评价中最高分为 38 分，显示出在较短时间内，一批城市在空气质量监测和发布方面取得了显著进展。

此次报告所确认的重要突破，指的是信息公开法规要求大幅度提高，一批城市在较短时间内快速完善了 PM 2.5 等污染物的监测发布。但从信息公开到空气质量的切实改善，还需要各界共同推动污染物减排。

AQTI 得分的大幅提升，源于这些城市在信息发布的系统性、及时性、完整性和用户友好性方面取得的进步：PM 2.5、臭氧等若干重要污染物首次纳入公开范围；分监测点的高频次发布渐成规范；不但公布污染指数，而且公布具体污染物的具体浓度值；同时多个城市还采用了电子地图、微博等更加用户友好的形式进行发布。

通过此次评价，公众环境研究中心梳理了空气质量信息公开法规如何在多方推动下明显改进，包括增设 PM 2.5 和臭氧等评价因子，收紧 PM 10、铅等污染物的浓度限值，将 API 改为环境空气质量指数（AQI），与国际通行名称一致，取消工业区低标准等。

对照环保部门发布的新版标准实施时间表，我们看到北京、广东、江苏、上海、浙江等一批省市正在快速推进。截至 2012 年 8 月 31 日，已公布 PM

---

① 主要为环保重点城市。

2.5的有55个城市192个点位。其中北京在2012年1月率先发布一个监测点信息，又在10月6日将发布点位增加到35个，是当前全国发布站点最多的城市。

此次评价也暴露出空气质量信息公开存在的缺陷。多数城市的信息公开水平还非常有限，113个参评城市的平均分依然仅有21.5分。有89个城市不到30分，总分低于20分的就有80个，其中64个城市的得分在10～20分，占参评城市总数的一半以上。而本溪、潍坊、济宁、日照、曲靖、金昌6个城市的得分为0。

在公众普遍关注的PM 2.5的监测发布方面，截至2012年8月31日，重庆、呼和浩特、郑州、沈阳、济南、合肥、长沙、乌鲁木齐等29个列入空气质量新标准第一阶段实施计划的城市，还未开始公布任何信息；武汉、成都和河北、江苏、浙江的多数城市仅公布一个点位，不能代表全市整体质量状况；山西省PM 2.5实时数据曾出现数据更新不及时情况；西安、厦门、浙江各市还仅是每天公布一次；天津市甚至一个月以后才公布上个月的月度日均浓度。

根据北京工商大学环境科学与工程系与公众环境研究中心对中国环境监测总站重点城市空气质量发布系统公布的120个城市的各个监测点每小时监测数据进行的分析，部分地区的大气污染水平十分突出，在超过二氧化硫二级标准的19个城市中，有7个城市位于山东省，初步推测与近年来该省能源消耗量大有关。

通过对京津冀地区、长三角地区以及珠三角地区部分国控监测点污染物逐月平均浓度值的分析，显示3种污染物随着月份的变化总体呈现一致的趋势，具有较好的吻合性，反映出我国城市空气污染的区域性，反映在城市空气污染控制上，只有进行区域的联防联控才能有效达到空气质量改善的效果。

通过对部分重点城市不同站点数据的分析，可以看到同一不同监测点位污染浓度差异较大。这意味着合理设置监测点的位置和数量对科学反映城市的真实空气质量水平至关重要；同时意味着尽管城市平均空气质量能够达标，但某些区域可能未必达标，其对环境和健康的影响需要引起关注。

报告还对大气污染在不同地区的季节变化和逐时变化规律进行了研究。

在研究分析的基础上，2012 年 AQTI 评价报告对空气质量信息公开工作提出了如下建议：第一，应进一步提高大气污染信息公开水平；第二，应尽快落实污染天气状况应急计划的制订和实施；第三，各界应利用公开的数据开展更多研究。

一　AQTI 评价结果及分析

（一）　AQTI 评价结果

2012 年的 AQTI 评价是对中国城市空气质量信息公开进行的全国性评价，范围涉及中国 113 个城市。

图 1　AQTI 评价对象分布示意

AQTI 满分为 100 分，广州市以 76 分的成绩位居榜首。各被评价城市的平均得分为 21.5 分。

表1　2012年113个城市AQTI评价总分及排名

排名	城市	AQTI得分	排名	城市	AQTI得分	排名	城市	AQTI得分
1	广州	76	37	石家庄	19.2	75	郑州	13.8
2	深圳	75	40	宜昌	18.6	75	长沙	13.8
3	东莞	69	40	保定	18.6	75	湘潭	13.8
4	中山	67.6	40	盐城	18.6	75	岳阳	13.8
5	北京	64.8	40	南昌	18.6	75	桂林	13.8
5	佛山	64.8	40	烟台	18.6	75	咸阳	13.8
7	珠海	56.4	45	临汾	18.2	83	邯郸	11.4
8	南京	56	46	湖州	18	83	赤峰	11.4
9	苏州	55.2	46	安阳	18	83	沈阳	11.4
10	宁波	54.8	48	阳泉	17.6	83	鞍山	11.4
11	上海	50.2	49	大同	17.4	83	长春	11.4
12	武汉	47.4	50	株洲	16.8	83	吉林	11.4
13	南通	44.2	50	昆明	16.8	83	齐齐哈尔	11.4
14	厦门	43	50	宝鸡	16.8	83	大庆	11.4
15	成都	42.6	53	九江	16.2	83	马鞍山	11.4
16	常州	39.6	53	青岛	16.2	83	淄博	11.4
17	西安	38.6	53	汕头	16.2	83	张家界	11.4
17	南宁	38.6	53	北海	16.2	83	攀枝花	11.4
19	绍兴	37.8	57	长治	15.8	83	泸州	11.4
20	天津	33.6	58	泉州	15.6	83	遵义	11.4
21	无锡	31.8	58	宜宾	15.6	83	克拉玛依	11.4
22	扬州	31.2	58	石嘴山	15.6	98	延安	9.6
23	合肥	30.6	61	福州	15	99	大连	9
23	重庆	30.6	61	银川	15	99	牡丹江	9
25	连云港	28.8	63	锦州	14.4	99	绵阳	9
26	嘉兴	28.6	63	芜湖	14.4	102	呼和浩特	8.4
27	哈尔滨	27	63	开封	14.4	103	包头	8.4
28	太原	25.4	63	洛阳	14.4	104	威海	7.2
29	温州	24	63	平顶山	14.4	105	秦皇岛	5.4
30	抚顺	22.8	63	常德	14.4	106	鄂尔多斯	4.2
31	徐州	22.2	63	韶关	14.4	106	焦作	4.2
32	台州	22	63	湛江	14.4	108	本溪	0
33	杭州	20.4	63	柳州	14.4	108	潍坊	0
34	唐山	19.8	63	兰州	14.4	108	济宁	0
34	贵阳	19.8	63	西宁	14.4	108	日照	0
34	铜川	19.8	63	乌鲁木齐	14.4	108	曲靖	0
37	泰安	19.2	75	济南	13.8	108	金昌	0
37	荆州	19.2	75	枣庄	13.8			

（二） AQTI 评价结果说明

1. 部分城市空气污染信息公开已经提升到中级水平以上

此次 AQTI 评价遴选出中国城市空气质量信息公开程度前十位的城市，它们分别是：广州、深圳、东莞、中山、北京、佛山、珠海、南京、苏州、宁波。

它们的得分都超过 54 分，而前次 AQTI 评价中最高分为 38 分，显示出在较短时间内，一批城市在空气质量监测和发布方面取得了重大进展。

2. 部分城市信息公开程度大幅提升

● 在很短的时间内，2010 年参评的 20 个城市的平均分从当时的 23 分上升到 32.9 分。其中广州、北京、南京、宁波、上海、武汉、成都、南宁、天津、重庆等城市的 AQTI 得分提高达 30% 以上，广州、南京、南宁的得分更是提高 100% 以上。

图2　10 个城市 2010 年与 2012 年 AQTI 得分比较

● 与国际水平的差距收窄

由于巴黎、洛杉矶、纽约、伦敦、维也纳、柏林、莫斯科等状况大体稳定，因此此次未再作评价，沿用 2011 年评价得分，特此说明。

3. 一批城市在系统性、及时性、完整性和用户友好性方面取得进展

● 若干重要污染物首次纳入公开范围

※ PM 2.5

2010 年 AQTI 评价中发现的一个最显著缺陷是大气污染物监测指标存在空白。当时细颗粒物（PM 2.5）并没有被纳入监测和发布的范围，全国没有一个城市对 PM 2.5 污染信息进行发布。

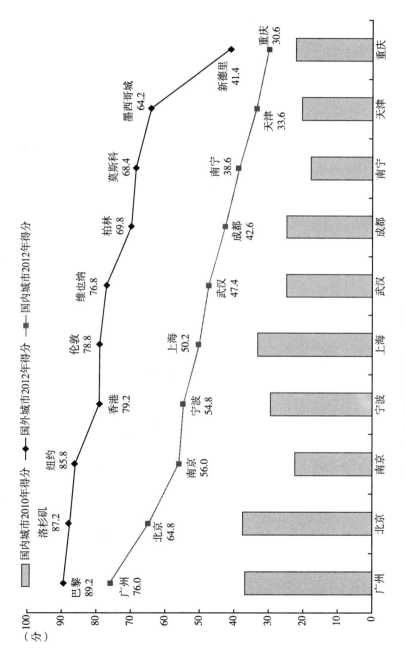

图 3　国内城市与对照组国际城市 2012 年 AQTI 得分比较

■ 国内城市2010年得分　　◆ 国外城市2012年得分　　■ 国内城市2012年得分

巴黎 89.2　洛杉矶 87.2　纽约 85.8　香港 79.2　伦敦 78.8　维也纳 76.8　柏林 69.8　莫斯科 68.4　墨西哥城 64.2　新德里 41.4

广州 76.0　北京 64.8　南京 56.0　宁波 54.8　上海 50.2　武汉 47.4　成都 42.6　南宁 38.6　天津 33.6　重庆 30.6

（分）　100　90　80　70　60　50　40　30　20　10　0

广州　北京　南京　宁波　上海　武汉　成都　南宁　天津　重庆

而根据各地环保局、监测中心站公布的信息，截至 2012 年 8 月 31 日，全国地级市中已公布 PM 2.5 信息的有 55 个城市，发布 PM 2.5 的站点达到 192 个点位。

※ 臭氧

2010 年 AQTI 评价城市中，仅广东省将臭氧纳入日常空气质量监测。而根据各地环保局、监测中心站公布的信息，截至 2012 年 8 月 31 日，全国地级市中已公布臭氧信息的有 25 个城市，发布臭氧的站点达到 104 个点位。

※ 一氧化碳

2010 年 AQTI 评价城市中，仅北京发布了一氧化碳监测结果，且仅在年报中公布年日均值。而根据各地环保局、监测中心站公布的信息，截至 2012 年 8 月 31 日，全国地级市中已公布一氧化碳信息的有 24 个城市，发布一氧化碳的站点达到 96 个点位。

※ 挥发性有机物

由于没有能够列入新的《环境空气质量标准》需要监测和发布的污染物名单，除宁波仍在年度环境公报中公布 VOC_s 信息外，只有嘉兴市开展了 VOC_s 的监测发布。市区北部是嘉兴市经济技术开发区，集中了大量工业企业，工业废气污染一直是令当地社区和政府头疼的"老大难"问题。作为大气环境整治措施的一部分，嘉兴市环保局选定穆湖森林公园内穆湖溪东岸，位于韩泰轮胎、禾欣实业和晓星化纤三家大型企业与紫溪花园和禾城世纪花园两个住宅区的中心位置[1]，根据城北企业的生产特征对包括常规指标、恶臭物质和挥发性有机物的 48 项污染因子进行监测，以便为污染整治提供依据，并开始在嘉兴市环保局网站上发布从 2012 年 4 月 30 日以来的《市区北部大气污染特征因子自动监测站监测周报》。[2]

● 分监测点的高频次发布渐成规范

● 发布方式更加用户友好

2010 年 AQTI 评价中，发现 10 个国际城市，空气质量日报信息基本都是

---

[1] 《城北大气污染自动监测站报告首次对外公布》，《南湖晚报》2012 年 5 月 8 日，原文链接：http://www.jx3721.cn/jxnews/xinwen/490.html。

[2] http://www.jepb.gov.cn/News/9/f4906fbdb29a8f513237c498afa22e4a55bf9556.html.

结合地图形式发布。而 20 个国内城市中，除上海、北京、广州、武汉等地将空气质量信息结合地图发布外，基本都只是公布数据，对空气质量信息没有更加直观、立体的展示。

而在此次评价中，我们看到多个省市开始结合电子地图发布其空气质量信息。其中广东省、北京市、江苏省、上海市等较为突出。

除市环保局、监测站网站或专门的空气质量平台外，北京、上海、广州、深圳、东莞、南京、苏州、嘉兴、福州、银川、宜昌、抚顺、武汉均通过微博持续公布空气质量日报，其中广州、深圳、东莞、嘉兴、上海、苏州、武汉还通过微博公布了 PM 2.5 的信息。

4. 多数城市 AQTI 得分依然偏低

虽然空气质量信息公开取得了明显进展，部分地区的表现有显著提升，但 113 个参评城市的平均分依然仅有 21.5 分。究其原因，是由于相当数量地区的空气质量信息公开仍处在非常低的水平，拖累了整体得分。总分排名前 20 位的城市平均分为 52.8 分，而总分排名最后 20 位城市的平均分只有 6.0 分，相差 46.8 分，信息公开程度的"两极化"非常明显。

表现较差的城市数量远远大于表现较好的城市数量。在 113 个参评城市中，有 89 个城市不到 30 分，总分低于 20 分的就有 80 个，其中 64 个城市的得分在 10~20 分，占参评城市总数的 56.6%，16 个城市的得分低于 10 分，占参评城市总数的 14.2%，而在这 16 个城市中，还有本溪、潍坊、济宁、日照、曲靖、金昌 6 个城市的得分为 0。[①] 在这 6 个城市的环保局网站上，没有可供公众查看的当日空气质量级别、污染指数或者污染物浓度信息，也没有及时发布空气质量月报、季报、年报等阶段性统计数据。

这些城市得分偏低，与其系统性、及时性、完整性和用户友好性存在的差距有关。

---

① 日照有预报。

（三） 多方推动下空气质量信息公开法规明显改进

1. 空气质量标准的历史沿革

• 1982 年，我国首个环境空气质量标准制定实施

主要针对煤烟型大气污染物环境管理要求，规定总悬浮颗粒物（TSP，即直径≤100 微米的颗粒物）的浓度限值。

• 1996 年，环境空气质量标准第一次修订

调整污染物项目名称，更新监测分析方法，将直径 10 微米的可吸入颗粒物纳入监测范围，俗称 PM 10。

• 2000 年，环境空气质量标准第二次修订，发布《环境空气质量标准》（GB 3095 – 1996）修改单。

※ 修改内容为：

✛ 一、取消氮氧化物（NO_X）指标。

✛ 二、二氧化氮（NO_2）[1]

• 二级标准的年平均浓度限值由 0.04mg/m³ 改为 0.08mg/m³；

• 二级标准的日平均浓度限值由 0.08mg/m³ 改为 0.12mg/m³；

• 二级标准的小时平均浓度限值由 0.12mg/m³ 改为 0.24mg/m³。

✛ 三、臭氧（O_3）

• 一级标准的小时平均浓度限值由 0.12mg/m³ 改为 0.16mg/m³；

• 二级标准的小时平均浓度限值由 0.16mg/m³ 改为 0.20mg/m³。

• 2012 年 2 月 29 日，《环境空气质量标准》第三次修订版 GB 3095 – 2012 发布，增设了细颗粒物（PM 2.5，即粒径≤2.5μm 的颗粒物）浓度限值

---

[1] 2000 年的《环境空气质量标准》修改单对二氧化氮浓度限值的二级标准做了放宽，一级标准未做改变。中国环境科学研究院环境标准研究所的王宗爽在《中外环境空气质量标准比较》（2010 年 3 月）一文中对中国和国外的二氧化氮浓度标准做了比较：除 WHO 外，国际上 NO_2 的 1 小时浓度限值为 90 ~ 850 μg/m³，日均浓度限值为 60 ~ 200 μg/m³，年均浓度限值为 30 ~ 100 μg/m³；中国一级标准除日均和年均浓度限值分别比瑞典和奥地利高外，比其他国家都严格；而二级和三级标准的浓度限值则处于中等偏严水平。

和臭氧 8 小时平均浓度限值，改 API 为 AQI。

2. 本次修订的主要原因和经过

- 第一次征求意见稿拟不将 PM 2.5 列入常规监测和发布的范围
- 大范围灰霾天气引发公众热议

2011 年 9 月至 12 月，我国中东部地区共发生十余次较大范围的雾霾天气过程。连续的灰霾天气，甚至对居民正常的生活和工作造成了影响，引发了媒体的广泛报道。

图 4 关于多地遇雾霾天的报道

资料来源：陈宁《中国多地遇雾霾天：浓雾锁城，PM 2.5 来自何方？》，《浙江日报》2011 年 12 月 23 日。

然而，环保部门发布的监测数据却常常依据 2000 年版的空气质量标准将其描述为"轻度污染"，这与公众的亲身感受出现了巨大落差。

与此同时，潘石屹等一些知名的微博博主开始转发美国使馆每天实时发布的 PM 2.5 信息，显示灰霾严重的 10 月 30 日 12 时 PM 2.5 监测值为 $387\mu g/m^3$，

空气质量为"Hazardous"（有毒害），到 10 月 31 日清晨 6 时，监测值降为
307μg/m³，但空气质量仍在"毒害"级。①童话大王郑渊洁的微博头像也常因
灰霾天而戴上口罩。

图 5　摄影师王一坤连拍北京空气照片组
（2011 年 12 月 2 日至 2011 年 12 月 5 日）

　　摄影师王一坤开始把每天在固定地点拍摄的 CBD 街景图发到网上。12 月
5 日这天，中国民航总医院呼吸内科的病患接待量比平时多了 30%。② 北京更
多的公众、环保 NGO 和媒体开始关注 PM 2.5 数值变动。一些民间环保团体和
个人甚至走上街头，主动去监测 PM 2.5 数据。③

　　中国绿坛（China Green）自 2007 年 3 月以来每天给北京天空照一张照片。
从 2010 年 7 月 12 日开始，中国绿坛每周发布对比北京、纽约每周空气质量的
页面，并在中国绿坛首页总结前一周的对比图。

---

① 王尔德：《北京——灰霾之城》，《21 世纪经济报道》2011 年 11 月 1 日。
② 陈薇、赵杰：《京城雾扰》，《中国新闻周刊》2011 年 12 月 16 日。
③ 《"PM 2.5 事件"始末》，《南方都市报》2012 年 3 月 5 日。

· 听取民意，环保部门决定将 PM2.5 纳入常规监测和发布范围

2011 年 11 月，环境保护部公布《环境空气质量标准》征求意见稿，向全社会第二次征求意见，决定将 PM2.5 纳入常规监测和发布范围。

（四） 扩展的数据公开尚待得到更有效利用

1. 有所利用

在政府发布环境空气质量的情况下，民间社会对政府的数据加以收集利用，用于研究、传播。手机应用程序可以将全国各地环保局发布的空气质量数据整合在一起，极大地方便了用户的应用。

空气质量指数的标准有所变化，《环境空气质量指数（AQI）技术规定（试行）》将现行的 API 改为 AQI。从之前的空气污染指数变成了现在的空气质量指数。在目前大多数政府部门空气质量发布还是 API 的情况下，现有的一些手机应用程序已经开始发布 AQI。

2. 尚待有效推动规避污染危害

· 至今尚未修改描述

2011 年 2 月和 11 月，环保部陆续发布《环境空气质量指数（AQI）日报技术规定》二次、三次征求意见稿，在这两个意见稿里，有空气质量对健康的提示相关表格。环保部于 2012 年 2 月发布了《环境空气质量指数（AQI）日报技术规定（试行）》，这个标准将于 2016 年 1 月 1 日开始实施。在这个标准中，空气质量对健康的影响体现在"空气质量指数及相关信息"表格中，这个表格较之现在各环保部门网站的提示表格有所进步，增加了对易感人群的健康提示、颜色提示、建议采取的措施等项。值得注意的是，在这个表格中，其重度污染和严重污染两档建议采取的措施里，增加了对儿童的提示。

据统计，目前，在网上发布空气质量日报的城市中，广州、珠海等城市在每个监测点上都有对健康的提示，并采用了《环境空气质量指数（AQI）日报技术规定（试行）》中的表格，而北京、上海、南京、汕头等城市有对健康影响的提示。多数城市仅有环境空气质量状况优良中差各个等级之分，没有对健康的提示。

- 尚未有效组织易感人群规避健康损害

空气污染对人体健康的危害可分为急性作用和慢性作用。急性作用是指人体受到污染的空气侵袭后，在短时间内即表现出不适或中毒症状的现象。慢性作用是指人体在低污染物浓度的空气长期作用下产生的慢性危害。如 PM 2.5由于粒径小、表面积大，易于富集空气中的有毒有害物质，可以随着人的呼吸进入肺泡或血液循环系统，直接导致心血管和呼吸系统疾病。

空气是每个人赖以生存的基础，如果其发生污染，每个人都无法避免，所以，易感人群对严重的空气污染物的规避显得尤为重要。张世秋、黄德生《控制细颗粒污染减缓环境健康损害》中谈到，所有人群都可受到 PM 2.5的影响，其易感性因健康状况和年龄而异。随着 PM 2.5暴露水平的增加，各种健康效应的风险也会随之增大。由于空气无处不在，对它的规避始终是暂时的，需要从根本上减少空气污染物的产生。

PM 2.5浓度的高低，与医院呼吸疾病患者人数有直接的关系。北京大学医学部公共卫生学院教授潘小川做过的一个调研结果显示，如果 PM 2.5超标，每增加 $10\mu g/m^3$，医院心血管系统的急诊及死亡率要增加 6% ~ 7%，高血压病的急诊要增加 5%。[①]

空气污染物的易感人群主要是少年儿童、老年人、病人，其中病人主要是心脏病、呼吸系统疾病患者。最好的规避方式是减少直至暂停户外活动，对于少年儿童来说，在污染严重时，不适合开展户外体育运动。在这方面，一些国际学校已经根据不同渠道发布的空气污染监测数据，在灰霾天暂停户外体育课，改为室内，做到了对空气污染物的规避。

二 2012 AQTI 评价结论和建议

（一） 主要结论

1. 空气质量信息公开水平总体有较大提升

（1）提升主要源自部分地区的大幅改进；

---

① 《PM 2.5监测争议：专家称 PM 2.5可进入肺泡危害人体》，中国经营网，2011 年 12 月 7 日。

（2）先进城市与国际水平差距缩小；

（3）多数地区依然有待提高。

2. 大气污染信息公开法规大幅完善

3. 信息公开显示部分地区大气污染严重

（二）主要建议

1. 进一步提高大气污染信息公开水平

2. 尽快落实污染天气应急计划的制订和实施

3. 各界利用公开的数据开展更多研究

Gr . 28
城市公共自行车

——政府责任，动力之源*

2012 年伦敦奥运会赛事正酣，人们已经开始讨论这座城市的"后奥运时代"。始于 19 世纪末的现代奥运会，像四年一次的盛大全球巡回演出，已经走过许多城市。奥运会从不仅仅与体育有关，人们还期望它给举办城市的建设带来深远的影响。在四年前的北京，2008 年奥运会第一次让北京市民见识了公共自行车。

那时，环保组织以为"自行车城市"的旧日风姿将重现，自行车租赁企业以为黄金时代来了。但现在看来，它们都过于乐观了。因为尽管一度舒适、快捷的机动车已经无法解救堵在路上的上班族，尽管自行车租赁商已经自主出资铺设了网点，但最关键的政府支持迟迟未到。

那一年，与北京同时感受公共自行车系统（PBS）的城市还有武汉和杭州。而今在很多研究者看来，这三个城市不同发展模式的比较有力地证明：政府支持对 PBS 建立的成败起到了关键作用。

一 公共交通的新思路：公共自行车系统

在全球范围内，交通堵塞成为很多城市成长的代价。随着中国快速的城市化，城市居民对堵车也不再陌生。2010 年北京 20 多天的京藏公路大堵车震撼全国。上下班高峰的堵车已经成为家常便饭。IBM 在 2011 年的一项调查显示，北京在全球"最差交通"的排名中名列第三。而武汉市截止到 2011 年机动车

---

* 此文章节选自《城市公共自行车调研报告》。此报告由民间环保组织自然之友与中外对话共同调研撰写完成，完整版下载地址：http：//fon. chinawill. cn/index. php/index/post/id/890。

保有量已经超过 120 万辆，机动车停车位却只有 45 万个，停车位与机动车保有量的比例是 1 : 3。在杭州，1997 ~ 2007 年的 10 年间，居民自行车出行比例从 60% 下降至 33.5%。

还有日益紧迫的能源压力。中国计划在 15 年内（2005 ~ 2020 年），将单位国内生产总值的二氧化碳排放量下降近一半，然而机动车数量却在以每年 1000 多万辆的速度增长。到 2011 年底，全国机动车保有量已达 2.25 亿辆。

建设 PBS 几乎成了继公交巴士、城市轨道交通之后，缓解交通压力、降低能源消耗的最后一招。

2006 年以来，中国很多城市进入了 PBS 的建设期，许多大、中城市开始借鉴国外经验建设或筹备建设 PBS。常州永安公共自行车系统有限公司经理孙继胜统计，目前中国已经有 61 个城市用上了公共自行车。面对这个新鲜的 PBS，不同城市选择了各自的发展道路。

二 起跑在奥运年：三座城市的对比试验

2008 年奥运会期间，北京对机动车出行做了单双号限制，同时推出 5 万辆自行车，鼓励市民和游客租用公共自行车出行和游览。同年 5 月，杭州市采用"一次规划，分步实施"的举措，一期在著名的西湖景区、城西和城北，二期在城南、城东采用公共自行车系统。同在 5 月，武汉市通过企业捐赠，在硚口区银河小区投入了 50 辆自行车，供公务员短途办公使用，从而拉开了 PBS 建设的序幕。

如果以北京奥运会为起跑线，新一届奥运会移驾伦敦之时，这三座城市 PBS 运营商的表现已明显分出差别。

三 北京自行车租赁企业的惨淡经营

北京市在 20 世纪 90 年代就出现了自行车租赁行业，但直到 2007 年借着奥运的热力才真正成长。奥运期间北京自行车租赁收费标准是 1 小时 5 元，24 小时之内 20 元。这对于习惯了 4 角钱公交车票的市民来说，"相当"不便宜。

加上网点少，自行车租赁叫好不叫座。

然而自行车租赁企业一方也很为难：利润微薄难以支撑，更别提扩大网点数量了。因此，大多数租赁企业边经营边期待政府将这些公共自行车纳入公交体系，提供补贴等支持。

时任贝科蓝图经理的白秀英介绍说，公共自行车租赁是一个微利的公益性事业，办卡平均每天才2角钱，而让公司完全通过商业手段推广租车点成本太高。为减轻成本压力，公司曾想借鉴国外做法，通过在租车点设立广告牌以及在车身喷涂广告等方式进行盈利贴补，但申请多次都未得到批准。另外，在站点上卖饮料、矿泉水等，市容、综合执法等部门也经常会管。

她说："要一个民企去协调包括工商、税务、水电、市容市政等系统几乎是不可能的。"

2009年5月，方舟公司还在憧憬"在五环以内，每200米内就有一个公共自行车点"，不到一年之后，这家北京最大的公共自行车租赁公司因经营不善而解散，亏损超过1000万元。奥运会期间，拥有近200个网点、超过8000辆自行车、为中外游人提供10多万人次服务的贝科蓝图，到2010年只保留了12个联网点，仅剩几百辆自行车用于出租，最终难逃倒闭厄运。

同济大学潘海啸教授说："公共自行车体系能否顺利建好，最关键的因素是政府是否在整体的城市规划中考虑到公共自行车系统的建设。"潘海啸致力于研究中国不同城市的公共自行车体系，他认为北京市政府对PBS一直没有明确的支持。

尽管北京市在2005年就首次提出了"宜居城市"的发展目标，同年提出了"多方式协调的综合交通体系"，特别强调步行、自行车、地面公交和地铁在市内交通体系内的协调，但直到2010年3月出台的《绿色北京行动计划（2010－2012年）》，才具体地提到应该发展自行车租赁业。此时，多家自行车租赁企业已无力回天。很长时间里，人们能看到一些存车处或过街天桥底下，横七竖八地倒着一排排供租赁的自行车，它们都已生锈蒙尘，车座开裂或被偷走，车身上印着那些已自顾不暇的租赁企业的名字。

民间环保组织自然之友2010年发布的《宜居北京骑步走》报告认为，北京自行车租赁服务完全由企业主导，缺乏政府规制和相应的政策扶持，单个企业资金和人力资源有限，网点建设过程缓慢。北京市政府每年投资几十亿元用于公共交通建设，而自行车租赁作为公益事业，在 2010 年以前却未被纳入政府政策的考虑范畴，更不用说设立专门监管自行车租赁业务的政府监管部门了。由于商务局、公安局、交通委、工商局在自行车租赁上各管一段，自行车租赁项目的申请往往需要历经重重关卡，此外水暖电供应等问题也常常让租赁公司大费周折。

《绿色北京行动计划（2010 – 2012 年）》提出到 2012 年形成约 500 个租赁点，2 万辆以上租赁规模。就在这个计划快到期的时候，2012 年 6 月，北京终于推出了公共自行车系统，一共 2000 辆自行车，分散于 63 个网点。新的租车收费标准是：1 小时内免费骑行，之后每小时收费 1 元，每日累计收费不超过 10 元，连续租用不超过 3 日。

四　市长的决心

2012 年 5 月的一天，株洲的湘江边上出现了一支公共自行车骑行队伍。这次为株洲市公共自行车搞宣传的，是来自国内外的 50 多名市长和市长代表。值此中博会（全称"中国中部投资贸易博览会"）可持续发展市长论坛之际，株洲市市长王群代表出席的市长们宣读了"低碳交通、绿色出行"的宣言。

能源基金会交通项目专员王志高说："在很多城市，由于市长带头，有了自上而下的要求，公共自行车才能顺利做起来。这些城市希望把 PBS 办成一个'明星工程'。"为了最终建立起系统，公共自行车租赁企业需要跑多个部门，受制于繁冗的行政手续。但领导的决心能让事情的优先级大大提升，尤其碰上需要多部门协调的项目更是如此。

2008 年 9 月 4 日，时任武汉市市长的阮成发，在一次市里组织的会议上提出，各个城区可以试点投放免费单车，破解"最后 1 公里交通"的提议，并"招标"公共自行车运行公司。由此开启了武汉的 PBS 建设。2008 年杭州 PBS 建立不久，杭州市委书记王国平和副市长许迈永都亲自骑上了公共自行车。

不过，建设和运营 PBS，武汉和杭州的政府走了不同的路线。

武汉市政府对其"政府主导，企业经营"的 PBS 模式引以为傲，并称之为"武汉模式"。目前武汉市的 6 个中心城区都由本地企业鑫飞达公司经营，唯一例外的青山区由上海龙骑天际公司经营。截止到 2012 年 4 月，在不到四年的时间里，武汉鑫飞达的公共自行车已经从最初的 12 个试点站点、1000 辆，发展到了 1318 个站点、近 9 万辆。

武汉公共自行车的特点是政府不直接投入，而是授予企业广告经营权及其他项目开发权，企业通过自主经营获得资金，用于公共自行车建设和管理。如此，政府用公共资源置换了企业投资和提供的公共服务。这和政府亲自投资、运营、管理 PBS 或者政府直接出资购买企业服务的两种方式形成了对比。

武汉市通过广告牌换企业服务，并不意味着政府可以既不出钱又不出力。以鑫飞达为例，PBS 建设初期投资达到 2 亿元人民币，其中大量外部投资得益于政府出面。如得到浦发银行无抵押贷款 5000 万元用于发展武汉公共自行车业务，相应的利息由政府承担。从 2010 年开始，政府对每新建站点补贴 10 万元、每辆新自行车补贴 100 元。目前鑫飞达每年约 6000 万元的运营费用中，除了政府出让的广告牌盈利，还有来自政府的 1200 万元补贴。政府还聘用了下岗工人管理站亭，并对符合条件的"公益岗位"下岗工人每月补贴 1000元。政府与企业的合作正在深化。

尽管武汉市政府在 PBS 建设上起了很大作用，但可能做的工作还不够。鑫飞达目前刚勉强达到收支平衡，而盈利仍只能寄望于未来。潘海啸认为，在"武汉模式"中企业的负担还是太重，他感觉武汉公共自行车是三个城市中最破的。孙继胜也不看好武汉的方式，他说："PBS 的建立一般需要 6 个月到 1年的时间，是一个非常复杂的系统，前期投入也很大，普通企业很难承受。政府必须拿出实质性的资金和政策支持才能办好。"

相比较而言，杭州的模式是彻底的政府"包办"：为 PBS 专门成立的国有企业杭州公共自行车交通服务发展有限公司（公交集团子公司）负责公共自行车系统的建设和管理。政府在资金、用地、自行车路权等方面提供了支持。

杭州拥有中国最密集的公共自行车网络，平均每 100 米就有一个公共自行车租车点，一辆车平均每天能被租用 5 次以上。现在杭州公共自行车已经成为市民出行的重要工具。

"这是因为杭州从一开始,就明确地将公共自行车系统看作城市公共交通系统的一部分,并按公共服务定位进行规划布局。"潘海啸曾撰文指出。潘海啸说,杭州作为一个旅游城市,很重视为游客提供便利,因此在 PBS 建设上花了很大力气。

五　寻找杠杆的支点

北京、武汉和杭州三座城市恰好展示了政府支持逐次递增的对照试验。如果通观全国,可能在武汉和杭州中间还有一个群体的城市,它们以苏州、常熟、南通、徐州、张家港等城市为代表,这些地方政府选择了直接出资购买服务的模式。

无论是何种发展模式,研究者普遍认为政府的支持是成败的关键。孙继胜认为 PBS 应该被看作公共交通的一部分,和公交、巴士、地铁等一样得到政府补贴,而政府购买服务更能避免国有企业的低效率和公共资源浪费等问题。能源基金会交通项目专员王志高说:"PBS 是一个公益性的工程,政府应当承担其中大部分的责任。"王志高进一步认为,PBS 还应该引入公众参与,使公众在布置网点、报告损坏等方面提议和出力,形成一项真正的公益事业,也避免政府包办可能产生的低效。

浙江大学经济学院陈姝将政府在 PBS 推行中的作用比作"杠杆",她认为政府应当根据具体情况选择适当的发展模式,但它们自始至终都要把自己当作杠杆的用力点并寻找高效率的支点。

大 事 记

Chronicle

G.29

2012 年中国环境保护大事记

环保法修正

《环境保护法修正案（草案）》起草工作已经完成。草案已报送全国人大常委会，环资委建议列入常委会会议议程。

空气质量

北京市环境保护监测中心公布了本市27个子站的单站指数，并发布北京市分区分昼夜空气质量预报。官方微博同时公布各站的单项指数供公众参考。

公益诉讼

中华环保联合会认为贵州省修文县环保局不履行政府信息公开法定职责，将其诉至法院。法院最终支持了原告的诉讼请求。

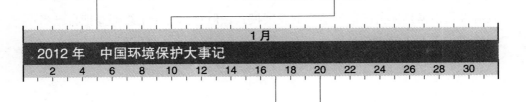

1 月

2012 年　中国环境保护大事记

2　4　6　8　10　12　14　16　18　20　22　24　26　28　30

污染源监管信息公开指数

"113 个城市污染源监管信息公开状况"连续第三年的评价结果报告发布。城市污染源信息公开水平总体继续提升，环境信息公开制度已初步确立，但依然处于初级阶段。

排污收费

2011 年全国排污收费额突破 200 亿元，全国(除西藏外)共向近 44 万家排污单位征收排污费 202 亿元，同 2010 年相比，金额增加 24.3 亿元，增幅为 13.6%。

环保组织倡议

近日，在微博上，环保网友们掀起了一股"绿色过年"之风。环保组织及关注环保的知名人士都在微博上倡议，今年春节不放或少放烟花爆竹，过一个绿色的春节。

重点环保监控名单

国家环保部公布了 2012 年国家重点监控企业和城镇污水处理厂名单。

确定依据是各地区主要污染物排放量占全国工业排放总量 65% 的国家重点监控企业和城镇污水处理厂。

空气污染

环境保护部日前发布 2011 年《中国机动车污染防治年报》，公布"十一五"期间全国机动车污染排放情况。结果显示，我国已连续两年成为世界汽车产销第一大国，尾气排放成为空气污染的重要来源。

汞污染整治

中国有色金属工业协会和相关管理部门将会在今年对原汞生产企业进行一轮全面调研行动，主要是为了掌握目前汞生产企业数量和规模，并在此基础上，测算出更为准确的原汞生产量。

2 月

2012 年　中国环境保护大事记

2　4　6　8　10　12　14　16　18　20　22　24　26　28

零碳信用系统

国内第一套碳交易平台——"零碳信用系统"将于 3 月下旬正式上线运营，届时人人都能够利用碳信用进行在线支付和交易。

动物保护

大自然保护协会(TNC)中国部首席科学家、中国灵长类专家组组长龙勇诚在接受记者采访时证实，云南怒江发现的一种全身黑毛的灵长类动物，确系 2010 年首次在缅甸发现的世界上第五种金丝猴 Rhinopithecus Strykeri，并建议将其中文名定为"怒江金丝猴"。

废旧物品回收

国务院机关事务管理局举办的中央国家机关废旧物品回收体系建设启动仪式在京举行。会议号召中央国家机关在 2012 年实现各部门办公区废旧物品回收利用率达到 80% 的目标。

空气污染

北京市环保局公布了京 V 轻型汽车排放标准的征求意见稿。京 V 排放标准中氮氧化物的排放限值严格了 25%，同时还首次单独规定了颗粒物(PM)的排放限值。

污水垃圾处理

2012 年国家将在预算内投资 145 亿元，支持城镇污水垃圾处理设施及污水管网工程建设。同比 2011 年的 43.9 亿元，增长幅度达 230%。

饮用水污染

2012 年以来，不到 3 个月的时间，全国各地发生了 10 余起水污染事件，饮用水安全问题引起关注。全国人大常委会将针对饮用水安全等问题开展专题询问。

3 月

2012 年　中国环境保护大事记

2　4　6　8　10　12　14　16　18　20　22　24　26　28　30

信息公开

民间环保组织达尔问自然求知社向环保部提出的"2010 年完成的 8 个重点省份非电力行业含多氯联苯电力设备及其废弃物清单调查结果"的信息公开申请，环保部近日予以回复，以"过程性信息"为理由拒绝公开。

电子废弃物

目前全球每年废弃的手机约有 4 亿部，其中中国有近 1 亿部。联合国环境规划署近期发布的《化电子垃圾为资源》报告预测，到 2020 年，中国废弃手机数量将比 2007 年增长 7 倍。

空气污染

今年京津冀、长三角、珠三角等重点区域及直辖市和省会城市，共涉及 86 个城市 542 个监测点位，要开展包括 PM2.5、臭氧、一氧化碳三项空气质量新标准新增指标的监测。

食品安全

国际环保组织绿色和平 11 日发布一份调查报告称，对国内 9 个品牌 18 种茶叶进行了抽样检测，发现每种茶叶均含有残留农药 3 种以上。

2012 年 中国环境保护大事记

4 月

2　4　6　8　10　12　14　16　18　20　22　24　26　28　30

企业环境表现

一家为苹果生产印制电路板的制造商将在未来几周内接受审查，苹果和位于中国的公众与环境研究中心(IPE)将联合监督审查过程。

地下水污染

国土资源部近日发布报告称，目前全国 657 个城市中，有 400 多个以地下水为饮用水源，这些水源正在受到有毒物污染。地下水污染治理有望成为环保产业领域一支新兴力量。

食品安全

卫生部近日公布对燕窝中亚硝酸盐含量的标准，规定亚硝酸盐应当小于等于 30mg/kg。但业内人士认为，亚硝酸盐只是其中一部分问题，造假、以次充好和增重的现象依然困阻行业发展。

废电池回收

国内 8 家民间环保组织向环境保护部、国家发展与改革委员会、住房和城乡建设部发出公开建议信，呼吁尽快"建立健全废电池回收处理体系"。

节能家电

国务院常务会议研究决定安排财政补贴共 363 亿元，支持符合节能标准的家电、节能灯、汽车等产品消费。

空气污染

当前，4/5 的城市不能达到新的环境空气质量标准；去年，仅北京、上海两市完成氮氧化物年度减排计划。"十二五"重点区域大气污染联防联控重点项目建设投资将达到 3450 亿元之巨。

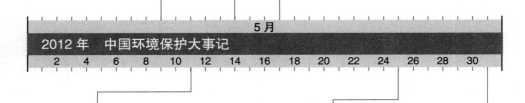

5 月

2012 年 中国环境保护大事记

2　4　6　8　10　12　14　16　18　20　22　24　26　28　30

地下水水质

全国 200 个城市开展了地下水水质监测。在 4727 个水质监测点上，水质呈优良—良好—较好级的占 45.0%，水质呈较差—极差级的占 55.0%。

空气质量

环保部日前公布了《空气质量新标准第一阶段监测实施方案》，要求全国 74 个城市在 10 月底前完成 PM 2.5 "国控点"监测的试运行，12 月底前公布监测结果。

电子废弃物

7 月 1 日起我国将开征废弃电器电子产品处理基金，这是国家为促进废弃电器电子产品回收处理而设立的政府性基金。缴纳该基金的对象为电器电子产品生产者、进口电器电子产品的收货人或者其代理人。

地表水污染

2011 年的监测结果表明,全国地表水水质总体为轻度污染,湖泊(水库)富营养化问题突出。十大水系 469 个国控断面中,Ⅰ~Ⅲ类、Ⅳ~Ⅴ类和劣Ⅴ类水质的断面比例分别为 61.0%、25.3% 和 13.7%。

土壤重金属污染

目前我国有 2000 万公顷耕地受到重金属污染,约占耕地总面积的 1/5。其中,受矿区污染耕地 200 万公顷,石油污染耕地约 500 万公顷,固体废弃物堆放污染约 5 万公顷,"工业三废"污染近 1000 万公顷,污灌农田达 330 多万公顷。

水污染

从北京市环保局发布的《2011 年北京市环境状况公报》数据显示,2011 年北京市"地表水环境质量略有改善",但仍需"深化水污染治理和污水再生利用"。

限塑令

实施旨在治理"白色污染"的"限塑令"四年来,全国主要商品零售场所塑料购物袋年使用量减少 ２４０ 亿个以上。四年累计节约的石油约占大庆油田年产量的 1/8。

6 月

2012 年　中国环境保护大事记

2　4　6　8　10　12　14　16　18　20　22　24　26　28　30

渤海溢油事故损害索赔

国家海洋局公布《蓬莱 19-3 油田溢油事故联合调查组关于事故调查处理报告》,披露了溢油事故损害索赔情况。根据报告,康菲公司和中海油总计支付 16.83 亿元人民币。

近岸污染

国家海洋局发布《2011 年中国海洋环境状况公报》显示,去年我国海洋环境状况总体维持在较好水平,但近岸海域环境问题仍然突出。同时,赤潮灾害多发,土壤盐渍化、海岸侵蚀等灾害严重,海洋溢油等突发性事件环境风险加剧。

中国民间行动

联合国历史上规模最大的峰会"2012 年联合国可持续发展大会"在巴西里约热内卢召开。峰会开始前从 13 日起就举行的以来自全世界的民间 NGO 为主角的多场边会,而中国 NGO 也头一回参与其间。

新饮用水标准

7月1日，新的饮用水标准即将实施，检测指标从35项增加到106项，而全国超过3000家自来水公司中，仅有少部分的出厂水质达标——饮用水是否安全干净，和每一个人的生活密切相关。随着民众生活水平的提高，对饮用水水质和供水服务的要求也日益提高。

绿色 GDP

湖南省统计局公开表示，2013年，湖南将在长株潭三市（长沙、株洲、湘潭以及下辖县市区）全面试行绿色 GDP 评价体系，把评价指标纳入该省绩效考核，实施考评。

节能与新能源

《节能与新能源汽车产业发展规划（2012~2020年)》提出，到2015年，纯电动汽车和插电式混合动力汽车累计产销量力争达到50万辆；到2020年，纯电动汽车和插电式混合动力汽车生产能力达200万辆。

7 月

2012 年 中国环境保护大事记

2　4　6　8　10　12　14　16　18　20　22　24　26　28　30

新能源发电

国际能源署5日预测，虽然许多国家遭遇经济动荡，但未来五年内，全球新能源发电量仍将增长40%以上，达到6400太瓦时。

节能减排

在我国高耗能行业投资增速持续偏快的形势下，工信部与国家发改委酝酿出台关于惩罚性电价的实施意见，以解决当前部分能耗大省的惩罚性电价节能效果日益减弱等问题。

地表水污染

北运河水系是北京市流域面积最大、支流最多的水系，从2011年6月起，民间环保组织"绿家园"志愿者对北运河水系进行了为期1年的水质监测。在他们监测的11条河流17个断面中，有3个断面水质为V类，其余均为劣V类。

公益诉讼

《环境保护法修正案（草案）》27 日首次提交全国人大常委会审议。本次大修未将环保公益诉讼、排污许可、环境污染责任保险等写入草案,一方面源于现行《环境保护法》和相关单项法律均未涉及；另一方面，有关部门没有形成一致意见。

节能减排

国务院日前印发《节能减排"十二五"规划》，要求各地认真贯彻执行，确保"十二五"期间实现节约能源 6.7 亿吨标准煤等节能减排目标。该《规划》要求到 2015 年，全国万元国内生产总值能耗下降到 0.869 吨标准煤（按 2005 年价格计算）。

公益诉讼

民间环保组织自然之友、重庆市绿色志愿者联合会于本月 16 日分别向第十一届全国人民代表大会常务委员会致公开信，对《民事诉讼法修正案（草案）》坚持不让合法民间组织提起公益诉讼深感困惑，并呼吁全国人大常委会重新设计公益诉讼条款。

8 月

2012 年　中国环境保护大事记

2　　4　　6　　8　　10　　12　　14　　16　　18　　20　　22　　24　　26　　28　　30

垃圾减量

由中华环保基金会主导推行的餐饮社区垃圾减量的方法在北京开始试点，力争从源头减少垃圾的产生。

空气质量

环保部发布《2012 年上半年环境保护重点城市环境空气质量状况》。今年上半年，乌鲁木齐、兰州、北京、天津等 33 个城市的空气质量超标，其中，北京今年上半年 PM10 的浓度值为 0.124 毫克/立方米，位列全国倒数第三。

地表水污染

《2012 年上半年重点流域水环境质量状况》称，上半年，全国地表水环境质量总体为轻度污染。

环境污染

最新研究发现，一些新型溴代阻燃剂、全氟烷基化合物等有毒有害物质首次在北极高纬度海区出现。

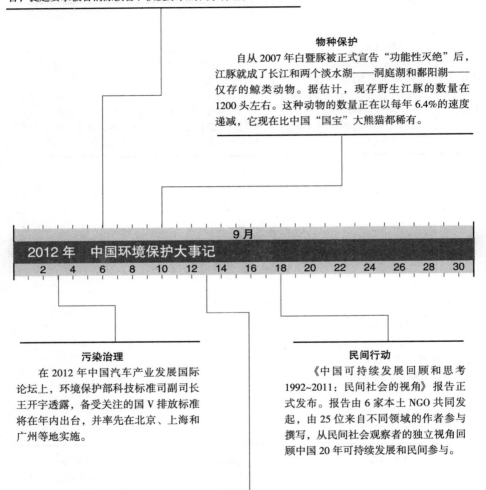

环境公益诉讼

常州首例环境公益诉讼案日前在溧阳法院水资源保护巡回法庭开庭。原告是民间公益组织常州市环境公益协会。溧阳检察院作为支持起诉机关出席庭审，依法支持民间组织作为原告，提起要求被告消除损害、恢复原状的民事诉讼。

物种保护

自从 2007 年白暨豚被正式宣告"功能性灭绝"后，江豚就成了长江和两个淡水湖——洞庭湖和鄱阳湖——仅存的鲸类动物。据估计，现存野生江豚的数量在 1200 头左右。这种动物的数量正在以每年 6.4%的速度递减，它现在比中国"国宝"大熊猫都稀有。

9 月

2012 年　中国环境保护大事记

2　4　6　8　10　12　14　16　18　20　22　24　26　28　30

污染治理

在 2012 年中国汽车产业发展国际论坛上，环境保护部科技标准司副司长王开宇透露，备受关注的国 V 排放标准将在年内出台，并率先在北京、上海和广州等地实施。

民间行动

《中国可持续发展回顾和思考 1992~2011：民间社会的视角》报告正式发布。报告由 6 家本土 NGO 共同发起，由 25 位来自不同领域的作者参与撰写，从民间社会观察者的独立视角回顾中国 20 年可持续发展和民间参与。

节能减排

"十二五"期间，节能环保重点项目的投入将达 3.6 万亿元。这一数字高于《"十二五"节能环保产业发展规划》的 2 万多亿元的投资规模，也高于"十二五"节能减排重点工程的 2.3 万多亿元的投资规模。

空气质量

截至10月12日，全国已有195个站点完成PM 2.5仪器安装调试并试运行，有 138 个站点开始正式 PM 2.5监测并发布数据。今年年底前，京津冀、长三角、珠三角等重点区域以及直辖市、计划单列市和省会城市要按新标准开展监测并发布数据。

空气质量

到"十二五"末期，我国将建成由"城市站""背景站""区域站"和"重点区域预警平台"组成的装备精良、覆盖面广、项目齐全、具备国际水平的国家环境空气质量监测网。

水质安全

"十二五"期间，我国将加大南水北调中线水源区丹江口库区及上游水污染防治和水土保持工作力度，支持实施污水处理设施建设、垃圾处理设施建设等十大类项目，总投资约 120 亿元，以确保南水北调中线调水水质安全。

10 月

2012 年　中国环境保护大事记

2　4　6　8　10　12　14　16　18　20　22　24　26　28　30

企业环境表现

五家环保组织 10 月 8 日在京召开新闻发布会，公开了 49 家纺织企业及其原料供应商在中国的环境表现。其中有 47 家在华供应商被环保组织查出存在不同程度的环境违法问题。

环境诉讼

中国首例垃圾焚烧致病案当事人谢勇诉环保部信息公开行政争议案，近日被一审判决认定环保部未违法。谢勇的起诉被法院驳回。

环保法修正

环保部公开向全国人大常委会法制工作委员会提交的关于《环境保护法修正案(草案)》的主要意见，环保部建议全国人大常委会法工委补充 10 项环境管理制度和措施，完善 14 项环境管理制度和措施及相关规定。

保护候鸟

位于湖南的千年鸟道正在遭受来自人类的劫难，为了利润，当地人正在屠杀过往的候鸟赚钱。由于捕鸟者众，在"鸟多的时候，打下来的鸟像下雪一样"。在当地有的村落，一年捕获的南迁候鸟就高达 150 吨以上。

企业环境表现

一个国际非政府组织最新发布测试报告称，一些世界知名的户外运动品牌服装采用的材料存在对健康和环境有害的化学毒性。上榜的包括知名品牌阿迪达斯、The North Face、Jack Wolfskin（狼爪）等 14 个品牌。

危险废物处置

近日，环境保护部、发展改革委、工业和信息化部以及卫生部联合发布了《"十二五"危险废物污染防治规划》。"十二五"期间，环境保护部将会同有关部门不断健全法规标准，狠抓执法监管，严格责任追究，强化目标责任考核，全面提高我国危险废物污染防治水平。

环保法修订

在《环境保护法修正案（草案）》一审稿向社会公布 2 个多月后，该法案的主要执法部门国家环保部表达了多达 34 条反对意见，并将这些反对意见在其官方网站上向社会公开。

2012 年　中国环境保护大事记

11月

2　4　6　8　10　12　14　16　18　20　22　24　26　28　30

汞污染

2008 年，我国启动"绿色照明"工程，首批财政补贴推广上市的上亿只节能灯正进入集中报废期。鲜为人知的是，一只普通节能灯的含汞量可以污染上百吨水，每年报废的上亿只节能灯将给环境带来严重影响，而目前报废节能灯的回收量却基本为零。

保护候鸟

在持续一个月的"2012 候鸟保护专项行动"中，广东省共出动林业执法人员和森林公安民警近3000 人次，集中清查非法收购、出售野生鸟类和重点保护野生动物的市场、窝点和酒楼，重点打击非法猎捕、收购、运输、出售野生鸟类和国家、省重点保护野生动物的违法犯罪行为。

气候变化

中国气候传播项目中心在北京发布《中国公众气候变化与气候传播认知状况调研报告》，结果显示，中国公众对气候变化问题的认知度高达 93.4%，77.7%的中国公众对气候变化的未来影响表示担忧。

大气污染防治

中国环境保护部正式发布《重点区域大气污染防治"十二五"规划》。这是中国第一部综合性大气污染防治规划，首次提出以质量改善为目标导向，并将民众最关心的细颗粒物(PM2.5)纳入指标体系。

联合国气候变化大会

全球瞩目的 COP18 联合国气候变化大会落下帷幕。此次大会决定要从 2013 年 1 月 1 日起，实施《京都议定书》(KP)第二承诺期，决定启动一个新的进程，即"德班增强行动平台"。

空气污染

由绿色和平和北京大学公共卫生学院合作研究编著的《危险的呼吸——PM 2.5 的健康危害和经济损失评估研究》报告指出，在现有的空气质量下，2012 年北京、上海、广州、西安四城市或因 PM 2.5 污染造成的早死人数将有 8500 余人，因早死而致的经济损失达 68 亿元人民币。

12 月

2012 年　中国环境保护大事记

2　4　6　8　10　12　14　16　18　20　22　24　26　28　30

生态保护

30 多家环保组织就当前生态保护面临的危急形势发出倡议书，号召公众参与到关注、监督、守护以及支持自然保护的行动中来，捍卫美丽中国的生态红线。

食品安全

11 月 23 日，媒体曝光肯德基与麦当劳的大供货商山西粟海集团养殖的鸡用饲料和药物喂养内幕。随后，央视继续揭露山东六和集团养殖白羽鸡滥用抗生素黑幕，"速成鸡"事件备受社会关注。现在已关闭有关养鸡和加工企业，事件正在查处之中，将及时公布调查结果。

环境影响评价

因"自然保护区内环境影响论证不充分、措施不到位，线路与其他铁路包夹居住用地、噪声影响突出，公众参与代表性不足"，环保部 18 日公布，拟暂缓审批新建铁路成都至兰州线成都至川主寺(黄胜关)段工程设计变更的建设项目环境影响报告书，并对这一审批意见进行公示。

附　　录

·年度指标及年度排名·

G.30

2012 年环境绿皮书年度指标

——中国环境的变化趋势

第一主题　大气

1. 主要污染物削减情况

2011 年，化学需氧量排放总量为 2499.9 万吨，比上年下降 2.04%；氨氮排放总量为 260.4 万吨，比上年下降 1.52%；二氧化硫排放总量为 2217.9 万吨，比上年下降 2.21%；氮氧化物排放总量为 2404.3 万吨，比上年上升 5.73%。其中，农业源化学需氧量排放量为 1185.6 万吨，比上年下降 1.52%；氨氮排放量为 82.6 万吨，比上年下降 0.41%。

2. 废气中主要污染物排放量

2011 年，全国二氧化硫排放总量为 2217.9 万吨，比上年下降 2.21%；氮氧化物排放总量为 2404.3 万吨，比上年上升 5.73%。

表1　2011 年全国废气中主要污染物排放量

单位：万吨

SO$_2$				氮氧化物				
排放总量	工业源	生活源	集中式治污设施	排放总量	工业源	生活源	机动车	集中式治污设施
2217.9	2016.5	201.1	0.3	2404.3	1729.5	37.0	637.5	0.3

注：自本年度公报开始，主要污染物排放总量统计范围包括工业源、生活源、农业源和集中式污染治理设施，2010 年及以前公报中发布的主要污染物排放总量统计范围为工业源和生活源，本公报中涉及的 2010 年数据已做了相应调整。

第二主题　水

1. 水系

长江、黄河、珠江、松花江、淮河、海河、辽河、浙闽片河流、西南诸河和内陆诸河十大水系监测的 469 个国控断面中，Ⅰ～Ⅲ类、Ⅳ～Ⅴ类和劣Ⅴ类水质断面比例分别为 61.0%、25.3% 和 13.7%。主要污染指标为化学需氧量、五日生化需氧量和总磷。

表2　2010 年全国七大水系水质类别比较

单位：%

	长江	黄河	珠江	松花江	淮河	海河	辽河	总体
Ⅰ、Ⅱ、Ⅲ类	80.9	69.8	84.8	45.2	41.9	31.7	40.5	56.4
Ⅳ、Ⅴ类	13.8	11.6	12.2	40.5	43.0	30.2	48.7	28.6
劣Ⅴ类	5.3	18.6	3.0	14.3	15.1	38.1	10.8	15.0

2. 湖泊（水库）

国控重点湖泊（水库）　2011 年，监测的 26 个国控重点湖泊（水库）中，Ⅰ～Ⅲ类、Ⅳ～Ⅴ类和劣Ⅴ类水质的湖泊（水库）比例分别为 42.3%、50.0% 和 7.7%。主要污染指标为总磷和化学需氧量（总氮不参与水质评价）。

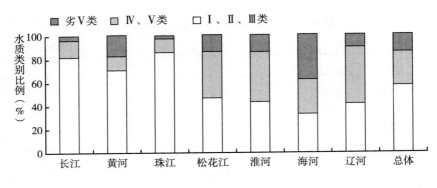

图1 七大水系水质

表3 2011年重点湖泊（水库）水质状况

湖泊(水库)类型	I类	II类	III类	IV类	V类	劣V类	主要污染指标
三湖*	0	0	0	1	1	1	总磷、化学 需氧量
大型淡水湖	0	0	1	4	3	1	
城市内湖	0	0	2	3	0	0	
大型水库	1	4	3	1	0	0	

* 三湖是指太湖、滇池和巢湖。

中营养状态、轻度富营养状态和中度富营养状态的湖泊（水库）比例分别为46.2%、46.1%和7.7%。与上年相比，滇池由重度富营养状态好转为中度富营养状态；白洋淀由中度富营养状态好转为轻度富营养状态，鄱阳湖、洞庭湖和大明湖由轻度富营养状态好转为中营养状态；于桥水库、大伙房水库和松花湖由中营养状态变为轻度富营养状态；其他湖泊（水库）营养状态均无明显变化。

其他大型淡水湖泊 除"三湖"外监测的其他9个大型淡水湖泊中，达赉湖为劣V类水质，洪泽湖、南四湖和白洋淀为V类水质，博斯腾湖、洞庭湖、镜泊湖和鄱阳湖为IV类水质，洱海为III类水质。主要污染指标为化学需氧量、总磷和氨氮。与上年相比，白洋淀水质由劣V类变为V类，鄱阳湖水质由V类变为IV类，水质有所好转；镜泊湖水质由III类变为IV类，水质有所下降；其他大型淡水湖泊水质无明显变化。

表 4　2004～2011 年国控重点湖库水质情况

单位：%

年份	Ⅰ、Ⅱ、Ⅲ类	Ⅳ、Ⅴ类	劣Ⅴ类
2004	26.0	37.0	37.0
2005	28.0	29.0	43.0
2006	29.0	23.0	48.0
2007	49.9	26.5	23.6
2008	21.4	39.3	39.3
2009	23.1	42.3	34.6
2010	23.0	38.5	38.5
2011	42.3	50.0	7.7

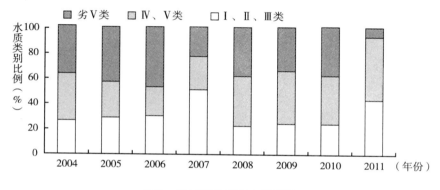

图 2　国控重点湖库水质情况

城市内湖　监测的 5 个城市内湖中，东湖（武汉）、玄武湖（南京）和昆明湖（北京）为Ⅳ类水质，西湖（杭州）和大明湖（济南）为Ⅲ类水质。主要污染指标为总磷和五日生化需氧量。与上年相比，昆明湖水质由Ⅲ类变为Ⅳ类，水质有所下降；其他 4 个城市内湖水质均无明显变化。

玄武湖、东湖和西湖为轻度富营养状态，大明湖和昆明湖为中营养状态。

大型水库　监测的 9 座大型水库中，千岛湖（浙江）为Ⅰ类水质，丹江口水库（湖北、河南）、密云水库（北京）、门楼水库（山东）和大伙房水库（辽宁）为Ⅱ类水质，于桥水库（天津）、崂山水库（山东）和董铺水库（安徽）为Ⅲ类水质，松花湖（吉林）为Ⅳ类水质。与上年相比，

333

大伙房水库水质由Ⅲ类变为Ⅱ类，水质有所好转；其他水库水质均无明显变化。

于桥水库、大伙房水库、崂山水库和松花湖为轻度富营养状态，董铺水库、门楼水库、密云水库、千岛湖和丹江口水库为中营养状态。

3. 重点水利工程

三峡库区　监测的 4 个国控断面均为Ⅲ类水质。

南水北调东线工程沿线　总体为轻度污染。主要污染指标为化学需氧量、总磷和石油类。10 个国控断面中，Ⅲ类、Ⅳ~Ⅴ类和劣Ⅴ类水质断面比例分别为 60.0%、30.0% 和 10.0%。与上年相比，里运河槐泗河口断面和城郭河群乐桥断面水质由Ⅳ类变为Ⅲ类，水质有所好转。

4. 全国环保重点城市主要集中式饮用水源地

2011 年，全国 113 个环保重点城市共监测 389 个集中式饮用水源地，其中地表水源地 238 个、地下水源地 151 个。环保重点城市年取水总量为 227.3 亿吨，服务人口 1.63 亿人。达标水量为 206.0 亿吨，占 90.6%；不达标水量为 21.3 亿吨，占 9.4%。

5. 地下水

2011 年，全国共 200 个城市开展了地下水水质监测，共计 4727 个监测点。优良—良好—较好水质的监测点比例为 45.0%，较差—极差水质的监测点比例为 55.0%。

其中，4282 个监测点有连续监测数据。与上年相比，17.4% 的监测点水质好转，67.4% 的监测点水质保持稳定，15.2% 的监测点水质变差。

176 个城市有连续监测数据。与上年相比，65.9% 的城市地下水水质保持稳定；水质好转和变差的城市比例相当，水质好转的城市主要分布在四川、贵州、西藏、内蒙古和广东等省（自治区），水质变差的城市主要分布在甘肃、青海、浙江、福建、江西、湖北、湖南和云南等省。

6. 废水和主要污染物排放量

2011 年，全国废水排放总量为 652.1 亿吨，化学需氧量排放总量为 2499.9 万吨，比上年下降 2.04%；氨氮排放总量为 260.4 万吨，比上年下降 1.52%。

表5 2011 年全国废水中主要污染物排放量

单位：万吨

COD					氨氮				
排放总量	工业源	生活源	农业源	集中式治污设施	排放总量	工业源	生活源	农业源	集中式治污设施
2499.9	355.5	938.2	1186.1	20.1	260.4	28.2	147.6	82.6	2.0

7. 海水水质

（1）全海海域

全海海域海水中无机氮、活性磷酸盐、化学需氧量和石油类等指标的综合评价结果显示，2011 年，中国管辖海域海水水质状况总体较好，符合第一类海水水质标准的海域面积约占中国管辖海域面积的 95％。

（2）近岸海域

2011 年，全国近岸海域水质总体一般。

近岸海域监测点位代表面积共 281012 平方公里。其中，Ⅰ类、Ⅱ类、Ⅲ类、Ⅳ类和Ⅳ类海水面积分别为 64809 平方公里、120739 平方公里、39127 平方公里、18008 平方公里和 38329 平方公里。

按监测点位计算，Ⅰ、Ⅱ类海水点位比例为 62.8％，比上年提高 0.3 个百分点；Ⅲ、Ⅳ类海水点位比例为 20.3％，比上年提高 1.6 个百分点；劣Ⅳ类海水点位比例为 16.9％，比上年降低 1.9 个百分点。主要污染指标为无机氮和活性磷酸盐。

四大海区中，黄海近岸海域水质良好，南海近岸海域水质一般，渤海和东海近岸海域水质差。

表6 2011 年近岸海域水质

单位：%

	渤海	黄海	东海	南海
Ⅰ类	16.3	33.3	7.4	41.7
Ⅱ类	40.8	50.0	29.5	36.9
Ⅲ类	18.4	14.8	8.4	10.7
Ⅳ类	14.3	1.9	14.7	2.9
劣Ⅳ类	10.2	0.0	40.0	7.8

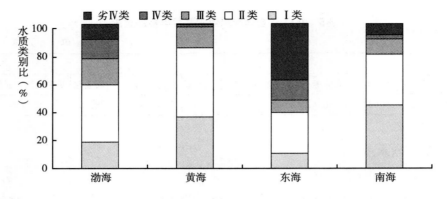

图3 近岸海域水质

沿海9个重要海湾中,黄河口和北部湾水质良好,Ⅰ、Ⅱ类海水点位比例均超过80%;胶州湾和辽东湾水质差,胶州湾Ⅲ、Ⅳ类海水点位比例为50.0%,无劣Ⅳ类海水,辽东湾劣Ⅳ类海水点位比例为33.3%;渤海湾、长江口、杭州湾、闽江口和珠江口水质极差,劣Ⅳ类海水点位比例均超过40%。

(3) 海洋沉积物

2011年,在中国管辖海域514个站位开展了海洋沉积物环境监测,监测指标包括石油类、重金属、砷、硫化物和有机碳等。监测结果显示,近岸海域沉积物综合质量总体良好,铜和铬含量符合第一类海洋沉积物质量标准的站位比例为83%,其余指标符合第一类海洋沉积物质量标准的站位比例均在94%以上。近岸以外海域沉积物质量状况良好,仅个别站位铅和铜含量超过第一类海洋沉积物质量标准。

(4) 陆源污染物入海状况

入海河流 2011年,监测的194个入海河流断面中,Ⅰ~Ⅲ类、Ⅳ~Ⅴ类和劣Ⅴ类水质断面比例分别为44.9%、27.8%和27.3%。

194个入海河流断面主要污染物排海总量约为:高锰酸盐376万吨、氨氮64.0万吨、石油类4.55万吨、总磷23.09万吨。

直排海污染源 2011年,监测的432个日排污水量大于100吨的直排海工业污染源、生活污染源和综合排污口的污水排放总量为47.4亿吨,各项污染物排放总量约为：化学需氧量 21.0 万吨、石油类 907 吨、氨氮 2.02 万吨、总磷 3047 吨。

表7　2011 年入海河流监测断面水质类别

单位：个

海 区	断面数					
	Ⅰ类	Ⅱ类	Ⅲ类	Ⅳ类	Ⅴ类	劣Ⅴ类
渤 海	0	2	9	6	5	24
黄 海	1	1	22	14	4	15
东 海	0	3	8	5	4	5
南 海	0	17	24	14	2	9

表8　2011 年入海河流排入四大海区各项污染物总量

单位：万吨

海 区	高锰酸盐指数	氨氮	石油类	总磷
渤 海	5.5	1.2	0.04	0.13
黄 海	24.1	3.2	0.22	0.56
东 海	247.0	44.3	2.83	22.27
南 海	99.4	15.3	1.46	3.35

表9　2011 年各类直排海污染源排放情况

污染源	废水量（亿吨）	化学需氧量（万吨）	石油类（吨）	氨氮（万吨）	总磷（吨）
工 业	12.88	2.4	127	0.09	56
生 活	6.19	2.9	172	0.37	544
综 合	28.3	15.7	608	1.56	2447

表10　2011 年四大海区受纳直排海污染源污染物情况

海 区	废水量（亿吨）	化学需氧量（万吨）	氨氮（万吨）	石油类（吨）	总磷（吨）
渤 海	1.66	1.0	0.1	59.0	134.1
黄 海	9.09	4.3	0.4	58.0	640.1
东 海	27.02	12.3	1.1	537.6	1273.9
南 海	9.58	3.5	0.4	252.6	999.4

第三主题　固体废弃物

状况

2011 年，全国工业固体废物产生量为 325140.6 万吨，综合利用量（含利用往年贮存量）为 199757.4 万吨，综合利用率为 60.5%。

表 11　2011 年全国工业固体废物产生及利用情况

产生量（万吨）	综合利用量（万吨）	综合利用率（%）
325140.6	199757.4	60.5

表 12　2004～2011 年全国工业废弃物产生量和利用量

单位：百万吨

年份	2004	2005	2006	2007	2008	2009	2010	2011
产生量	1200	1340	1515	1757	1901	2041	2409.435	3251.46
综合利用量	678	770	926	1104	1235	1383	1617.72	1997.574

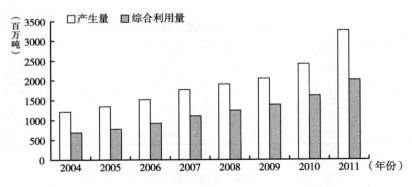

图 4　2004～2011 年全国工业废弃物产生量和综合利用量

第四主题　城市环境

全国城市环境空气质量总体稳定，酸雨分布区域无明显变化。

1. 空气质量

地级及以上城市　2011 年，325 个地级及以上城市（含部分地、州、盟所在地和省辖市）中，环境空气质量达标城市比例为 89.0%，超标城市比例为 11.0%。

2011 年，地级及以上城市环境空气中可吸入颗粒物年均浓度达到或优于 Ⅱ级标准的城市占 90.8%，劣于Ⅲ级标准的城市占 1.2%。可吸入颗粒物年均浓度值为 0.025 ~ 0.352mg/m^3，主要集中分布在 0.060 ~ 0.100mg/m^3。

表 13　2004 ~ 2011 年城市空气质量

单位：%

	2004	2005	2006	2007	2008	2009	2010	2011
Ⅱ级以上	38.6	60.3	62.4	60.5	71.6	82.5	82.8	90.8
Ⅲ级	41.2	29.1	28.5	36.1	26.9	16.2	15.5	8.0
劣于Ⅲ级	20.2	10.6	9.1	3.4	1.5	1.3	1.7	1.2

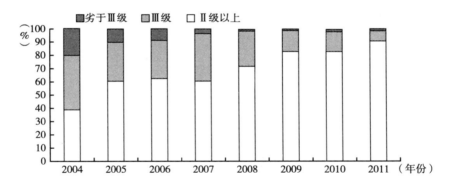

图 5　2004 ~ 2011 年城市空气质量

2011 年，地级及以上城市环境空气中二氧化硫年均浓度达到或优于 Ⅱ级标准的城市占 96.0%，无劣于Ⅲ级标准的城市。二氧化硫年均浓度值为 0.003 ~ 0.084mg/m^3，主要集中分布在 0.020 ~ 0.060mg/m^3。

2011 年，地级及以上城市环境空气中二氧化氮年均浓度均达到Ⅱ级标准，其中达到 Ⅰ级标准的城市占 84.0%。二氧化氮浓度年均值为 0.004 ~ 0.068mg/m^3，主要集中分布在 0.015 ~ 0.040mg/m^3。

环保重点城市　2011 年，113 个环保重点城市中，环境空气质量达标城市

比例为 84.1%。与上年相比，达标城市比例提高 10.6 个百分点。

2011 年，环保重点城市环境空气中二氧化硫、二氧化氮和可吸入颗粒物年均浓度分别为 0.041mg/m³、0.035mg/m³ 和 0.085mg/m³。与上年相比，二氧化硫和可吸入颗粒物年均浓度分别下降 2.4% 和 3.4%，二氧化氮年均浓度持平。

2. 酸雨

酸雨频率　2011 年，监测的 468 个市（县）中，出现酸雨的市（县）有 227 个，占 48.5%；酸雨频率在 25% 以上的有 140 个，占 29.9%；酸雨频率在 75% 以上的有 44 个，占 9.4%。

表 14　2006～2011 年全国酸雨发生情况

单位：%

年份	2006	2007	2008	2009	2010	2011
出现酸雨的城市比例	54.0	56.2	52.8	52.9	50.4	48.5
酸雨发生频率在 25% 以上的城市比例	37.8	34.2	34.4	33.6	21.4	29.9
酸雨发生频率在 75% 以上的城市比例	16.6	13.0	11.5	10.9	11.0	9.4

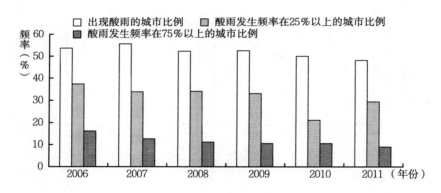

图 6　2006～2011 年全国酸雨发生情况

降水酸度　2011 年，降水 pH 年均值低于 5.6（酸雨）、低于 5.0（较重酸雨）和低于 4.5（重酸雨）的市（县）分别占 31.8%、19.2% 和 6.4%。与上年相比，酸雨、较重酸雨和重酸雨的市（县）比例分别降低 3.8 个、2.4 个和 2.1 个百分点。

化学组成　2011 年，降水中的主要阳离子为钙和铵，分别占离子总当量的 25.1% 和 12.6%；主要阴离子为硫酸根，占离子总当量的 28.1%；硝酸根占离子总当量的 7.4%。硫酸盐为主要致酸物质。

酸雨分布　2011 年，全国酸雨分布区域主要集中在长江沿线及其以南、青藏高原以东地区。主要包括浙江、江西、福建、湖南、重庆的大部分地区，以及长江三角洲、珠江三角洲、湖北西部、四川东南部、广西北部地区。酸雨区面积约占国土面积的 12.9%。

3. 声环境

2011 年，全国 77.9% 的城市区域噪声总体水平为一级和二级，环境保护重点城市区域噪声总体水平为一级和二级的占 76.1%。全国 98.1% 的城市道路交通噪声总体水平为一级和二级，环境保护重点城市道路交通噪声总体水平为一级和二级的占 99.1%。全国城市各类功能区噪声昼间达标率为 89.4%，夜间达标率为 66.4%。四类功能区夜间噪声超标较严重。

表 15　2007～2011 年全国城市声环境状况

单位：%

年份	2007	2008	2009	2010	2011
全国城市区域声环境好或较好	72.0	71.7	74.6	73.7	77.9
环境保护重点城市区域声环境好或较好	75.2	75.2	76.1	72.5	76.1
全国城市道路声环境好或较好	58.6	65.3	—	97.3	98.1
环境保护重点城市道路声环境好或较好	92.9	93.8	96.5	97.3	99.1
城市各类功能区昼间达标率	84.7	86.4	87.1	88.4	89.4
城市各类功能区夜间达标率	64.1	74.7	71.3	72.8	66.4

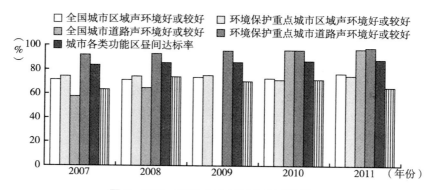

图 7　2007～2011 年全国城市声环境状况

341

表 16 2011 年全国城市功能区监测点位达标情况

功能区类别	0 类		1 类		2 类		3 类		4 类	
	昼	夜	昼	夜	昼	夜	昼	夜	昼	夜
达标点次	73	58	1448	1143	1944	1649	1357	1212	1594	703
监测点次	124	124	1694	1694	2172	2172	1404	1404	1781	1781
达标率(%)	58.9	46.8	85.5	67.5	89.5	75.9	96.7	86.3	89.5	39.5

G . 31
2012 年度全国省会及直辖市城市空气质量排名及报道

排名	城市	I、II级天数比例(%)	二氧化硫天数	二氧化氮天数	可吸入颗粒物天数	上年I、II级天数比例(%)	上年排名
1	海 口	100	0	0	50	100	1
2	昆 明	100	0	0	248	100	2
3	拉 萨	99	0	0	123	100	3
4	福 州	99	0	0	208	99	5
5	广 州	98	0	0	239	99	4
6	南 宁	96	0	0	216	96	6
7	贵 阳	96	32	0	226	95	7
8	呼和浩特	95	35	0	235	95	8
9	上 海	94	0	0	214	93	12
10	重 庆	93	0	0	308	89	16
11	长 春	93	1	0	285	94	10
12	杭 州	92	2	0	287	91	14
13	合 肥	90	0	0	319	83	28
14	南 昌	90	21	0	281	95	9
15	银 川	90	44	0	300	92	13
16	沈 阳	90	56	0	252	91	15
17	长 沙	90	0	0	293	93	11
18	济 南	89	17	0	339	87	21
19	太 原	89	48	0	198	85	25
20	石 家 庄	88	35	0	268	88	18
21	武 汉	88	1	0	308	84	26
22	郑 州	88	26	0	315	87	24
23	哈 尔 滨	87	0	0	341	87	23
24	南 京	87	0	0	324	87	20
25	西 宁	87	1	0	323	87	22
26	天 津	84	38	0	280	88	17
27	西 安	84	0	0	343	83	27
28	成 都	80	0	0	335	88	19
29	乌鲁木齐	80	25	0	326	75	30
30	北 京	77	1	0	279	78	29
31	兰 州	74	2	0	346	67	31

重庆：2012 年主城区空气质量优良天数达 340 天
（重庆市 2012 年空气质量排名：第 10 名）

从重庆市环保局获悉，在刚刚过去的 2012 年，主城区空气质量优良天数已达 340 天，同比多 16 天。空气中可吸入颗粒物、二氧化硫和二氧化氮年均浓度分别为 0.090 毫克/立方米、0.037 毫克/立方米和 0.035 毫克/立方米，空气质量在全国 47 个重点城市排名第 23 位。

自创建国家环保模范城市（以下简称"创模"）工作开展以来，重庆采取了一系列卓有成效的大气污染治理和防控措施，主城区空气质量持续稳步改善。空气质量优良天数逐年上升，从 2000 年的 187 天上升至 2011 年的 324 天，2012 年更是再创新高。空气中主要污染物二氧化硫、可吸入颗粒物、二氧化氮浓度大幅下降。从 2006 年起，主城区空气综合污染指数小于 3.0（空气综合污染指数 4.0 以上为中度污染，4.0 以下为轻度污染），退出了全国重度污染城市行列。主城区雾天从直辖前的多年平均 124 天降至 47 天左右，摘掉了"雾都"的帽子。

由于地形独特，渝中一直是主城空气污染的重灾区，加之部分施工单位盲目追赶工期，渝中区保持优质空气质量的任务一度很艰巨。自创模以来，渝中区强力推进"蓝天行动"，对各部门负责人启动了问责机制，各相关部门采取日常巡查、联合执法和重点蹲守相结合的方式，重点整治拆房和土石方工地的扬尘污染行为；还加强道路清扫保洁、机扫和洒水作业；巩固"无煤区"创建成果，相关部门搞好协作，加强对居民区餐饮业管理、治理，严控油烟污染。

（资料来源：重庆晨网，2012 年 12 月 31 日）

太原空气质量首次达到国家二级标准
（太原市 2012 年度空气质量排名：第 19 位）

2012 年太原市中心城区空气质量优良天数达到 324 天，空气质量自有监测数据以来首次达到国家二级标准，取得了历史性的突破。有分析人士指出，作为一个工业城市，太原市区空气质量能够达到国家二级标准，体现出近些年来环保工作的巨大进步。

不断跳动的环境监测数据，成为最佳佐证：截至 2012 年 12 月 31 日，我市中心城区空气质量优良天数实现 324 天，比 2011 年增加 16 天。其中，环境空气质量一级优的天数为 94 天，比 2011 年多 4 天。监测数据显示，市区空气中二氧化硫年均浓度为 0.056 毫克/立方米，二氧化氮年均浓度为 0.026 毫克/立方米，可吸入颗粒物年均浓度为 0.080 毫克/立方米，市区空气质量综合污染指数 2.06，比 2011 年下降 5.94%，达到国家环境空气质量二级标准。2012 年，我市未雨绸缪，围绕集中供热全覆盖、"气化太原"、城中村整村拆除、污染企业搬迁等内容，大力消除了污染源。

此外，我市还开展了对机动车尾气污染控制的"五项整治"工作。2012 年全市淘汰报废老旧机动车 5.5 万辆，是 2011 年全年的 5 倍；机动车检测治理达标率达到 85.6%。

（资料来源：黄河新闻网，2013 年 1 月 1 日）

天津市 2012 年"蓝天"数 301 天 离预定目标还差 3 天
（天津市 2012 年度空气质量排名：第 26 名）

今年（2012 年）天津市空气质量好于二级的天数达到了 301 天，离 2012 年蓝天目标还差 3 天，这也是天津市连续第 6 年收获超过 300 个"蓝天"。据了解，与 2011 年相比今年天津市蓝天数量有所下降，为一季度气候原因造成。明年天津市将继续加快生态宜居城市建设，推进燃煤设施烟气脱硫工程，以确保天津市空气质量水平保持稳定。

连续 6 年 300 天以上蓝天

数据显示，2005 年至今，天津市空气质量二级以上天数一直维持在 300 天以上。特别是自 2008 年天津市开始实施第一轮生态城市建设三年行动计划以来，严格执行污染源达标排放和总量控制制度，空气质量持续改善。2009

年，全市环境空气质量三项主要污染物二氧化硫、二氧化氮、可吸入颗粒物年均值均首次全部达到环境空气质量二级标准。

为啥今年蓝天比去年少

市环保局监测中心工作人员介绍，相对于 2011 年，今年的蓝天数有所下降。主要是因为今年 1 ~ 4 月，天津市空气质量有所下降，各种污染物浓度同比上升。对此，工作人员表示，今年 1 月以来，天津市多次遭遇不利气象条件，影响了污染物扩散，是造成空气质量下降的主因。

"4 月底，天津市连续几天遭遇沙尘天气，且沙尘盘踞在津城上空。而去年同期，每次沙尘天气只影响天津市数小时。"工作人员说，持续扬尘直接影响了空气质量状况。

（资料来源：人民网，2012 年 12 月 26 日）

成都空气污染天数去年超前年 30 天
（成都市 2012 年度空气质量排名：第 28 位）

成都市环保局昨日公布，2012 年成都空气污染天数共 73 天，比上年多污染 30 天。

据悉，2012 年 1 ~ 12 月，成都市中心城区环境空气质量优良率为 80.1%，同比下降 8.1%；中心城区二氧化硫平均浓度较上年同期上升 0.002 毫克/立方米；二氧化氮较去年同期持平，可吸入颗粒物平均浓度较去年同期上升 0.019 毫克/立方米；综合污染指数为 2.38，较上年同期上升 0.23。

离我们最近的 12 月，成都市中心城区环境空气质量 1 天优、22 天良、6 天轻微污染、2 天轻度污染。环境空气质量优良率 74.2%，比上年同期下降 3.2%。二氧化硫、二氧化氮和可吸入颗粒物月平均浓度分别为 0.053 毫克/立方米、0.065 毫克/立方米、0.143 毫克/立方米，较上年同期二氧化氮有所下降，二氧化硫和可吸入颗粒物均有所上升；综合污染指数为 3.13，较上年同期上升 0.48。

（资料来源：华西都市报，2013 年 1 月 10 日）

北京发布 2012 年全年空气质量情况
PM10 比去年同期下降约 4%
（北京市 2012 年空气质量排名：第 30 名）

北京市环保局今天上午发布 2012 年全年城市空气质量情况，可吸入颗粒物 PM10、二氧化硫、二氧化氮年均浓度比去年同期平均下降约 4%。北京市环保局副局长方力表示，目前北京市常住人口不断增加，能源消费总量持续加大，机动车保有量接近 520 万辆，城市建设开复工面积超过 1.5 亿平方米，环保工作面临的挑战越来越大："北京在平稳较快发展增长的同时，大气主要污染物继续下降，空气质量实现了继 1998 年以来持续 14 年的改善，这意味着污染物减排速度跑赢了城市快速发展带来的污染物增加速度。"据悉，北京市空气质量自动监测电子站已从原来的 27 个扩展到 35 个，积极推进 PM2.5 监测网络建设，实时发布污染信息。

（资料来源：中国广播网，2012 年 12 月 31 日）

G.32
2012 年度国家新颁布的环境
保护相关法律法规列表

表 1　行政法规

法律名称	颁布机关	颁布及生效时间
气象设施和气象探测环境保护条例	中华人民共和国国务院	2012 年 12 月 1 日起施行
海洋观测预报管理条例	中华人民共和国国务院	2012 年 6 月 1 日起施行

表 2　部门规章

法律名称	颁布机关	颁布及生效时间
环境监察办法	环境保护部	2012 年 7 月 25 日环境保护部令第 21 号公布　自 2012 年 9 月 1 日起施行
农产品质量安全监测管理办法	农业部	2012 年 8 月 14 日农业部令 2012 年第 7 号公布　自 2012 年 10 月 1 日起施行
绿色食品标志管理办法	农业部	2012 年 7 月 30 日农业部令 2012 年第 6 号公布　自 2012 年 10 月 1 日起施行
清洁发展机制项目运行管理办法（2011 年修正本）	国家发展和改革委员会、科学技术部、外交部、财政部	2011 年 8 月 3 日国家发展和改革委员会、科学技术部、外交部、财政部令第 11 号公布　自公布之日起施行
污染源自动监控设施现场监督检查办法	环境保护部	2012 年 2 月 1 日环境保护部令第 19 号公布　自 2012 年 4 月 1 日起施行
煤炭矿区总体规划管理暂行规定	国家发展和改革委员会	2012 年 6 月 13 日国家发展和改革委员会令第 14 号公布　自 2012 年 7 月 13 日起施行
农业植物品种命名规定	农业部	2012 年 3 月 14 日农业部令〔2012〕第 2 号公布　自 2012 年 4 月 15 日起施行
环境污染治理设施运营资质许可管理办法	环境保护部	2012 年 4 月 30 日环境保护部令第 20 号公布　自 2012 年 8 月 1 日起施行

续表

法律名称	颁布机关	颁布及生效时间
农业部规范性文件管理规定	农业部	2012 年 1 月 12 日农业部令〔2012〕第 1 号公布　自 2012 年 2 月 15 日起施行
水文站网管理办法	水利部	2011 年 12 月 2 日水利部令第 44 号公布　自 2012 年 2 月 2 日起施行

表 3　法规性文件

法律名称	颁布机关	颁布及生效时间
国务院办公厅关于转发国土资源部等部门找矿突破战略行动纲要（2011－2020 年）的通知	国务院办公厅	2011 年 12 月 8 日国务院办公厅文件国办发〔2012〕57 号发布　自发布之日起施行
国务院办公厅关于加快林下经济发展的意见	国务院办公厅	2012 年 7 月 30 日国务院办公厅文件国办发〔2012〕42 号发布　自发布之日起施行
国务院办公厅关于印发"十二五"全国城镇生活垃圾无害化处理设施建设规划的通知	国务院办公厅	2012 年 4 月 19 日国务院办公厅文件国办发〔2012〕23 号发布　自发布之日起施行
国务院办公厅关于调整辽宁丹东鸭绿江口湿地等 4 处国家级自然保护区的通知	国务院	2012 年 8 月 31 日国务院文件国办函〔2012〕153 号发布　自发布之日起施行
国务院办公厅关于进一步加强人工影响天气工作的意见	国务院办公厅	2012 年 8 月 26 日国务院办公厅文件国办发〔2012〕44 号发布　自发布之日起施行
国务院关于印发"十二五"节能环保产业发展规划的通知	国务院	2012 年 6 月 16 日国务院文件国发〔2012〕19 号发布　自发布之日起施行
国务院办公厅关于印发"十二五"全国城镇污水处理及再生利用设施建设规划的通知	国务院办公厅	2012 年 4 月 19 日国务院办公厅文件国办发〔2012〕24 号发布　自发布之日起施行
国务院关于印发"十二五"控制温室气体排放工作方案的通知	国务院	2011 年 12 月 1 日国务院文件国发〔2011〕41 号发布　自发布之日起施行
国务院关于支持农业产业化龙头企业发展的意见	国务院	2012 年 3 月 6 日国务院文件国发〔2012〕10 号发布　自发布之日起施行
国务院办公厅关于加快发展海水淡化产业的意见	国务院办公厅	2012 年 2 月 20 日国务院办公厅文件国办发〔2012〕13 号发布　自发布之日起施行
国务院办公厅关于发布河北青崖寨等 28 处新建国家级自然保护区名单的通知	国务院办公厅	2012 年 1 月 21 日国务院办公厅文件国办发〔2012〕7 号发布　自发布之日起施行

G.33
呼吁紧急叫停得不偿失的小南海
水电站（前期）工程

尊敬的温家宝总理、张德江副总理：

感谢您能拨冗关心重庆市拟建小南海水电站和"长江上游珍稀特有鱼类国家级自然保护区"受到威胁一事。作为多年致力于中国环境保护与可持续发展的科学工作者和社会组织，我们坚决反对重庆市小南海水电站的建设。

建设小南海水电站既不科学，也不经济。该电站不仅将阻断长江上游珍稀特有鱼类迁徙繁衍最后的生态通道，对长江上游的水生生态系统将造成毁灭性影响，而且它也没有重要的能源战略意义，更没有突出的经济效益。环境代价极大，而发电效益有限，重庆长江小南海水电站建设得不偿失。

鉴于小南海水电站"三通一平"工程奠基仪式已于2012年3月29日举行，前期工程建设在即，我们强烈呼吁国务院、有关部门和重庆市政府慎重决策，避免因该电站的开发建设造成的无法弥补的生态破坏和巨大浪费。

一 修建小南海水电站经济效益较低，
而生态破坏巨大，得不偿失

小南海水电站的单位千瓦投资规模也是这几个相邻电站的 2~4 倍。据测算，已经建成的三峡水电站单位千瓦装机投资约为 4950 元，按照规划数据，金沙江下游三座梯级电站的单位千瓦装机投资分别为：白鹤滩 3997 元、溪洛渡 3538 元、向家坝 5749 元。而根据《重庆日报》关于小南海水电站奠基仪式的报道，拟建小南海水电站的单位千瓦装机投资将达到 16000 元，是金沙江下游三座梯级电站平均投资的 3.6 倍多。

与此同时，由于小南海水电站的规划，致使"长江上游珍稀特有鱼类保护区"的保护范围和功能受到严重损失。为了给水电站的修建让道，小南海电站大坝所在地及其邻近的 22.5km 长的江段从保护区中被迫砍掉，同时将小南海电站大坝以上 73.3km 长的保护区自然江段改变为水库库区，使保护区长江干流江段的损失长度至少达到 95.8km，占保护区长江干流段 353.16km 长度的 27%，使国家级自然保护区名存实亡。大坝一旦修建，将成为一道巨大的物理屏障，直接阻碍保护区与三峡库区之间洄游性鱼类的洄游通道，并阻断多种珍稀鱼类"漂浮性卵"的繁育过程；大坝所形成水库将淹没鱼类保护区的缓冲区和实验区，导致多种珍稀、特有鱼类产卵场和栖息地大量丧失，对长江上游的水生生态系统将造成毁灭性影响。

中科院院士曹文宣、环保部南京科研所等多位专家和多家研究机构都曾表示，小南海所在江段关系到上游保护区内珍稀特有鱼类的生存，三峡水库渔业资源增殖的至关重要的通道必须保持畅通无阻。不应当在这里修建任何水利工程。这样的生态通道也是修建鱼道或其他任何过鱼设施所不能取代的。

在中国工程建设史上，少有这样的工程，经济效益如此有限，却同时威胁数十种动物的生存，并可能导致多个物种的不可逆的损害。

二　修建小南海水电站依据不足，且有替代方案

建设小南海水电站的依据是 1990 年完成的《长江流域综合利用规划》。当时，该保护区尚未建立，流域综合利用规划部门对于生态环境保护的认识还相当有限，规划是完全以用尽每一米水头为水能开发原则的。时至今日，在"深入学习实践科学发展观"的背景下，仍然以此作为开发依据，完全违背可持续发展的原则，是认识上的倒退。

建设小南海水电工程，主要的理由是为了满足重庆市政府发展中的电力能源需求。但是，我们不得不注意到，小南海水电站设计年平均发电量虽提高至 102 亿千瓦时，但仍仅仅是与其相邻的金沙江下游四个梯级和三峡水电站年平均发电量的 3.46%。

对于小南海水电站的问题，考虑解决重庆电力供应，有一系列替代方案值得考虑。其中一个非常可行方案的是，重庆市和三峡总公司就金沙江下游的四座大坝建立合作共享关系。重庆可把原本计划在小南海水电站的投资投在三峡总公司四座大坝中，从而获得相应比例的所有权和利益（电能）。

更有吸引力的是，通过调整这四个水库的防洪库容，利用长江中游蓄滞洪区承担这一部分洪水风险，三峡总公司有可能进一步提高总的装机容量。

通过电力协调，重庆有可能实现同等投资规模下更大的水电装机容量，解决重庆电力缺口问题。而且，四川向家坝水电站经重庆至上海的"±800千伏直流特高压输电线路"已经动工建设，届时重庆市电力输送能力将大大提高，这为此方案的施行奠定了重要的基础。

三　我们的呼吁和建议

1. 暂停小南海水电站"三通一平"的施工，重新评估小南海水电站建设的利弊得失

长江上游珍稀特有鱼类国家级自然保护区是长江河流开发重压下为鱼类保存的最后的庇护所。恳切建议，严格依法保全长江干流唯一的国家级鱼类保护区，禁止任何破坏行为，为子孙后代留下宝贵的水生生物多样性资源。

2. 召开公民听证会

长江上游珍稀特有鱼类自然保护区涉及四川、重庆、贵州、云南四个省市。重庆市擅自进行水电站建设，恐产生连锁反应，最终使保护区名存实亡。应当充分重视公众意见，采用听证会这种公众参与的形式，广泛听取各利益方意见。

3. 充分采取措施，保持自然保护区的完整性和生态功能

自然保护区是中国长期的生态安全和经济发展的重要保障，也是中国对全人类、对地球家园负责任的国家形象之体现。建议根据中央有关精神和相关法律法规，以此保护区为重点案例，进行全国自然保护区管理与保护的转型调研和工作，并着手加强保护效果，避免因开发建设造成的破坏。

4. 考虑替代方案解决重庆电力供应问题

我们充分理解重庆市在社会和经济发展受到局限的情况下，选择小南海这样一个投资巨大而效益有限的水坝项目，也有不得已的因素。小南海水电站有多个可考虑的替代方案，为了避免巨大的生态和社会损失，应该积极考虑替代方案，解决重庆市的能源和经济发展问题。

同时，对重庆市造成影响的一方，也就是三峡建设总公司，应当以其水电开发运行中获得的巨额利润加大对重庆的补偿力度，我们支持重庆市的这种合理要求。但同时我们认为，双方的利益博弈不应该建立在进一步损害本已在三峡开发中受到严重损害的生态环境的基础上。

以上建议望予考虑。我们希望与重庆市和各有关部门加强沟通与交流，共同推进长江上游的生态建设和环境保护。本着对中华民族的子孙后代负责、对长江流域的生态健康负责的原则，为今世后代守护弥足珍贵的长江水生生物多样性资源。

签字专家及机构：

吕植 北京大学生命科学院教授

解焱 中国科学院动物研究所副研究员

郑易生 中国社会科学院数量经济与技术经济研究所研究员

杨勇 独立地质学家

2012 年"江河十年行"长江考察队全体队员

自然之友

山水自然保护中心

达尔问自然求知社

公众环境研究中心

绿家园志愿者

辽宁盘锦黑嘴鸥保护协会

厦门市绿十字环保志愿者中心

陕西省红凤工程志愿者协会

蔚然大连

守望家园志愿者
甘肃省绿驼铃环境发展中心
道和环境与发展研究所
绿色盘锦
淮河卫士
环友科技
横断山研究会
芜湖生态中心
绿色汉江

Gr.34
废电池污染防治也要与时俱进

—— 关于建立健全废电池回收处理体系的建议

尊敬的环境保护部、国家发展与改革委员会、住房和城乡建设部：

多年以来，废电池污染及其治理一直是我国公众最为关注的环保问题之一，也曾经得到过中央政府的高度重视。2003 年 10 月 9 日，原国家环境保护总局、国家发展与改革委员会、原建设部、科学技术部和商务部联合发布了《废电池污染防治技术政策》（环发〔2003〕163 号，以下简称《技术政策》），成为指导我国废电池污染防治工作的一份纲领性文件。在那之后，我国的废电池污染防治工作取得了一定的进步。

《技术政策》规定："根据国家有关规定禁止生产和销售汞含量大于电池质量 0.025% 的锌锰及碱性锌锰电池；2005 年 1 月 1 日起停止生产含汞量大于 0.0001% 的碱性锌锰电池。逐步提高含汞量小于 0.0001% 的碱性锌锰电池在一次电池中的比例；逐步减少糊式电池的生产和销售量，最终实现淘汰糊式电池。"正是因为有了这一措施，我国电池的用汞量呈逐步降低的趋势。根据最新的研究，从 1995 年至 2009 年，中国电池产业的用汞量已从每年 582.4 吨降至 140 吨。这说明，《技术政策》在控制电池的有害物使用尤其是汞的使用方面取得了较为明显的效果。

然而，综观目前我国废电池污染及其防治的现实，无论是法规体系还是管理实务都存在较大的问题，主要表现在如下几个方面。

一、无汞化或低汞化政策不足以控制废电池重金属污染。据最新的研究，2009 年我国废电池的含汞量虽较十多年前有大幅下降，但仍占生活垃圾含汞总量的 54%；废电池仍是我国含汞最多的一类生活垃圾。之所以如此，是因为大量含汞纽扣式电池和低汞（0.0001% < 含量 < 0.025%）一次干电池仍然被大量生产或使用；许多假冒伪劣的一次干电池的含汞量也可能超过国家标

准。与此同时，电池中的镉也存在类似的污染风险，仅 2009 年，我国生产的镍镉电池就达 4 亿只。另外，电池中还含有大量的锌和锰，它们虽然是人体必需的元素，但在一定的污染浓度下，也会对环境和人体健康造成潜在危害。最后，考虑到我国混合垃圾的末端处置场所，如垃圾填埋场和焚烧厂的污染防治还处在较低的水平，将废电池所含的有害物质集中留到末端进行治理，风险很高。

二、废电池回收率低，造成资源的大量浪费。据最新的研究，我国废干电池的回收利用率不足 2%，铅酸蓄电池的有组织回收率不足 30%。电池中所含的各种金属，如钢、锌、锰、镍、钴等，得不到有效合理的再利用。导致这一状况的根本原因是，各地城乡垃圾管理部门或电池生产者没有建立起有效的电池回收体系，且相关体系建设的资金来源不明晰。

三、一些废电池的回收处理过程造成严重的二次污染。铅酸蓄电池、电子产品中的电池、电动自行车锂电池等回收价值较高的废电池大多流入技术工艺粗放的拆解作坊，其再利用过程对从业人员及周边居民的健康构成很大的威胁，也污染了许多地方的水土环境。

四、《技术政策》的一些重要规定没有得到有效执行。例如，该政策要求："各级人民政府应制定鼓励性经济政策等措施，加快符合环境保护要求的废电池分类收集、贮存、资源再生及处理处置体系和设施建设，推动废电池污染防治工作。"它还强调："废电池的收集重点是镉镍电池、氢镍电池、锂离子电池、铅酸电池等废弃的可充电电池和氧化银等废弃的扣式一次性电池"，且将充电电池和扣式电池的制造商和进口商、使用充电电池或扣式电池产品的制造商，以及委托其他电池制造商生产使用自己所拥有商标的充电电池和扣式电池的商家列为"应当承担回收废充电电池和废扣式电池的责任"的单位。

五、《技术政策》和相关法规被一些地方环保官员片面解读。《技术政策》称："废一次电池的回收，应由回收责任单位审慎地开展。目前，在缺乏有效回收的技术经济条件下，不鼓励集中收集已达到国家低汞或无汞要求的废一次性电池。"联系政策的全部内容，这一规定有其合理之处，但在实际工作中，一些地方环保官员往往将之模糊地转述为"国家已经不鼓励收集日常生活中产生的废电池"，并以此回应公众的疑惑。但是，他们在表达此观点的时候，往往不会提及日常生活中仍然使用着的一些危险性废电池（如含汞扣式电池、含镉充电电池）应该如何处置。而那些提及了含汞和含镉危险性电池的官员，也会援引《国家危险废物名录》（以下简称《名录》）为社会源危险废物所设置的豁免条款，称不必对包括危险性废电池在内的有害垃圾进行特殊管理。实际上，这也是对法规的一种错误解读，因为《名录》强调："（危险废物）从生活垃圾中分类收集后，其运输、贮存、利用或者处置，按照危险废物进行管理。"由此看来，豁免与否实际取决于城乡垃圾管理部门是否分类收集危险性废电池。

六、政府和民间的回收活动都比较混乱。不论地方政府对废电池回收利用的态度如何，实际上各地的政府和民间都在开展一些废电池回收活动。在北京，尽管环保部门认为"日常生活中产生的废电池可与其他生活垃圾一同扔掉"，但仍有环卫公司在组织专门车辆到小区回收居民积攒的废电池，并将之暂时储存起来。各地也有不少民间志愿者自发回收了大量废电池，但由于得不到安全的贮存和处理，反而产生了较大的环境风险和安全隐患。

七、各地政府官员对国内外废电池污染防治的最新发展形势认识不足。以往，各地政府不愿分类收集废电池的一个重要原因是确实缺乏可靠的无害化和资源化处理技术。然而近些年来，一些有实力的民营企业已经看准了废电池这个庞大的金属矿藏，并和水平很高的科研院所合作，在一些地区（如广东、湖南和湖北等地）建设起能够循环利用各种类型的废电池处理厂。对此，很多地方的政府官员都知之甚少。另一方面，废电池的全面回收处理已经成为国际潮流。2006年，欧盟出台了"电池令"，要求成员国回收所有类型的废电池，并在2016年以前使便携电池（封闭的和可以随手携带的非工业和非机动车用电池）回收率达到45%。该政策在解释其要求回收所有废电池的原因时，除了强调污染风险和资源节约这两大因素外，还指出：单独收集含汞、镉、铅的危险性废电池的综合效益不如回收所有类型的废电池。除了欧盟国家，我国台湾地区也早在1999年就将废干电池列入"公告回收产品"目录，目前全岛废干电池的回收率已达40%以上，处理方式也有岛内处理和输出海外处理两种。此外，日本、美国、澳大利亚等国也一直在开展行之有效的废电池回收再利用项目。

基于对以上问题的认识和一定的调查研究，我们认为，我国的废电池污染防治政策应与时俱进，在继续坚持限制电池有害物质使用的同时，努力建立健全全国性的废电池回收和处理体系。我们对三部委的建议具体如下。

一、组织相关部门的政府官员、科研人员、电池产业、民间组织和媒体的代表共同回顾2003年以来我国废电池污染防治的得与失，评估目前废电池混入生活垃圾处置的环境风险以及回收后的环境效益，考察国内外的废电池回收和处理技术，为下一步通过立法建立废旧电池回收和管理体系提供依据。

二、将废电池（明确某些类别）列入《循环经济促进法》所规定的"强制回收名录"，落实《技术政策》中关于各级人民政府及电池生产者对废电池分类收集、贮存、资源再生及处理所负有的责任的要求。

三、牵头建立或指导各省、市、自治区相关部门建立废电池回收处理专项基金。该基金的资金筹措模式应得到充分研究，其管理过程应包含生产者、回收者、处理者、民间组织、科研机构和媒体的代表。在基金创建之初，各级政府应适当进行投入，保证启动工作的顺利展开。

四、将《技术政策》中"在缺乏有效回收的技术经济条件下，不鼓励集中收集已达到国家低汞或无汞要求的废一次性电池"修改为"在充分考察可行处理技术的基础上，各地政府应尽快建立起本地的废电池回收和处理体系，并设定可量化的回收处理目标和行动时间表；总体而言，全国应力争在2017年以前，使低汞或无汞废一次电池的回收率达到15%以上，危险性废电池的回收率达到50%以上，并确保回收后的废电池能够得到无害化和资源化处置"。

五、在无害化和资源化处理不能及时到位的情况下，指导各地政府积极考虑应用过渡技术，如废电池的分类安全贮存技术，以降低废电池因集中混合堆放造成的污染和安全风险，并为进一步的无害化和资源化处置做好准备。

六、危险性废电池的回收和处理应与城乡有害垃圾（包括：废药品及其包装物、废杀虫剂和消毒剂及其包装物、废油漆和溶剂及其包装物、废矿物油及其包装物、废胶片及废相纸、废荧光灯管、废温度计、废血压计以及电子类危险废物等）的整体回收处理体系建设结合起来，避免资源浪费。只经营非危险性电池（如已达到国家低汞或无汞要求的废一次性电池）回收和处理的企业无须被纳入危险废物管理体系。

七、引入有效的公众参与机制，共同监督废电池回收和处理过程，并逐步淘汰对环境和健康影响很大的废电池不当拆解和利用活动。

联署机构：

达尔问自然求知社

自然之友

中国垃圾论坛

环友科学技术研究中心

河南新乡环境保护志愿者协会

芜湖生态中心

绿色中原环境文化交流中心

福建省绿家园环境友好中心

2012 年 5 月

Gr.35
自然之友致全国人大常委会建议信

—— 珍视司法创新实践，为环保法治留路！

第十一届全国人民代表大会常务委员会
尊敬的委员长、副委员长、各位委员：

北京市朝阳区自然之友环境研究所（下文称"自然之友"）是中国较早开展环境保护工作的环境社会组织。自然之友前身中国文化书院绿色文化分院，是由前全国政协常务委员梁从诫及多位热心人士于1994年自发起成立的二级社团，并于2010年正式注册成为具有独立法人身份的民办非企业单位。

我们长年以来对环境公益诉讼保持关注并积极推动。2005年时，自然之友创始会长梁从诫就在全国两会上提交建立"环境公益诉讼"政协提案，在2011年10月，自然之友更是协同重庆市绿色志愿者联合会，在云南曲靖针对铬渣污染一案提起了环境公益诉讼，此案现在仍在进行之中。

获知《民事诉讼法》的修改即将完成立法程序，自然之友一方面对梁从诫先生的遗志即将得到立法确认充满期待，另一方面却对最新公布草案坚持不允许依法在民政部门注册的环境社会组织提起公益诉讼深感困惑，对环境公益诉讼在中国实践的前途极为担忧。

在法律修改的最后关头，为了拯救危机中的公益诉讼，我们紧急呼吁：最高权力机关拿出社会管理创新的勇气，在公益诉讼问题上坚守依法治国、实事求是的底线，要么重新设计公益诉讼条款，把原告主体范围的表述修改为"有关社会组织、国家机关"，要么整体取消公益诉讼规定，仅作原则性宣言，保住环境司法改革试点所取得的宝贵探索成果。

《民事诉讼法》最新修改草案，将有权提起公益诉讼的主体限定为"法律规定的机关、有关社会团体"。这样一个设计，不仅缺乏充分的依据，而且落后于司法实践，在实质上封堵了大量环保社会组织参与环境公益诉讼的大门。

根据现行行政法规，公益社会组织分为社会团体、民办非企业单位和基金会三类。其中，社会团体和民办非企业单位均是开展非营利性实际工作的组织形式。自然之友目前的注册身份正是民办非企业单位。近段时间，全国在南京和广东正在试点的社会组织简化注册中，大力支持发展的也是民办非企业单位类的社会公益组织。

然而，最新草案文本将把包括自然之友在内的大量正式在民政部门注册的民办非企业单位排除在公益诉讼原告主体之外，人为地在社会团体和民办非企业单位之间制造不合理区分，将大大打击环境公益诉讼现有的良好实践势头。

根据现行的《社会团体登记管理条例》，社会团体的注册登记，除了要面临寻找政府主管单位的困难之外，还要面临同区域同行业不能重新注册的垄断限制。由于许多地方都有由政府部门举办的行政色彩较浓的地方环保协会，实际上造成了民间自发的环保组织极少能注册成社会团体的现状。

今天活跃在各地环保领域的有生力量，很多都是民间自发举办的民办非企业单位，如发布苹果供应商污染调查报告的公众环境研究中心，开展"我为祖国测空气"推动PM2.5监测公开的达尔问自然求知社，在淮河第一线实际监督企业污染、开创"莲花模式"的淮河卫士，推动怒江生态保护的绿家园志愿者，在昆明开展古树调研的绿色昆明等，不胜枚举。

自改革开放以来，经济领域的实践已经证明，开放更多的空间给社会自发的组织和机构，不仅能激发社会的实践活力，更会推动整个行业的良性竞争，促进多方主体在人民的选择下优胜劣汰。在环境公益诉讼领域，假如实际造成民办社会组织与官办社会组织的权利区分，在社会组织内部划出三六九等，将大大限制公益诉讼的活力，甚至导致鲜有起诉的僵局。

此外，最新草案文本列明的原告主体，大大限制了已有的环境司法创新现有的良好实践势头，甚至直接背离多地环境公益诉讼的实践总结，与实事求是的要求南辕北辙。

自然之友非常认可在云南、贵阳和无锡等地开展的环境司法创新的实践，在这些地区，环境公益诉讼在实践中遭遇了一些挑战，也同时摸索出来一套办法。

挑战中最大困难无疑是案源少。媒体也曾多次报道云南环保法庭无米下锅

的窘境。在这种背景下，各地司法创新都给予环境公益诉讼主体较大的解释空间。

摸索出来的方法就包括，贵阳市的实践中使用"环保公益组织"作为主体限定，云南省在实践中使用的规范用语是"环保社团组织"。而且两地的司法实践中都受理了由民办非企业单位提起的环境公益诉讼，并未在环保社会组织当中制造区分。如贵阳清镇市环保法庭2010年底受理并宣判原告胜诉的公益诉讼案，就是由贵阳市的民办非企业单位——贵阳市公众环境教育中心和中华环保联合会共同提起的，本案实现了社会效果、法律效果和环境效果的多赢。

即便在这样的情况下，两地环保法庭四年以来，受理的由环保社会组织提起的公益诉讼实践，也总共不超过五起，与立法部门和部分学者所担心的出现民间滥诉相差甚远。

本着事实求是的精神审视环境公益诉讼司法实践，现状是公众对环境司法缺乏信心，大部分社会组织、政府部门对开展环境公益诉讼心存疑虑、态度消极。在这种情况下还对原告主体大加限制，将使新法通过后的公益诉讼相较此前的创新实践更加退步，出现的案件更少，实际效果和社会影响更弱，环境司法获得的公众认可度更低，环境法治化的道路更加艰难。

各位尊敬的领导！中国环境公益诉讼的生死存亡，取决于你们即将作出的政治决断。中国严峻环境问题的解决，有赖于举国上下共同努力。敬畏自然、选择法治，是我们的唯一出路。让我们以宪法规定和宪政思想为指引，携起手来、正视民意、凝心聚力、共克时艰，打造适合现阶段国情、适应社会形势、有利于中华民族的环境公益诉讼，推动环境保护的历史性转变，推动法治政府的持续建设，为天地立心，为生民立命，为大自然代言，为万世开太平！

北京市朝阳区自然之友环境研究所

2012年8月16日

G.36

中秋节月饼适度
包装倡议书

大家好，我们是民间环保组织。适逢中秋节，首先祝大家中秋节快乐，阖家如意！

当您手捧包装精美、装饰华丽的月饼回家时，你有没有觉得你的商品用材过多、分量过重、体积过大、成本过高、装潢过分、说辞过滥？你有没有觉得这多掏了腰包、浪费了资源？你知不知道华美的月饼包装，其制作和回收过程都会产生大量污染，回收价值更是很低，对人体健康也有负面影响？你知不知道你其实在被动接受这份奢华？

如今的月饼已失去了其"取团圆之意"的内涵，成为工艺品甚至"公关利器"；为了让中秋节真正回归团圆的本意，让月饼包装不再增加自己和环境的负担，民间环保组织向社会各界倡议：

一、政府——认真落实《关于治理商品过度包装工作的通知》，加强对月饼过度包装的监督和惩罚力度。以政府为主导拒绝购买过度包装的月饼，营造抵制商品过度包装的良好氛围。

二、月饼生产商——严格控制除初始包装之外的所有包装成本的总和所占商品销售价格的比例，严格控制包装体积的总和所占商品原始体积的比例，所采用的包装材料无毒、无害，具有较高的降解性能；考虑包装全生命周期成本，考虑对环境的影响及产生的相关成本，建立分类回收利用制度，实现包装物的再利用，发挥包装物的最大效用。

三、消费者——尽可能优先选择单一材质、原材料用量少、可循环再生和回收利用的包装材料的月饼。用实际行动支持简约包装，向过度包装说"不"。

倡议组织：

零废弃联盟

自然之友

芜湖生态中心

2012 年 10 月 8 日

Gr . 37
2012 年最佳环境报道评选结果揭晓

4 月 10 日下午，由《中外对话》、英国《卫报》、新浪环保联合主办，SEE 基金会支持的"2012（第三届）最佳环境报道颁奖典礼"在中国科技馆举行。

获奖作品名单

年度最佳记者奖：

《南方周末》冯洁

作品：《渤海溢油系列报道》《我为祖国测空气》《华北城市供水危机迫在眉睫：要南水北调，还是要海水淡化?》

最佳公民记者奖：刘福堂

最佳影响力报道奖：

《新世纪》周刊 宫靖

作品：《镉米杀机》

最佳突发报道奖：

《云南信息报》冯蔚 刘伟

作品：《5000 吨剧毒铬渣来了》

最佳深度报道奖：

《时代周报》 赵世龙、何光伟、郭丽萍、周焕、龙婧

作品：《江湖酷旱生死劫》长江干旱系列报道

最佳自然探索奖：

《南方都市报》杨晓红 方谦华

作品：《珠峰物语——青藏高原珠峰保护区野生动物科考报告》

优秀奖：

《新世纪》周刊 崔筝

作品：《环境激素十面埋伏》

《第一财经日报》章轲

作品：《多国禁止的美国牛仔竞技 何以登陆北京鸟巢》

《南方周末》吕宗恕

实习生 张晴 祝杨 沈念祖

作品：《"低调"种菜》等

G.38
2012 年福特汽车环保奖
获奖项目名单

2012 年 11 月 30 日　来源：新浪公益

自然环境保护——先锋奖

一等奖

福建：平凡农民的海岛梦——林北水

二等奖

上海：中国沿海水鸟同步调查——中国沿海水鸟同步调查项目组

辽宁：八位一体生态家园——刘兴山

三等奖

湖南："守望母亲河"湘江流域民间观察和行动网络——长沙绿色潇湘环保科普中心

云南："云南沼气精品示范村"——农村户用沼气"一池三改"建设项目——云南省绿色环境发展基金会

四川：成都水源地可持续发展示范村 —— 成都城市河流研究会

提名奖

云南：云南老君山原生态保护与社区可持续发展项目——北京三生环境与发展研究院

北京：百万"微绿地"建设计划——社区公益生态技术研究中心

贵州：贵州省黔东南苗族侗族自治州农村新能源与卫生项目——贵州绿家园

吉林：科尔沁沙地环境改善及发展计划 —— 通榆县环保志愿者协会

内蒙古：阿拉善节水试验示范区项目（绿洲田园计划）—— 阿拉善 SEE 生态协会

新疆：中国天山特有珍稀濒危物种——伊犁鼠兔的保护项目 —— 李维东

自然环境保护——传播奖

一等奖

青海：青海玉树三江源地区生态环境保护的农牧民公众教育与公众参与——囊谦县家园环保协会

二等奖

全国：中国濒危物种影像计划——野性中国

北京：乐水行——绿家园志愿者

三等奖

广东：东江之子义工生态服务计划——香港地球之友

海南：海洋卫士——三亚蓝丝带海洋保护协会

湖南：青少年心田播绿人——岳阳市环境保护志愿者协会

提名奖

云南：长江水学校携手保护生命之河——香格里拉可持续社区学会

深圳：全球绿飘带行动——深圳市帕客低碳生活促进中心

浙江：科学引导民间放生，防范外来物种入侵——苍南县绿眼睛青少年环

境文化中心

贵州：守望家园计划——让民间艺术工作伴随乡村生态可持续发展——高旋

内蒙古：乌梁素海湿地水质保护倡导项目——内蒙古巴彦淖尔市乌拉特前旗博雅文化协会

G.39
著名环保人士马军获 2012 年
戈德曼国际环保奖

我国著名环保人士、公众与环境研究中心主任马军荣获 2012 年度戈德曼国际环保奖。同时获得该奖项的还包括阿根廷、肯尼亚、菲律宾、俄罗斯和美国的 5 位环保人士，他们均在保护森林、保护沙漠湖泊、反对镍矿开采、推进农药监管以及反对北极水域石油开采等领域作出过突出贡献。

戈德曼环境保护奖已有 23 年的历史。该奖项每年一度，颁发给来自世界有人类居住的六大洲的草根环保英雄，它也是民间运动奖励金额最为可观的奖项，每人现金奖励高达 15 万美元。

戈德曼国际环保奖主办方给予马军的评语是：他建立了一个在线数据库和数字地图，将那些违反环保法律法规的工厂向中国的广大公众公示。利用该污染信息数据库和地图，马军与诸多公司合作，帮助其改善生产行为，降低污染排放。

据了解，截至目前，马军建立的在线数据库和污染地图已经披露了在中国运营的本地及跨国公司空气污染和水污染的超标违规排放记录多达 90000 多条，人们只需点击鼠标就能知道全国 31 个省份有哪些公司违反了环保法律法规，这在中国是前所未有的，此举也使得中国的环境信息公开达到史无前例的高度。

此外，公众与环境研究中心还成立了针对产品供应链的"绿色选择"项目，吸引了 41 家本土民间组织的参与。该中心号召消费者利用他们的购买选择权利来影响公司的采购和生产行为。

虽然作为一个民间组织没有政府的监管权力，但该中心成功地让 500 多家公司向公众披露治理工厂污染问题的计划和措施。如今，与该中心合作的大品牌包括：沃尔玛、耐克、GE、可口可乐、西门子、沃达丰、H&M、阿迪达斯、索尼、联合利华、李维斯和联想等。这些品牌公司如今都会经常性地去依照污染地图和数据库的信息进行自我监管。

Gr. 40

2012 年 "地球奖" 获奖名单公布

经"地球奖"评审委员会对全国各地申报材料进行认真的评审，共评出 2012 年度"地球奖"获得者集体组 5 名、新闻组 10 名、教育组 10 名。现将获奖者资料公示如下。

地球奖获奖集体

一、"不一样的梦想，一样的绿色村庄"——福建省福州市闽侯县小箬尚格小学

二、用脚步丈量江河湿地——电视栏目《环保前线》

三、与大自然和谐共处——"人文生态实践团队"

四、人格智慧并重　育社会栋梁之材——北京市新英才学校

五、坚持环境教育特色——辽宁省盘锦市辽河油田兴隆台第一小学

新闻组获奖者个人

一、《人民日报》　孙秀艳

二、新华社　顾瑞珍

三、中央电视台　陈允涛

四、经济日报　鲍晓倩

五、《科技日报》　李禾

六、《中国青年报》　刘世昕

七、《工人日报》　王冬梅

八、中国环境报社　杨明森

九、《河北日报》 吴艳荣

十、《西部商报》 任世琛

教育组获奖个人

一、中华环保联合会 马勇

二、清华大学 向东

三、江苏省泗洪中学 黄元国

四、福建省绿家园环境友好中心 林英

五、陕西省咸阳市环保局渭城分局 马芳林

六、浙江省金华市红湖路小学 郑小丰

七、江苏省南京市建邺区莫愁生态环境保护协会 李耀东

八、河南省杞县环保局胡岗乡镇府 宋怀然

九、河北省唐山市荣华道小学 董晓梅

十、山东黄金矿业股份有限公司 邓鹏飞

G.41
后 记

从首部环境绿皮书《2005年：中国的环境危局与突围》，到今年的第八卷环境绿皮书《中国环境发展报告（2013）》，作为该书的编写方，自然之友始终坚持以公众视角去观察、记录一年来的环境大事，为读者提供有别于政府—国家立场或学院派定位的绿色观察，帮助关心中国环境问题的各界人士较真实地了解一年来中国重要的环境变化、问题、挑战、经验和教训，为中国走向可持续发展的历史性转型留下真实的写照和民间的记录。

近年来中国环境绿皮书以其开创性的工作及独特视角而获得了社会各界的认可，这对我们的工作是一种激励，亦是一种挑战。和前几卷绿皮书一样，我们的执笔者仍然来自一线工作的环保专家、学者、律师、NGO骨干、记者。这些作品是他们对环境问题进行持续研究和认真思考后为绿皮书所撰写的，他们为此付出了许多的时间和精力。

本书的顺利出版，要感谢那些热心的读者，他们为此书提供了许多宝贵的建议，一些版式方面的调整正是基于读者反馈而作出的，如板块的调整、报告篇幅的精简、图表的增加等。

特别感谢那些为本书提供帮助及支持的人，基于同样的梦想与目标，基于对自然之友的信任，他们不计得失，志愿、义务、热诚地支持和参与了这个项目。特别感谢北京外国语大学英语学院美国研究中心的陈崛斌及自然之友的实习生Sean Dugdale翻译及校对英文摘要，为本卷绿皮书的编写作出了重要的贡献。

同时，也要感谢社会科学文献出版社的编辑和各位老师，以及广大自然之友会员为本书的顺利出版所提供的无私帮助。

　　最后，感谢所有长期以来关注环境绿皮书的个人和组织，恳请大家继续指出本书的不足之处，提出改进意见，并进一步参与到环保工作中来。这份事业，属于每一位珍爱自然和正视环境责任的公民。

自然之友

2013 年 2 月 5 日

⑥.42
自然之友简介

自然之友成立于 1994 年 3 月 31 日，是中国最早注册成立的民间环境保护组织。自然之友的创会会长是前全国政协委员、中国文化书院导师梁从诫教授，现任理事长是社会文化和教育专家杨东平教授。自然之友自创立以来一直秉着"真心实意，身体力行"的价值观，通过生态保育和反污染行动、青少年环境教育、公众环境行为改善、环境公共政策倡导、民间环保力量合作与支持等不同方式履行保护环境的使命，并以此向着我们的愿景不断前行——在人与自然和谐的社会中，每个人都能分享安全的资源和美好的环境。

自然之友最近五年的工作重点是回应中国快速城市化进程中日益凸显的城市环境问题，通过推动垃圾前端减量、城市慢行交通系统改善、低碳家庭和社区建设、城市自然体验和环境教育等，探讨和寻找中国的宜居城市建设之路。

作为会员制的环保组织，17 年来，自然之友在全国各地的会员数量达 1 万余人，其中活跃会员 3000 余人，团体会员近 30 家。各地会员热忱地在当地开展各种环境保护工作，在一些城市成立了自然之友会员小组，专门致力于当地环境保护工作。此外，由自然之友会员发起创办的环保组织已有十多家。

自然之友累计获得国内国际各类奖项二十余项，如"亚洲环境奖""地球奖""大熊猫奖""绿色人物奖"和菲律宾"雷蒙·麦格赛赛奖"等，在 2009 年，自然之友当选"壹基金典范工程"。

历经 19 年的不断发展，自然之友已成为中国具备良好公信力和较大影响力的民间环境保护组织，正在为中国环保事业和公民社会的发展作出贡献。

做自然之友志愿者：

批评和抱怨无法解决问题，立即行动成为自然之友志愿者吧！每个人都是保护环境的卫士，为守护我们的家园走在一起。请联系 office@ fonchina. org。

成为自然之友会员：

让我们多一分力量，立即加入我们成为自然之友会员吧！我们的会员越多，越能代表您为守护自然发言，越能表达中国公众爱护环境的决心与要求。请联系 membership @ fon. org. cn 或登录网页 http：//www. fon. org. cn/channal. php？cid＝11。

捐款支持自然之友：

环境破坏的压力日趋严重，改善环境需要更多的经费来支持推动。

账户：北京市朝阳区自然之友环境研究所

账号：0200 2194 0900 6700 325

开户行：工商银行北京地安门支行

联络自然之友

地址：北京市东城区青年湖西里 5 号楼 4 层

邮编：100010

电子信箱：office@ fon. org. cn

网址：www. fon. org. cn

微博：自然之友（新浪、腾讯、搜狐均为实名）

⑥.43
环境绿皮书调查意见反馈表

尊敬的读者：

　　这是基于公共利益视角进行年度环境观察、记录与分析的环境绿皮书，谢谢您的支持。希望您能填写下表，通过 E-mail（首选）或邮寄提供反馈意见，帮助提高绿皮书的品质。谢谢您对中国环保事业的支持，谢谢您给自然之友的宝贵意见。

　　请在选项位置打"√"，可多选：

1. 您对这本书的评价（请按照满意程度进行选择，并陈述基本理由）	①不满意，理由是：
	②一般，理由是：
	③不错，理由是：
	④很满意，理由是：
2. 您认为绿皮书应在哪些方面进行改进？	①基本数据和事实的准确性、权威性；②评论分析的深入和洞察力；③更全面追踪透视年度热点；④可读性和趣味性；⑤更突出重点或年度主题
	其他（请写明）：
3. 您认为哪几篇（或哪部分）较好？	
4. 您认为哪几篇（或哪部分）很一般或较差？	
5. 您认为绿皮书在哪些方面对您比较有帮助？	①可以作为参考的工具书；②了解中国环保问题现状与进程；③增长见识；
	④了解中国民间环保界的视角；⑤其他（请写明）：_____ _____）
6. 您的个人信息	您的姓名：
	您的职业身份是：①公务员；②企业人士；③研究人员；④学生；⑤ NGO 人士；⑥媒体；⑦农民；⑧其他（_____）
	所在单位：
	联系方式　通信地址：　　　　邮　编： 电子邮件：　　　　联系电话：
	您比较关注哪些领域：_____ _____
7. 您的其他建议或要求	

自然之友调研部

网址：www. fon. org. cn

地址：北京市东城区青年湖西里 5 号楼 4 层

邮编：100011

E-mail：lixiang@ fonchina. org

声明：凡引用、转载、链接都请注明"引自自然之友组织编写的中国环境绿皮书——《中国环境发展报告（2013）》，社会科学文献出版社 2013 年 3 月版"，并请发 Email 告知自然之友，谢谢支持与理解。

中国环境绿皮书《中国环境发展报告（2013）》是由民间环境保护组织"自然之友"编撰的中国环境年度报告。

本书正文部分共设特别关注、环境污染、生态保护、政策与治理、宜居城市、可持续消费等几个板块。全书通过多角度、多方位的观察与分析，呈现2012 年中国环境与可持续发展领域的全局态势；用深刻的思考、严谨的数据剖析了 2012 年的环境热点事件；用国际视野描述了中国 2012 年的海外生态足迹。附录中收录了来自政府、民间组织以及国际社会的一些文件与报告。

环境绿皮书重视从公共利益的视角记录、审视和思考中国环境状况，主要以数据和事实说话，强调实证性、真实性、专业性，从而树立权威性。第四卷和第五卷英文版环境绿皮书已由荷兰 Brill 出版社面向全球出版发行。

中国皮书网

发布皮书研创资讯，传播皮书精彩内容
引领皮书出版潮流，打造皮书服务平台

栏目设置：

☐ 资讯：皮书动态、皮书观点、皮书数据、 皮书报道、皮书新书发布会、电子期刊

☐ 标准：皮书评价、皮书研究、皮书规范、皮书专家、编撰团队

☐ 服务：最新皮书、皮书书目、重点推荐、在线购书

☐ 链接：皮书数据库、皮书博客、皮书微博、出版社首页、在线书城

☐ 搜索：资讯、图书、研究动态

☐ 互动：皮书论坛

www.pishu.cn

中国皮书网依托皮书系列"权威、前沿、原创"的优质内容资源，通过文字、图片、音频、视频等多种元素，在皮书研创者、使用者之间搭建了一个成果展示、资源共享的互动平台。

自2005年12月正式上线以来，中国皮书网的IP访问量、PV浏览量与日俱增，受到海内外研究者、公务人员、商务人士以及专业读者的广泛关注。

2008年10月，中国皮书网获得"最具商业价值网站"称号。

2011年全国新闻出版网站年会上，中国皮书网被授予"2011最具商业价值网站"荣誉称号。

权威报告　热点资讯　海量资源

当代中国与世界发展的高端智库平台

皮书数据库 www.pishu.com.cn

　　皮书数据库是专业的人文社会科学综合学术资源总库，以大型连续性图书——皮书系列为基础，整合国内外相关资讯构建而成。包含七大子库，涵盖两百多个主题，囊括了近十几年间中国与世界经济社会发展报告，覆盖经济、社会、政治、文化、教育、国际问题等多个领域。

　　皮书数据库以篇章为基本单位，方便用户对皮书内容的阅读需求。用户可进行全文检索，也可对文献题目、内容提要、作者名称、作者单位、关键字等基本信息进行检索，还可对检索到的篇章再作二次筛选，进行在线阅读或下载阅读。智能多维度导航，可使用户根据自己熟知的分类标准进行分类导航筛选，使查找和检索更高效、便捷。

　　权威的研究报告，独特的调研数据，前沿的热点资讯，皮书数据库已发展成为国内最具影响力的关于中国与世界现实问题研究的成果库和资讯库。

皮书俱乐部会员服务指南

1. 谁能成为皮书俱乐部会员？

● 皮书作者自动成为皮书俱乐部会员；

● 购买皮书产品（纸质图书、电子书、皮书数据库充值卡）的个人用户。

2. 会员可享受的增值服务：

● 免费获赠该纸质图书的电子书；

● 免费获赠皮书数据库100元充值卡；

● 免费定期获赠皮书电子期刊；

● 优先参与各类皮书学术活动；

● 优先享受皮书产品的最新优惠。

　　社会科学文献出版社 **皮书系列**
SOCIAL SCIENCES ACADEMIC PRESS (CHINA)

卡号：0181323638675169

密码：

（本卡为图书内容的一部分，不购书刮卡，视为盗书）

3. 如何享受皮书俱乐部会员服务？

（1）如何免费获得整本电子书？

　　购买纸质图书后，将购书信息特别是书后附赠的卡号和密码通过邮件形式发送到 pishu@188.com，我们将验证您的信息，通过验证并成功注册后即可获得该本皮书的电子书。

（2）如何获赠皮书数据库100元充值卡？

　　第1步：刮开附赠卡的密码涂层（左下）；

　　第2步：登录皮书数据库网站（www.pishu.com.cn），注册成为皮书数据库用户，注册时请提供您的真实信息，以便您获得皮书俱乐部会员服务；

　　第3步：注册成功后登录，点击进入"会员中心"；

　　第4步：点击"在线充值"，输入正确的卡号和密码即可使用。

皮书俱乐部会员可享受社会科学文献出版社其他相关免费增值服务

您有任何疑问，均可拨打服务电话：010-59367227　QQ:1924151860

欢迎登录社会科学文献出版社官网(www.ssap.com.cn)和中国皮书网（www.pishu.cn）了解更多信息

社会科学文献出版社

皮书系列

"皮书"起源于十七、十八世纪的英国，主要指官方或社会组织正式发表的重要文件或报告，多以"白皮书"命名。在中国，"皮书"这一概念被社会广泛接受，并被成功运作、发展成为一种全新的出版形态，则源于中国社会科学院社会科学文献出版社。

皮书是对中国与世界发展状况和热点问题进行年度监测，以专家和学术的视角，针对某一领域或区域现状与发展态势展开分析和预测，具备权威性、前沿性、原创性、实证性、时效性等特点的连续性公开出版物，由一系列权威研究报告组成。皮书系列是社会科学文献出版社编辑出版的蓝皮书、绿皮书、黄皮书等的统称。

皮书系列的作者以中国社会科学院、著名高校、地方社会科学院的研究人员为主，多为国内一流研究机构的权威专家学者，他们的看法和观点代表了学界对中国与世界的现实和未来最高水平的解读与分析。

自20世纪90年代末推出以经济蓝皮书为开端的皮书系列以来，至今已出版皮书近800部，内容涵盖经济、社会、政法、文化传媒、行业、地方发展、国际形势等领域。皮书系列已成为社会科学文献出版社的著名图书品牌和中国社会科学院的知名学术品牌。

皮书系列在数字出版和国际出版方面成就斐然。皮书数据库被评为"2008~2009年度数字出版知名品牌"；经济蓝皮书、社会蓝皮书等十几种皮书每年还由国外知名学术出版机构出版英文版、俄文版、韩文版和日文版，面向全球发行。

2011年，皮书系列正式列入"十二五"国家重点出版规划项目；2012年，部分重点皮书列入中国社会科学院承担的国家哲学社会科学创新工程项目；一年一度的皮书年会升格由中国社会科学院主办。

法律声明

　　"皮书系列"（含蓝皮书、绿皮书、黄皮书）由社会科学文献出版社最早使用并对外推广，现已成为中国图书市场上流行的品牌，是社会科学文献出版社的品牌图书。社会科学文献出版社拥有该系列图书的专有出版权和网络传播权，其 LOGO（📓）与"经济蓝皮书"、"社会蓝皮书"等皮书名称已在中华人民共和国工商行政管理总局商标局登记注册，社会科学文献出版社合法拥有其商标专用权。

　　未经社会科学文献出版社的授权和许可，任何复制、模仿或以其他方式侵害"皮书系列"和 LOGO（📓）、"经济蓝皮书"、"社会蓝皮书"等皮书名称商标专用权的行为均属于侵权行为，社会科学文献出版社将采取法律手段追究其法律责任，维护合法权益。

　　欢迎社会各界人士对侵犯社会科学文献出版社上述权利的违法行为进行举报。电话：010 - 59367121，电子邮箱：fawubu@ ssap. cn。

社会科学文献出版社

环境绿皮书
GREEN BOOK OF ENVIRONMENT

盘点年度资讯　　预测时代前程

※ 中国环境绿皮书《中国环境发展报告（2013）》是由民间环境保护组织"自然之友"编撰的中国环境年度报告，由一批优秀的专家、学者、环保工作者、公益组织骨干和媒体人士等通力协作而成。

※ 2012年针对工业污染、环境健康问题的公众性事件接连不断，成为全社会关注的热点。一方面，民间抗争的方式激进化，利益冲突更加尖锐；另一方面，地方政府的反应更加迅速。这些变化预示着知识分子、环保组织长期致力于公共教育的努力与城市居民、农村群众自发的以维权和补偿为主要目的的群体性抗争汇合，向政策倡导等长效的方向发展。

·权威机构·品牌图书·每年新版

上架建议：环境与能源

ISBN 978-7-5097-4429-1

9 787509 744291 >

ISBN 978-7-5097-4429-1
定价：69.00元

内赠阅读卡

中国皮书网：www.pishu.cn
皮书序列号：G-2006-036